HUODIAN GONGCHENG JIANSHE JISHU JIANDU DAOZE

火电工程建设技术监督导则

国家电力投资集团有限公司　发布

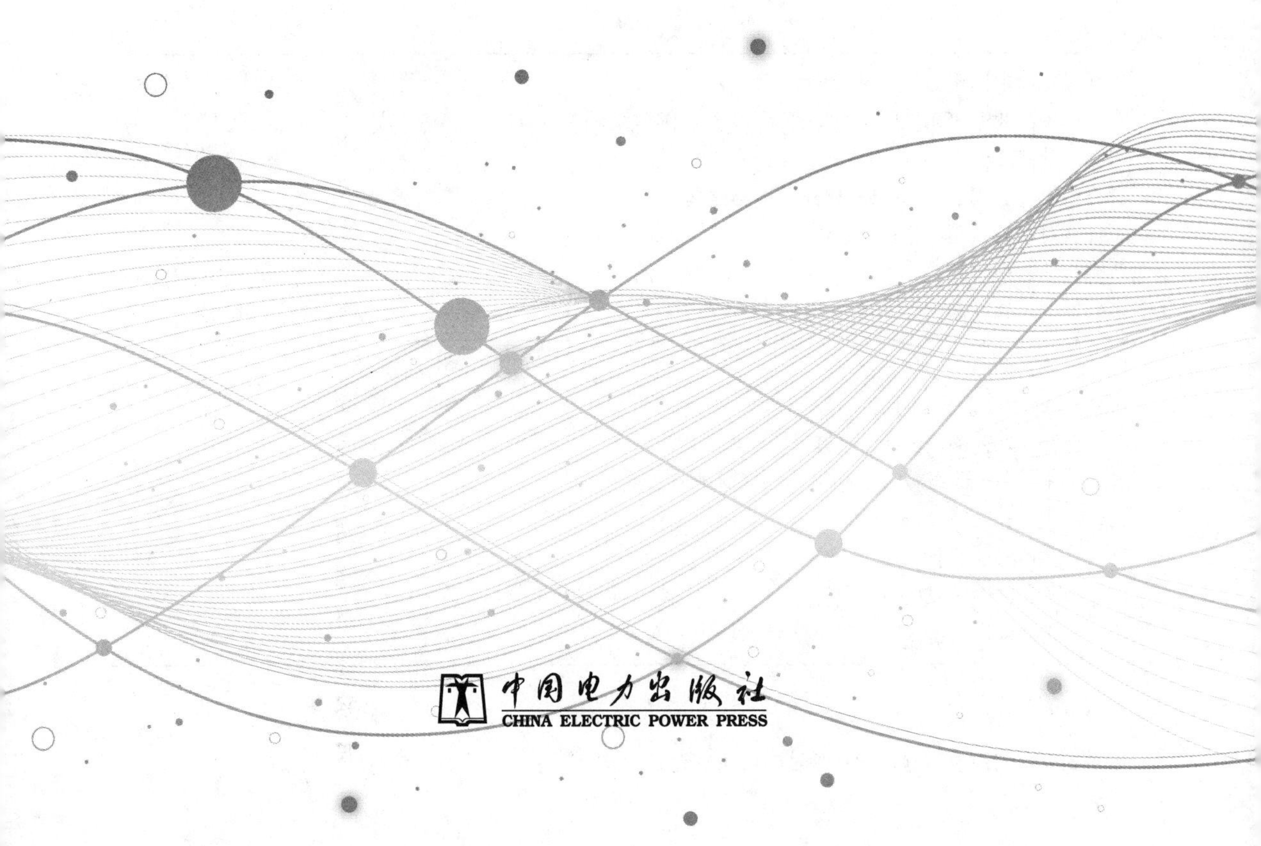

内容提要

根据火电厂非停事故统计，因基建期间设计缺陷、制造质量、控制不严、安装不符合规范等引起的非停事故占比较多。基建问题遗留至生产后，处理风险及成本很大，部分难以彻底解决，社会影响、经济损失较大。

针对基建期间各类技术问题，本书从设计选型、设备监造、施工安装、调整试运及验收过程等重要阶段入手，分绝缘、化学、金属、电测、热工、环保、继电保护、汽轮机及旋转设备、锅炉、电能质量、励磁、燃气轮机 12 个专业方向，系统性规范基建期间技术监督工作，对生产过程中的技术监督问题实现超前控制，解决火电工程建设相关技术人员在技术监督工作中的困惑，以确保火电机组的高质量建设，实现机组投产后长周期安全、稳定、环保、经济运行。

本书重点突出、内容充分、联系实际，具有较强的针对性和可操作性，适合火电厂从事火电工程建设、技术监督相关工作的管理人员、技术人员、运维人员阅读使用。

图书在版编目（CIP）数据

火电工程建设技术监督导则/国家电力投资集团有限公司发布．—北京：中国电力出版社，2020.10
ISBN 978-7-5198-4902-3

Ⅰ．①火…　Ⅱ．①国…　Ⅲ．①火力发电－电力工程－技术监督　Ⅳ．①TM611

中国版本图书馆 CIP 数据核字（2020）第 158136 号

出版发行：中国电力出版社
地　　址：北京市东城区北京站西街 19 号（邮政编码 100005）
网　　址：http://www.cepp.sgcc.com.cn
责任编辑：赵鸣志（010-63412385）马雪倩
责任校对：黄　蓓　朱丽芳
装帧设计：赵姗姗
责任印制：吴　迪

印　　刷：北京天宇星印刷厂
版　　次：2020 年 10 月第一版
印　　次：2020 年 10 月北京第一次印刷
开　　本：787 毫米×1092 毫米　16 开本
印　　张：13.25
字　　数：290 千字
印　　数：0001—1500 册
定　　价：68.00 元

《火电工程建设技术监督导则》

编　委　会

前　言

改革开放40余年以来，我国电力建设取得了举世瞩目的辉煌成就，火电装机容量已近11亿kW。近年来，随着行业形势的发展，火电行业亦发生着前所未有的变化。为了提升火电工程建设整体质量水平，避免因工程建设期间的设计缺陷、制造质量控制不严、安装不符合规范等引起的生产事故，确保新建机组顺利投产并能够安全、稳定、环保、经济运行，加强火电工程建设阶段技术监督工作势在必行。

国家电力投资集团有限公司（以下简称“国家电投”）成立于2015年5月，由原中国电力投资集团公司与国家核电技术有限公司重组组建，是中央直接管理的特大型国有重要骨干企业。国家电投以“2035一流战略”为指引，定位先进能源技术开发商、清洁低碳能源供应商、能源生态系统集成商，致力于建设具有全球竞争力的世界一流清洁能源企业。中电华创电力技术研究有限公司（以下简称“中电华创”）是国家电投下属的创新型高科技企业，为电力能源企业提供可靠技术监督和优质技术服务以及节能减排、智能技术解决方案，为电力企业发展提供精准技术咨询和科技支撑。

为进一步完善标准体系，根据国家电投“依法监督、分级管理”的原则，有效发挥各级技术监督人员的管理作用，对电力建设实施全过程、全方位的技术监督管理，国家电投成立编著委员会，以问题为导向、超前控制为手段，对近年来行业内发电企业非停事故原因进行了全面的梳理，结合近年来开展的技术监督工作，组织编写了《火电工程建设技术监督导则》。

本书包括火电工程建设阶段12项技术监督内容，涉及绝缘、化学、金属、电测、热工、环保、继电保护、汽轮机及旋转设备、锅炉、电能质量、励磁、燃气轮机等专业，涵盖了设计选型、设备监造、施工安装、调试及验收等阶段的技术规范、技术指标、技术问题、档案管理等内容，并对工程技术人员普遍关注和忽视的问题进行了重点介绍。该书具有较强的针对性、实用性和可操作性，可作为工程技术人员、管理人员、运维人员及相关专业人员的工具书。由于国家电投近年的重组变化，本书在编写过程中使用了原企业的相关标准和规定，对这些标准和规定的名称没有新名称的仍然沿用原来的名称。

本书在编写过程中，得到了有关领导及专家的支持与指导，在此一并致谢。由于编者水平所限，时间仓促，谬误欠妥之处在所难免，敬请读者批评指正。

编委会

2020年10月

目　　录

火电工程建设技术监督导则

1　范围

本导则规定了国家电力投资集团有限公司（以下简称“集团公司”）火电工程建设技术监督的范围、内容和要求。

本导则适用于集团公司及各分、子公司所属火电工程建设项目技术监督工作。

2 规范性引用文件

下列文件对于本文件的应用是必不可少的。凡是注日期的引用文件，仅注日期的版本适用于本文件。凡是不注日期的引用文件，其最新版本（包括所有的修改单）适用于本文件。

GB 50660 大中型火力发电厂设计规范

DL/T 1051 电力技术监督导则

DL 5009.1 电力建设安全工作规程 第1部分：火力发电

DL 5190（所有部分） 电力建设施工技术规范

DL 5277 火电工程达标投产验收规程

DL/T 5294 火力发电建设工程机组调试技术规范

DL/T 5295 火力发电建设工程机组调试质量验收及评价规程

DL/T 5437 火力发电建设工程启动试运及验收规程

《中华人民共和国特种设备安全法》

国务院令第373号 特种设备安全监察条例

国家能源局国能安全〔2014〕161号 防止电力生产事故的二十五项重点要求

国家电投规章〔2016〕124号 国家电力投资集团公司火电技术监督管理规定

国家电投规章〔2016〕570号 国家电力投资集团公司关于进一步加强火电技术监督管理的要求

国家电力投资集团公司火电技术监督检查评估标准

国家电力投资集团公司火电技术监督综合管理实施细则

国家电力投资集团公司火电企业电测技术监督实施细则

国家电力投资集团公司火电企业电能质量技术监督细则

国家电力投资集团公司火电企业化学技术监督实施细则

国家电力投资集团公司火电企业环保技术监督实施细则

国家电力投资集团公司火电企业继电保护技术监督实施细则

国家电力投资集团公司火电企业节能技术监督实施细则

国家电力投资集团公司火电企业金属和压力容器技术监督实施细则

国家电力投资集团公司火电企业绝缘技术监督实施细则

国家电力投资集团公司火电企业励磁技术监督实施细则

国家电力投资集团公司火电企业汽轮机及旋转设备技术监督实施细则

国家电力投资集团公司火电企业热工技术监督实施细则

3 总则

3.1 目的

3.1.1 为规范集团公司火电工程建设技术监督管理工作，明确各级管理主体责任和职责，按照“依法监督、分级管理”的原则，加强火电工程建设全过程、全方位的技术监督管理，特制定本导则。

3.1.2 火电工程建设技术监督（以下简称“工程建设监督”）是指在设计选型、设备监造、施工安装、调整试运及验收过程中，依据国家、行业有关标准、规程，采用有效的测试和管理手段，监督有关标准、规程执行情况，对电力建设工程安全、质量、环保、经济运行有关的重要参数、性能指标进行监督与评价。

3.1.3 工程建设监督贯彻超前预控、闭环管理的原则，应坚持技术检测是手段，规程、标准是依据，执行、控制是关键，把工程建设监督落在实处。

3.1.4 工程建设监督总体目标是：不发生因工程建设监督不到位造成的人身、设备事故，不发生违反国家、行业工程建设标准，不发生设计、设备、施工等重大缺陷，实现机组长周期安全、稳定、经济、环保运行。

3.2 监督内容

3.2.1 工程建设监督涉及绝缘、化学、金属、电测、热工、环保、继电保护、汽轮机及旋转设备、锅炉、电能质量、励磁、燃气轮机 12 个专业。

3.2.2 工程建设监督阶段包括设计选型、设备监造、施工安装、调试及验收各阶段。

3.3 主要职责

3.3.1 集团公司负责组织制定集团公司工程建设监督管理要求，监督、指导二级单位、建设单位的工程建设监督工作。

3.3.2 二级单位负责指导建设单位建立健全工程建设监督体系，对建设单位工程建设监督工作实施情况进行检查、评价与考核；组织并参与解决工程建设出现的重大技术问题，跟踪、检查工程建设监督问题的整改落实情况，实现闭环管理。

3.3.3 建设单位是工程建设监督实施主体，组织建立技术监督网络，明确各参建单位职责和分工，依据导则开展技术监督工作，并严格进行检查和考核。可以委托第三方技术监督服务单位开展试验检验、技术咨询和技术支持。

3.3.3.1 建设单位应对各参建单位及分包单位的业绩、设备配置人员资质等方面进行严格审核。

3.3.3.2 注重实施全过程、全方位的动态管理，技术监督网络应覆盖到各参建单位。

3.4 重点要求

3.4.1 设计选型阶段：

3.4.1.1　应按照集团公司要求开展项目可行性研究和初步设计，并按规定进行可行性研究和初步设计审查。

3.4.1.2　可行性研究应符合集团公司制定的新建机组技术路线要求，并结合项目实际，确定主机技术条件、原则性工艺系统和布置方案、主辅机配置、电厂接入系统等方案。

3.4.1.3　对初步设计原则、主设备和主要辅机设备选型，新技术、新工艺、新材料的应用进行把关，同时应充分考虑机组投产后运行的安全性、经济性和灵活性。

3.4.1.4　应重点关注是否违反“二十五项重点要求”等国家、行业设计标准规范，关注技术方案的可靠性、经济性、先进性，对不符合设计标准的问题及时整改闭环。

3.4.1.5　应组织本阶段工程建设监督相关会议活动，必要时技术监督服务单位应参加会议。

3.4.2　设备监造阶段：

3.4.2.1　应严格按照国家、行业标准和设备供货合同等制订设备监造计划、监造大纲和见证项目表。

3.4.2.2　应严格按照国家、行业标准要求对重要部件、关键部件的制造质量和制造工序等进行见证，设备出厂应进行验收，出厂试验项目应齐全，试验结果合格，移交的技术文件齐全，必要时建设单位参加见证和验收。

3.4.2.3　应对设备制造过程中出现的问题及处理的方法和结果等进行重点检查，确保设备性能满足规范要求。

3.4.3　施工安装阶段：

3.4.3.1　应对主设备、重要辅助设备和材料进行到厂验收，重点检查设备供货单与供货合同及实物是否一致，验收过程中发现的问题应及时整改。

3.4.3.2　应对施工安装实体工程质量进行过程控制，注重隐蔽工程和关键部件、交接验收、事故分析处理等检查验收工作。

3.4.3.3　加强焊接管理，尤其是受热面、四大管道及热工测点焊接工艺的过程控制，保证焊接质量。

3.4.3.4　应依据工程建设需要，建立相应的试验室和计量标准室，仪器仪表应定期校验，确保检验结果的准确性和有效性。

3.4.3.5　应采取实体工程检查和资料文件检查相结合的方式开展监督工作，注重资料文件完整性和真实性。

3.4.3.6　应对施工安装过程中出现的质量问题的分析、处理及整改情况进行重点检查。

3.4.4　调试及验收阶段：

3.4.4.1　应按照国家行业调试规程规范开展单体、分系统和整套系统调试，调试项目应完整、无漏项。

3.4.4.2　调试工作应延伸至设计、设备选型阶段，根据需要安排相关单位参与设计审查、设计联络会等技术评审会。

3.4.4.3　结合项目实际制定专项反事故措施，并保证有效实施。

3.4.4.4　严格按照 DL/T 5437 要求对机组整套启动条件进行把关，做到设计、安装存在缺陷不启动，联锁、保护传动未完成不启动，汽、水、油品质不合格不启动。

3.4.4.5 按照 DL/T 5277 要求开展机组验收和移交，确保有重要设备缺陷的机组不得移交生产。

3.4.4.6 应对机组进行性能考核试验，检验与考核机组的各项技术经济指标是否达到合同、设计和有关规定的要求。

4　绝缘技术监督

4.1　设计选型阶段

4.1.1　发电机：

4.1.1.1　设计选型应符合 GB/T 755、GB/T 7064 等相关规定和反事故措施要求，尤其应注意考虑机组进相运行、调峰及短暂失步运行、短时异步运行的能力，并应符合 DL/T 1040 的有关规定。

4.1.1.2　发电机的非正常运行和特殊运行能力及相关设备配置应符合 DL/T 970 的要求。

4.1.1.3　发电机在线监测装置的配置应符合 DL/T 1163 的要求。发电机在线监测仪表、装置除应符合 DL/T 1164 中 3.2 的要求，还应满足下列要求：

a）配备氢气纯度、压力、湿度、温度就地指示仪表，测点信号应能送至 DCS。

b）配备密封油的油压就地指示仪表，测点信号应能送至 DCS。

c）配备绕组内冷水流量、压力、温度、电导率、pH 值在线监测装置，测点信号应能送至 DCS。

d）发电机出线箱或封闭母线处、内冷水箱应加装漏氢监测报警装置。

e）定子铁芯、压指、压圈、屏蔽层、定子绕组层间、定子绕组出水应埋置足够数量的测温元件，安装位置应考虑引线漏环电流磁场的影响，以满足测量精度要求。测温元件数量应满足发电机进相试验的要求。每相定子绕组槽内至少应埋置 2 个检温计。氢内冷发电机的定子绕组出风口处至少应埋置 3 个检温计。对 200MW 以上水内冷发电机的定子绕组，在每槽线圈层间各埋置 1 个检温计，并在线圈出水端绝缘引水管的水接头上安装 1 个测水温的检温计。冷却介质、轴承的检温计配置应符合 GB/T 7064 的规定。应对检温元件的类型（热电阻或热电偶、单支或双支）和热电偶分度号等提出要求。

f）根据同型号机组的运行状况，应配置发电机绝缘过热监测装置，宜配置局部放电监测仪、转子匝间短路监测装置等在线监测装置。

4.1.2　变压器：

4.1.2.1　设计选型应符合 GB/T 1094.1～GB/T 1094.5、GB/T 1094.7、GB/T 13499、GB/T 17468 等相关标准和反事故措施的要求。油浸式电力变压器的技术参数和要求应符合 GB/T 6451 的要求；电抗器的技术参数和要求应符合 GB/T 1094.6 的要求；干式变压器的技术参数和要求应符合 GB/T 1094.11、GB/T 10228、GB/T 22072 的要求。

4.1.2.2　变压器的重要技术性能（容量、短路阻抗、损耗、绝缘水平、温升、噪声、抗短路能力和过励磁能力等）应满足发电厂和设计院的相关要求。

4.1.2.3　应对变压器用硅钢片、电磁线、绝缘纸板、绝缘油及钢板等原材料，套管、分接开关、冷却器、温控器、气体继电器及压力释放阀等重要组件的供货商、供货材质和技术性能提出要求。

4.1.2.4　变压器的设计联络会除讨论变压器外部接口、内部结构配置、试验、运输、生产进度等问题外，还应着重讨论设计中的电磁场、电动力、温升和过负荷能力等计算分析报告，保证设备有足够的抗短路能力、绝缘裕度和过负荷能力。

4.1.2.5 240MVA 及以下容量变压器应选用通过突发短路试验验证的产品；500kV 变压器和 240MVA 以上容量变压器，生产厂家应提供同类产品突发短路试验报告或抗短路能力计算报告，计算报告应有相关理论和模型试验的技术支持。220kV 及以上电压等级的变压器都应提供抗震计算报告。在设计联络会前，应取得所订购变压器的抗短路能力计算报告，并进行复核工作。

4.1.2.6 变压器套管的过负荷能力应与变压器允许过负荷能力相匹配。变压器套管外绝缘不仅要提出与所在地区污秽等级相适应的爬电比距要求，也应对伞裙形状提出要求。重污区可选用大小伞结构瓷套。

4.1.2.7 应要求制造厂提供淋雨条件下套管人工污秽试验的型式试验报告。不得订购有机黏结接缝过多的瓷套管和密集型伞裙的瓷套管，防止瓷套管出现裂纹断裂和外绝缘污闪、雨闪故障。

4.1.2.8 大型强迫油循环风冷变压器除考虑满足容量要求外，应增加对冷却器组冷却风扇通流能力的要求，以防止大型变压器在高温大负荷运行条件下，冷却器全投造成变压器内部油流过快，导致油流带电发生绝缘事故。

4.1.2.9 潜油泵的轴承应采取 E 级或 D 级，禁止使用无铭牌、无级别的轴承。变压器冷却器风扇电动机应采用防水电动机，潜油泵应选用转速不大于 1500r/min 的低速油泵。

4.1.3 高压开关设备：

4.1.3.1 设计选型应符合 GB/T 1984、GB/T 11022、DL/T 402、DL/T 486、DL/T 615 等相关标准和反事故措施的规定。高压开关设备有关参数选择应考虑电网发展需要，留有适当裕度，特别是开断电流、外绝缘配置等技术指标。

4.1.3.2 断路器操动机构应优先选用弹簧机构、液压机构（包括弹簧储能液压机构）。

4.1.3.3 高压开关柜应优先选择 LSC2 类（具备运行连续性功能）、“五防”功能完备的加强绝缘型产品，断路器外绝缘必须符合当地防污等级要求，并满足以下条件：空气绝缘净距离：不小于 125mm（对 12kV），不小于 360mm（对 40.5kV）；爬电比距：不小于 18mm/kV（对瓷质绝缘），不小于 20mm/kV（对有机绝缘）。

4.1.3.4 开关柜中的绝缘件（如绝缘子、套管、隔板和触头罩等）严禁采用酚醛树脂、聚氯乙烯和聚碳酸酯等有机绝缘材料，应采用阻燃性绝缘材料（如环氧或 SMC 材料）。

4.1.3.5 开关设备机构箱、汇控箱内应有完善的驱潮防潮装置，防止凝露造成二次设备损坏。

4.1.3.6 在开关柜的配电室中配置通风防潮设备，在梅雨、多雨季节时启动，防止凝露导致绝缘事故。

4.1.3.7 为防止开关柜火灾蔓延，在开关柜的柜间、母线室之间及本柜其他功能隔室之间，应采取有效的封堵隔离措施。加强柜内二次线的防护，二次线宜由阻燃型软管或金属软管包裹，防止二次线损伤。

4.1.3.8 220kV 及以下主变压器、启动备用变压器高压侧并网断路器，应选用三相机械联动式结构。

4.1.4　气体绝缘金属封闭开关设备（GIS）：

4.1.4.1　设计选型应符合 GB 7674、DL/T 728 和 DL/T 617 等相关标准和反事故措施的要求。

4.1.4.2　根据使用要求，确定 GIS 内部元件在正常负荷条件和故障条件下的额定值，并考虑系统的特点及其今后预期的发展来选用 GIS。

4.1.4.3　GIS 在设计过程中应特别注意气室的划分，避免某处故障后劣化的六氟化硫（SF_6）气体造成 GIS 其他带电部位的闪络；同时也应考虑检修维护的便捷性，保证最大气室气体量不超过 8h 的气体处理设备的处理能力。

4.1.4.4　室内或地下布置的 GIS 设备室，应配置相应的 SF_6 泄漏检测报警、强力通风及氧含量检测系统。

4.1.4.5　220kV 及以上 GIS 分箱结构的断路器，每相应安装独立的密度继电器。

4.1.4.6　220kV 及以上电压等级 GIS，宜加装内置局部放电传感器。

4.1.5　避雷器：

4.1.5.1　设计选型应符合 GB 11032 和 DL/T 804 中的有关规定和相关反事故措施要求。

4.1.5.2　避雷器外绝缘宜选用大小伞裙相间，要保证足够的伞距和爬电距离，以适应安装地点环境条件防雨（冰）和污闪的要求。

4.1.5.3　110kV 及以上电压等级避雷器应安装具有交流泄漏电流和动作次数记录的在线监测表计。

4.1.6　互感器、电容器和套管：

4.1.6.1　互感器的设计选型应符合 GB 20840.1、DL/T 725、DL/T 726、DL/T 866 等相关标准和反事故措施的要求。电流互感器的技术参数和性能、保护用电流互感器的暂态特性应满足 GB 20840.2 的要求。电磁式电压互感器的技术参数和性能应满足 GB 20840.3 的要求，电容式电压互感器应满足 GB/T 20840.5 的要求。

4.1.6.2　电容器的设计选型应符合 DL/T 840、DL/T 604 等相关标准和反事故措施的要求。

4.1.6.3　高压电容式套管的设计选型应符合 GB/T 4109、DL/T 865、DL/T 1001 等相关标准和反事故措施的要求。

4.1.6.4　互感器外绝缘宜选用大小伞裙相间，要保证足够的伞距和爬电距离，以适应安装地点环境条件防雨（冰）和污闪的要求。

4.1.6.5　油浸式互感器应选用带金属膨胀器的微正压结构形式。

4.1.6.6　电流互感器的动热稳定性能应满足安装地点系统短路容量的要求，一次绕组串联时也应满足安装地点系统短路容量的要求。

4.1.6.7　电容式电压互感器的中间变压器高压侧对地不应装设氧化锌避雷器。

4.1.6.8　互感器的二次接线端子应有防转动措施。

4.1.6.9　油浸式互感器的膨胀器外罩应标注清晰耐久的最高（max）、最低（min）油位线及 20℃的标准油位线，油位观察窗应选用耐老化、高透明度的材料。油位指示器应采用荧光材料。

4.1.7　电力电缆：

4.1.7.1　设计选型应符合GB 50217、GB/T 12706.2、GB/T 12706.3、GB/T 11017.1～GB/T 11017.3、DL/T 401等相关标准和反事故措施要求。审查电缆的绝缘、截面、金属护套、外护套、敷设方式及电缆附件的选择是否安全、经济、合理；审查电缆敷设路径设计是否合理，包括运行条件是否良好，运行维护是否方便，防水、防盗、防外力破坏、防虫害的措施是否有效等。

4.1.7.2　应按照全寿命周期管理的要求，根据线路输送容量、系统运行条件、电缆路径、敷设方式等合理选择电缆和附件的结构形式。

4.1.7.3　应避免电缆通道邻近热力管线、腐蚀介质的管道。确实不能避开时，应符合GB 50168中5.2.3、7.1.4等的要求。

4.1.7.4　合理安排电缆段长，尽量减少电缆接头的数量，严禁在电缆夹层、桥架和竖井等缆线密集区域布置电力电缆接头。

4.1.7.5　同一受电端的双回或多回电缆线路宜选用不同制造商的电缆和附件。

4.1.7.6　10kV及以上电力电缆应采用干法化学交联的生产工艺，110kV及以上电力电缆应采用悬链或立塔式三层共挤工艺。

4.1.7.7　运行在潮湿或浸水环境中的110kV（66kV）及以上电压等级的电缆，应有纵向阻水功能，电缆附件应密封防潮；35kV及以下电压等级电缆附件的密封防潮性能应能满足长期运行需要。

4.1.7.8　电缆主绝缘、单芯电缆的金属屏蔽层、金属护层应有可靠的过电压保护措施。统包型电缆的金属屏蔽层、金属护层应两端直接接地。

4.1.8　封闭母线：

4.1.8.1　设计选型应符合GB/T 8349的要求；共箱封闭母线还应满足NB/T 25035的技术要求，离相封闭母线还应满足NB/T 25036的技术要求。

4.1.8.2　离相封闭母线的导体及外壳宜采用1060牌号的铝材，并符合GB/T 3190的要求。支撑绝缘子宜采用瓷质材料，盆式绝缘子宜采用不饱和聚酯玻璃纤维增强片状模塑料（SMC）。

4.1.8.3　共箱封闭母线的导体宜采用T2牌号的铜材或1060牌号的铝材，并符合GB/T 5231或GB/T 3190的要求。外壳材料可采用铝合金或铝材。绝缘子可采用瓷质或其他复合材料。

4.1.8.4　外壳的防护等级应按GB/T 4208的要求选择，一般离相封闭母线为IP54，共箱封闭母线由供需双方商定。

4.1.8.5　长距离、大容量的联络母线可选用气体绝缘金属封闭母线（GIL）。

4.1.9　接地装置：

4.1.9.1　设计选型应依据GB/T 50065、DL/T 5394等相关标准和反事故措施的要求。

4.1.9.2　在新建工程设计中，应掌握工程地点的地形地貌、土壤的种类和分层状况，审查地表电位梯度分布、跨步电势、接触电势、接地阻抗等指标的安全性和合理性，以及防腐、防盗措施的有效性。

4.1.9.3　110kV（66kV）及以上新建和改建工程，在中性或酸性土壤地区，接地装置选用热镀铸钢为宜，在强碱性土壤地区或者其站址土壤和地下水条件会引起钢质材料严重腐蚀的中性土壤地区，宜采用铜质、铜覆钢（铜层厚度不小于0.8mm）或者其他具有防腐性能材质的接地网。

4.1.9.4　在新建工程设计中，校验接地引下线热稳定所用电流不应小于远期可能出现的最大值，有条件地区可按照断路器额定开断电流校核；接地装置接地体的截面积不小于连接至该接地装置接地引下线截面积的75%，并提供接地装置的热稳定容量计算报告。

4.1.9.5　在接地网设计时，应考虑分流系数的影响，计算确定流过设备外壳接地导体（线）和经接地网入地的最大接地故障不对称电流有效值。当站址土壤和地下水条件会引起钢质材料严重腐蚀时，宜采用抗腐蚀材料的接地网。

4.1.9.6　对于高土壤电阻率地区的接地网，在接地电阻难以满足要求时，应采用完善的均压及隔离措施，方可投入运行。对弱电设备应有完善的隔离或限压措施，防止接地故障时地电位的升高造成设备损坏。

4.1.9.7　控制及保护单元应独立敷设与主接地网紧密连接的二次等电位接地网，在系统发生近区故障和雷击事故时，以降低二次设备间电位差，减少对二次回路的干扰。二次等电位接地点应有明显标志。

4.1.9.8　变压器中性点应有两根与地网主网格的不同边连接的接地引下线，并且每根接地引下线均应符合热稳定校核的要求。主设备及设备架构等宜有两根与主地网不同干线连接的接地引下线，并且每根接地引下线均应符合热稳定校核的要求。连接引线应便于定期进行检查测试。

4.1.10　高压电动机：

4.1.10.1　设计选型应符合GB/T 755、GB/T 21209、DL/T 5153、DL/T 1111等相关标准的要求。审查电动机能否满足拖动设备对其机械性能、启动性能、调速性能、制动性能和过载能力等的要求，电气参数、能效等级指标能否满足要求。应查阅近年发布的高能耗电动机清单，避免选用高能耗产品。

4.1.10.2　电动机外壳防护形式和冷却方法是否满足现场条件；轴承形式和润滑方式是否合理；电动机检测装置及配件是否齐全、满足运行需要；安装方式、结构是否合理，检修维护是否方便。

4.1.10.3　高压厂用电压等级为6kV（10kV）时，200kW以上的电动机可采用6kV（10kV）；200kW以下宜采用380V。200kW左右的电动机可按工程的具体情况确定。

4.1.11　设备外绝缘和绝缘子：

4.1.11.1　绝缘子的形式选择和尺寸确定应符合GB/T 26218.1～GB/T 26218.3、DL/T 5092等相关标准的要求。设备外绝缘的配置应满足相应污秽等级对统一爬电比距的要求，并宜取该等级爬电比距的上限。

4.1.11.2　新建和扩建电气设备的电瓷外绝缘爬距配置应以经审定的污秽区分布图为基础，并综合考虑环境污染变化因素，在留有裕度的前提下选取绝缘子的种类、伞型和爬距。

4.1.11.3　室内设备外绝缘爬距应符合DL/T 729的规定，并应达到相应于所在区域污秽等级的配置要求，严重潮湿的地区要提高爬距。

4.1.11.4　绝缘子的订货应按照设计审查后确定的要求，在电瓷质量检测单位近期检测合格的产品中择优选定，其中合成绝缘子的订货必须在认证合格的企业中进行。

4.1.12　直流系统：

4.1.12.1　设计选型应符合 DL/T 5044、DL/T 637 等相关标准的要求。

4.1.12.2　发电机组用直流电源系统与升压站用直流电源系统必须相互独立。

4.1.12.3　直流系统的馈出网络应采用辐射状供电方式，严禁采用环状供电方式。

4.1.12.4　直流系统的电缆应采用耐火电缆或采取了规定的耐火防护措施的阻燃电缆，两组蓄电池的电缆应分别铺设在各自独立的通道内，尽量避免与交流电缆并排铺设。在穿越电缆竖井时，两组蓄电池电缆应加穿金属套管。

4.1.12.5　直流系统应装设直接测量绝缘电阻值的绝缘监测装置，其测量准确度不应低于1.5 级。绝缘监测装置不应采用交流注入法测量直流电源系统的绝缘状态，应采用直流原理的直流系统绝缘监测装置，监测装置应具备监测直流系统绝缘功能和交流窜入直流故障的测记和报警功能。

4.2　设备监造阶段

4.2.1　设备制造过程中的监造工作严格按照 DL/T 586 和订货技术协议等相关要求执行，应全面落实电气设备的订货技术要求和设计联络文件要求，发现问题及时消除。

4.2.2　监造工作结束后，应提交监造报告。监造报告应包括监造内容、方式、要求和结果，并如实反映产品制造过程中出现的问题及处理的方法和结果等。

4.2.3　发电机：

4.2.3.1　200MW 及以上容量的发电机应进行监造和出厂验收。

4.2.3.2　设备制造阶段，重点监督项目和文件资料包括：

a）发电机重要部件的原材料材质，如硅钢片、金属材料、电工材料等应符合相关标准要求，并进行检查验收。

b）发电机各部件的加工应符合图纸的要求，关键部件的加工精度应见证。

c）定子铁芯磁化试验应符合 GB/T 20835 的相关要求。

d）定子绕组端部模态及固有振动频率的测定应符合 GB/T 20140 的相关要求。

e）定子绕组的工频耐压试验应符合 JB/T 6204 的相关要求。

f）定子绕组端部起晕试验应符合 GB/T 7064 的相关要求。

g）转子匝间绝缘状态（采用动态波形法）应符合 JB/T 8446 的相关要求。

h）转子动平衡和超速试验应符合 GB/T 11348.1 的相关要求。

i）氢系统的密封试验应符合 JB/T 6227 的相关要求，水系统的密封试验和流通性试验应符合 JB/T 6228 的相关要求。

4.2.3.3　出厂验收时，应确认重要部件、原材料材质和供货商符合订货技术协议的要求；确认关键部件的加工精度符合图纸的要求；确认铁芯、定子、转子的装配工艺符合工艺文件要求，过程检验合格；出厂试验项目齐全、试验方法正确，试验结果合格。应移交发电机出厂试验报告、同类产品型式试验报告、产品使用说明书、安装说明书及图纸等技术文件。

4.2.3.4　出厂验收试验应符合订货技术要求和设计联络文件要求，出厂试验报告和检查记录一般应包括：

a）定子铁芯磁化试验报告。

b）交流、直流耐压试验报告。

c）定子绕组端部模态及固有振动频率试验报告。

d）不同转速下，转子绕组的交流阻抗试验和重复脉冲法（RSO）试验报告。

e）定子绕组端部手包绝缘施加直流电压试验报告。

f）定子、转子绕组的直流电阻试验报告。

g）绕组对地及相间的绝缘电阻试验报告。

h）单根定子线棒和整相定子绕组端部的起晕试验报告。

i）空载特性试验报告（型式试验报告）。

j）稳态短路特性试验报告（型式试验报告）。

k）损耗和效率（型式试验报告）。

l）埋置检温计的检查记录。

m）转子超速试验记录。

n）氢冷发电机机座和端盖的水压试验和气密试验记录。

o）水冷发电机的绕组内部水系统的密封试验和流通性试验记录。

p）氢内冷转子通风孔检查记录。

q）冷却器的水压记录。

4.2.4　变压器：

4.2.4.1　220kV 及以上电压等级的变压器应驻厂监造和验收。

4.2.4.2　变压器制造阶段，重点监督项目和文件资料包括：

a）原材料（硅钢片、电磁线、绝缘油等）的原材料质量保证书、性能试验报告。

b）组件（套管、分接开关、气体继电器等）的质量保证书、出厂和型式试验报告，压力释放阀、气体继电器等还应有工厂校验报告。

c）带有局部放电测量的感应耐压试验。

d）操作冲击试验。

e）雷电全波冲击试验。

f）短路阻抗和负载损耗试验。

g）空载电流和空载损耗试验。

h）雷电截波冲击试验（型式试验报告）。

4.2.4.3　出厂局部放电试验测量电压为 $1.5U_{m}/\sqrt{3}$ 时，220kV 及以上电压等级变压器高、中压端的局部放电量不大于 100pC，110kV（66kV）电压等级变压器高压侧的局部放电量不大于 100pC。330kV 及以上电压等级强迫油循环变压器应在油泵全部开启时（除备用油泵）进行局部放电试验。

4.2.4.4 生产厂家首次设计、新型号或有运行特殊要求的220kV及以上电压等级变压器在首批次生产系列中应进行例行试验、型式试验和特殊试验（承受短路能力的试验视实际情况而定）。

4.2.4.5 500kV及以上并联电抗器的中性点电抗器出厂试验应进行短时感应耐压试验。

4.2.4.6 110kV（66kV）及以上电压等级变压器、50MVA及以上机组高压厂用电变压器在出厂时，应用频响法和低电压短路阻抗测试绕组变形以留原始记录。

4.2.4.7 工厂试验时应将供货的套管安装在变压器上进行试验；所有附件在出厂时均应按实际使用方式经过整体预装。

4.2.4.8 出厂验收时，应确认重要部件、原材料材质和供货商符合订货技术协议的要求；出厂试验项目齐全、试验方法正确、试验结果合格。应移交变压器出厂试验报告、同类产品型式试验报告、产品使用说明书、安装说明书及图纸等技术文件。

4.2.5 高压开关设备：

4.2.5.1 220kV及以上电压等级的高压开关设备应进行监造和出厂验收。

4.2.5.2 断路器制造阶段，重点监督项目和文件资料包括：

a）组件（瓷套、绝缘子、传动件和操动机构等）的检查、测试与出厂试验报告。

b）SF_6气体检漏试验。

c）工频耐压试验。

d）局部放电试验（罐式）。

4.2.5.3 断路器、隔离开关和接地开关出厂试验时应进行不少于200次的机械操作试验，以保证触头充分磨合。200次操作完成后应彻底清洁壳体内部，再进行其他出厂试验。

4.2.5.4 断路器出厂试验时应对断路器主触头与合闸电阻触头的时间配合关系进行测试，应测试断路器合-分时间和合闸电阻的阻值。

4.2.5.5 220kV及以上电压等级隔离开关和接地开关在制造厂必须进行全面组装，调整好各部件的尺寸，并做好相应的标记。

4.2.6 气体绝缘金属封闭开关设备（GIS）：

4.2.6.1 220kV及以上电压等级的GIS成套设备应进行监造和出厂验收。

4.2.6.2 GIS制造阶段，重点监督项目和文件资料包括：

a）重要组件（电压互感器、电流互感器、避雷器、断路器等）的检查，试验与出厂试验报告。

b）SF_6气体密封性试验。

c）主回路工频耐压试验。

d）主回路雷电冲击耐压试验。

e）局部放电试验。

4.2.6.3 制造厂应对金属材料和部件材质进行质量检测，对罐体、传动杆、拐臂、轴承（销）等关键金属部件的材质应逐件进行金属成分检测、按批次进行金相试验抽检，并提供检测报告。

4.2.6.4 制造厂应对GIS及罐式断路器罐体焊缝进行无损检测，保证罐体焊缝100%合格。

4.2.6.5 GIS出厂绝缘试验宜在装配完整的间隔上进行，220kV及以上电压等级设备还应进行正负极性各3次雷电冲击耐压试验。

4.2.6.6 GIS内部的绝缘件应逐只进行X射线探伤试验、工频耐压和局部放电试验，局部放电量不应大于3pC。

4.2.6.7 GIS中的断路器、隔离开关和接地开关出厂试验时，应进行不少于200次的机械操作试验，以保证触头充分磨合。200次操作完成后应彻底清洁壳体内部，再进行其他出厂试验。

4.2.7 避雷器：

4.2.7.1 330kV及以上电压等级的避雷器应进行监造和出厂验收，监造项目在订货技术文件中规定。

4.2.7.2 避雷器制造阶段，重点监督项目和文件资料包括：

a）氧化锌电阻片的化学成分检测报告，出厂试验报告、质量合格证书等。

b）持续运行电压下，全电流和阻性电流试验。

c）直流参考电压试验。

d）0.75倍直流1mA参考电压下泄漏电流试验。

e）局部放电试验。

4.2.8 互感器、电容器和套管：

4.2.8.1 220kV及以上电压等级的气体绝缘和干式互感器应进行监造和出厂验收，监造项目在订货技术文件中规定。

4.2.8.2 110kV（66kV）～750kV互感器在出厂试验时，局部放电试验的测量时间延长到5min。

4.2.8.3 电容式电压互感器在出厂时应要求制造商进行铁磁谐振试验，试验结果及方法应满足GB 20840.1和GB/T 20840.5的要求。

4.2.8.4 SF_6气体绝缘互感器出厂试验时，各项试验必须逐台进行，包括局部放电试验和耐压试验。

4.2.9 电力电缆：

220kV及以上电压等级的电力电缆及附件、110kV（66kV）及以下电压等级重要线路的电缆，应进行监造和工厂验收，监造项目在订货技术文件中规定。

4.3 运输与现场验收阶段

4.3.1 设备运输时，应根据国家、行业标准中有关规定妥善包装，良好固定，采取防雨雪、防潮、防锈、防腐蚀、防震、防冲击等措施，以防止在运输过程中发生滑移、碰撞和挤压等导致设备损伤。

4.3.2 110kV（66kV）及以上变压器在运输过程中，应按照相应规范安装具有时标且有合适量程的三维冲击记录仪。主变压器就位后，建设单位、设备制造单位、运输单位和监理单位四方人员应共同验收，记录纸和押运记录应提供用户留存。

4.3.3 110kV及以下电压等级互感器应直立安放运输，220kV及以上电压等级互感器应满足卧倒运输的要求。110kV（66kV）倒立式电流互感器按照相应规范安装具有时标且有合适量程的三维冲击记录仪。

4.3.4 气体绝缘电流互感器运输时所充气压应严格控制在微正压状态。

4.3.5 现场验收阶段，应检查设备供货单与供货合同及实物的一致性，重点监督项目和文件资料包括：

4.3.5.1 设备外观正常，密封良好，符合相关规定。

4.3.5.2 制造厂家、铭牌参数与订货技术协议一致。

4.3.5.3 随产品提供的产品清单、产品合格证书（含组附件）、出厂试验报告、产品使用说明书（含组附件）等资料齐全完整。

4.3.5.4 对照产品清单，组附件、备品备件等不应存在缺少或损坏现象，且与订货技术协议一致。

4.3.5.5 三维冲撞记录仪记录正常（如有）。

4.3.6 验收工作完成后，应就验收中发现的问题及整改要求与制造厂进行充分讨论，形成验收报告交建设单位归档保存。

4.4 施工安装阶段

4.4.1 发电机：

4.4.1.1 安装前的保管应满足防尘、防冻、防潮、防爆和防机械损伤等要求；最低保管温度为5℃；应避免转子存放导致大轴弯曲；严禁定、转子内部落入异物。

4.4.1.2 安装前由建设单位、设备制造单位和安装单位共同进行清洁度检查，以确认机内无异物存在。

4.4.1.3 发电机安装应严格按照GB 50170及相关要求执行，确保发电机安装质量。重点监督项目包括：

a）发电机的引线及出线的接触面良好、清洁、无油垢，镀银层不应锉磨。

b）发电机的引线及出线的连接应紧固，当采用铁质螺栓时，连接后不得构成闭合磁路。

c）大型发电机的引线及出线连接后，应按制造厂的规定进行绝缘包扎处理。

d）氢冷发电机必须分别对定子、转子及氢、油、水系统管路等进行严密性试验，试验合格后，方可进行整体性气密试验。试验压力和技术要求应符合制造厂规定。

e）水内冷发电机绝缘水管不得碰及端盖，不得有凹瘪现象，绝缘水管相互之间不得碰触或摩擦。当有触碰或摩擦时，应使用软质绝缘物隔开，并应使用不刷漆的软质带扎牢。

4.4.1.4 安装结束后，应按照GB 50150、订货技术要求、调试大纲及其他相关规程和反事故措施的要求进行交接验收试验，重点监督项目包括发电机定子绕组交流耐压试验、直流耐压试验、定子绕组端部模态及固有振动频率试验、定子绕组内冷水系统流通性试验、转子交流阻抗和RSO试验等。

4.4.2 变压器：

4.4.2.1 110kV（66kV）及以上电压等级变压器、50MVA 及以上机组高压厂用电变压器在投产前，应用频响法和低电压短路阻抗法测试绕组变形以留原始记录；110kV（66kV）及以上电压等级和 120MVA 及以上容量的变压器在新安装时，应进行现场局部放电试验。

4.4.2.2 对 110kV（66kV）电压等级变压器在新安装时应抽样进行额定电压下空载损耗试验和负载损耗试验；如有条件时，500kV 并联电抗器在新安装时可进行现场局部放电试验。现场局部放电试验验收，应在所有额定运行油泵（如有）启动以及工厂试验电压和时间下，220kV 及以上变压器放电量不大于 100pC。

4.4.2.3 新安装的气体继电器必须经校验合格后方可使用；气体继电器应在真空注油完毕后再安装；瓦斯保护投运前必须对信号跳闸回路进行保护试验。

4.4.2.4 变压器本体保护应加强防雨、防震措施，户外布置的压力释放阀、气体继电器和油流速动继电器应加装防雨罩。

4.4.2.5 安装时应检查无励磁分接开关的弹簧状况、触头表面镀层及接触情况、分接引线是否断裂及紧固件是否松动，机械指示到位后触头所处位置是否到位。

4.4.2.6 有载分接开关在安装时应按出厂说明书进行调试检查。要特别注意分接引线距离和固定状况、动静触头间的接触情况和操动机构指示位置的正确性。新安装的有载分接开关，应对切换程序与时间进行测试。

4.4.2.7 注入的变压器油应符合 GB/T 7595 规定，110kV（66kV）及以上变压器必须进行真空注油，其他变压器有条件时也应采用真空注油。

4.4.2.8 安装在供货变压器上的套管必须是进行出厂试验时该变压器所用的套管。安装就位后，带电前必须进行静放，其中 330kV 及以上套管静放时间应大于 36h，110kV（66kV）～220kV 套管静放时间应大于 24h。

4.4.2.9 变压器安装应严格按照 GB 50148、GB 50835 及相关要求执行，确保安装质量。

4.4.2.10 安装结束后，应按 GB 50150、订货技术要求、调试大纲及和反事故措施的规定进行交接验收试验。重点监督项目包括交流耐压试验、局部放电试验和绝缘油试验等。

4.4.3 高压开关设备：

4.4.3.1 SF_6 断路器的安装，应在无风沙、无雨雪的天气下进行；灭弧室检查组装时，空气相对湿度应小于 80%，并应采取防潮、防尘措施。

4.4.3.2 SF_6 必须经六氟化硫气体质量监督管理中心检验合格，并出具检测报告后方可使用。

4.4.3.3 开关柜中所有绝缘件装配前均应进行局部放电测试，单个绝缘件局部放电量不大于 3pC。

4.4.3.4 SF_6 断路器的安装应在制造厂家技术人员的指导下进行，安装应符合 GB 50147、产品技术条件和相关反事故措施的要求。

4.4.3.5 SF_6 密度继电器与开关设备本体之间的连接方式应满足不拆卸校验密度继电器的要求。密度继电器应装设在与断路器同一运行环境温度的位置，以保证其报警、闭锁接点正确动作。户外安装的密度继电器应配置防雨罩。

4.4.3.6 新安装后的隔离开关必须进行导电回路电阻测试，应对中间法兰和根部进行无损探伤，手动操作力矩应满足相关技术要求。

4.4.3.7　新安装的断路器必须严格按照 GB 50150 进行交接试验。220kV 及以上设备重点监督项目包括交流耐压试验、SF_6气体微水含量测试等。

4.4.3.8　隔离开关、真空断路器及高压开关柜的现场安装应符合 GB 50147、产品技术条件和相关反事故措施的规定。安装后应按 GB 50150 进行交接试验，各项试验结果应合格。

4.4.4　气体绝缘金属封闭开关设备（GIS）：

4.4.4.1　应严格按制造厂安装说明书、GB 50147 和基建移交生产达标要求进行现场安装工作。

4.4.4.2　GIS 安装过程中必须对导体是否插接良好进行检查，特别对可调整的伸缩节及电缆连接处的导体连接情况进行重点检查。

4.4.4.3　GIS 在现场安装后、投入运行前的交接试验项目和要求，应符合 GB 50150、DL/T 618 以及制造厂技术要求等有关规定。220kV 及以上设备重点监督项目包括交流耐压试验、SF_6气体微水含量测试等。

4.4.4.4　严格按有关规定对新安装的 GIS、罐式断路器进行现场耐压试验，耐压过程中应进行局部放电检测。试验过程中如发生放电现象，不管是否为自恢复放电，均应解体或开盖检查、查找放电部位。对发现有绝缘损伤或有闪络痕迹的绝缘部件均应进行更换。有条件时可对 GIS 设备进行现场冲击耐压试验。

4.4.4.5　SF_6气体压力、泄漏率和微水含量应符合 GB 50150 和相关技术文件的规定。

4.4.5　避雷器：

4.4.5.1　应严格按照 GB 50147、产品技术条件和相关反事故措施的规定进行安装，确保设备安装质量。

4.4.5.2　安装结束后，应严格按照 GB 50150、技术文件和反事故措施的要求进行交接试验，各项试验结果应合格。

4.4.6　互感器、电容器和套管：

4.4.6.1　互感器、电容器、高压电容式套管的安装应严格按 GB 50148、GB 50835 和产品的安装技术条件等要求进行，确保设备安装质量。

4.4.6.2　电容式套管安装时注意处理好套管顶端导电连接和密封面，检查端子受力和引线支承情况、外部引线的伸缩情况，防止套管因过度受力引起密封破坏渗漏油；与套管相连接的长引线，当垂直高差较大时要采取引线分水措施。

4.4.6.3　220kV 及以上等级的电容式电压互感器，其耦合电容器部分是分成多节的，安装时必须按照出厂时的编号以及上下顺序进行安装，严禁互换。

4.4.6.4　发电机机端电压互感器在安装前，应开展交接试验，主要包括直流电阻测试、感应耐压试验、局部放电试验和励磁特性试验等，试验结果合格后，方可安装。

4.4.6.5　气体绝缘互感器安装时，密封检查合格后方可对互感器充 SF_6气体至额定压力，静置 24h 后进行 SF_6气体微水含量测试，测试结果应合格。气体密度继电器经校验合格后方可安装。

4.4.6.6 气体绝缘互感器安装后应进行现场老炼试验。老炼试验后进行耐压试验，试验电压为出厂试验值的80%。条件具备且必要时还宜进行局部放电试验。

4.4.6.7 110kV（66kV）及以上电压等级的油浸式互感器安装完成后，应逐台进行交流耐压试验，交流耐压试验前后应进行油中溶解气体分析。油浸式设备在交流耐压试验前要保证静置时间，110kV（66kV）设备静置时间不小于24h，220kV设备静置时间不小于48h，330kV及以上设备静置时间不小于72h。

4.4.6.8 安装结束后，应严格按照GB 50150进行试验并满足其相关要求。

4.4.7 电力电缆：

4.4.7.1 电缆线路的安装应按已批准的设计方案进行施工。电缆线路敷设和安装方式应符合GB 50168、GB 50169、GB 50217、DL/T 342、DL/T 343和DL/T 344等有关的规定。

4.4.7.2 金属电缆支架全长均应有良好的接地；直埋电缆在直线段每隔50m～100m处、电缆接头处、转弯处、进入建筑物等处，应设置明显的方位标志或标桩。

4.4.7.3 电缆终端和接头应严格按制作工艺规程要求制作，制作环境应符合有关规定，其主要性能应符合相关产品标准的规定。

4.4.7.4 新、扩建工程中，各项电缆防火工程应与主体工程同时投产，应重点注意防火措施，包括：

a）主厂房内的热力管道与架空电缆应保持足够的间距，其中与控制电缆的距离不小于0.5m，与动力电缆的距离不小于1m。靠近高温管道、阀门等热体的电缆应采取隔热、防火措施。

b）在密集敷设电缆的主控制室下电缆夹层和电缆沟内，或在隧道、沟、浅槽、竖井、夹层等封闭式电缆通道中，不得布置热力管道、油气管以及其他可能引起着火的管道和设备，严禁有易燃气体或易燃液体的管道穿越。

c）对于新建、扩建主厂房、输煤、燃油及其他易燃易爆场所，宜选用阻燃电缆。

d）严格按正确的设计图册施工，做到布线整齐，各类电缆按规定分层布置，电缆的弯曲半径应符合要求，避免任意交叉，并留出足够的人行通道。

e）控制室、开关室、计算机室等通往电缆夹层、隧道、穿越楼板、墙壁、柜、盘等处的所有电缆孔洞和盘面之间的缝隙（含电缆穿墙套管与电缆之间缝隙）必须采用合格的不燃或阻燃材料封堵，靠近带油设备的电缆沟盖板应密封，检修中损伤的阻火墙应及时恢复封堵。

f）扩建工程敷设电缆时，应加强与运行单位密切配合，对贯穿在役机组产生的电缆孔洞和损伤的阻火墙，应及时恢复封堵。

g）电缆竖井和电缆沟应分段做防火隔离，对敷设在隧道和厂房内构架上的电缆要采取分段阻燃措施；并排安装的多个电缆头之间应加装隔板或填充阻燃材料。

h）应尽量减少电缆中间接头的数量。如需要，应严格按照工艺要求制作中间接头，经质量验收合格后，再用耐火防爆槽盒将其封闭。

i）400V重要动力电缆应选用阻燃型电缆。

j）在电缆交叉、密集及中间接头等部位应设置自动灭火装置。重要的电缆隧道、夹层应安装温度火焰、烟气监视报警器，并保证可靠运行。

k） 直流系统的电缆应采用阻燃电缆；两组蓄电池的电缆应单独铺设。

4.4.7.5 电力电缆投入运行前，除按 GB 50150 的规定进行交接试验外，还应按 DL/T 1253 的要求，进行以下试验项目：

a） 110kV（66kV）及以上电压等级的线路参数试验，包括测量电缆线路的正序阻抗、负序阻抗、零序阻抗、电容量和导体直流电阻等。

b） 110kV（66kV）以上单芯电缆交流耐压试验和局部放电试验。

c） 110kV（66kV）及以上电压等级的单芯电缆外护层过电压保护器试验。

d） 电缆线路接地电阻测试。

4.4.7.6 隐蔽工程应在施工过程中进行中间验收，并做好现场见证与记录。

4.4.8 封闭母线：

4.4.8.1 安装前，应检查并核对母线及其他连接设备的安装位置及尺寸，并应对外壳内部、母线支撑件及金具表面进行检查和清理，绝缘子、盘式绝缘子和电流互感器经试验合格。

4.4.8.2 母线与外壳间应同心，其误差不得超过 5mm，段与段连接时，两相邻段母线及外壳应对准，连接后不应使母线及外壳受到机械应力，不得碰撞和擦伤外壳。

4.4.8.3 母线焊接应在封闭母线各段全部就位并调整误差合格后进行。

4.4.8.4 焊接封闭母线外壳的相间封闭母线短路板时，位置必须正确，以免改变封闭母线原来磁路而引起外壳发热。接地引线应采用非导磁材料。

4.4.8.5 外壳封闭前，应对母线、TV、TA 等设备再次进行清理、检查、验收。

4.4.8.6 安装结束后，与发电机、变压器等设备连接以前，按照 GB/T 8349 进行交接试验。试验时电压互感器等设备应予以断开。试验项目如下：

a） 绝缘电阻测量。

b） 额定 1min 工频干耐受电压试验。

c） 自然冷却的离相封闭母线，其户外部分应进行淋水试验。

d） 微正压充气的离相封闭母线，应进行气密封试验及保压试验。

4.4.9 接地装置：

4.4.9.1 施工单位应严格按照设计要求进行施工。接地装置的选择、敷设及连接应符合 GB 50169 的有关要求。预留的设备、设施的接地引下线必须确认合格，隐蔽工程必须经监理单位和建设单位验收合格后，方可回填土；并应分别对两个最近的接地引下线之间测量其回路电阻，确保接地网连接完好。

4.4.9.2 接地装置的焊接质量必须符合有关规定要求，各设备与主接地网的连接必须可靠，扩建接地网与原接地网间应为多点连接。接地线与接地极的连接应用焊接，接地线与电气设备的连接可用螺栓或者焊接，用螺栓连接时应设防松螺母或防松垫片。

4.4.9.3 接地体（线）的连接应采用焊接，焊接必须牢固无虚焊。接至电气设备上的接地线，应用镀锌螺栓连接；有色金属接地线不能采用焊接时，可用螺栓连接、压接、热剂焊（放热焊接）方式连接。采用搭焊接时，其搭接长度必须符合相关规定。不同材料接地体间的连接应进行防电化学腐蚀处理。接地装置的焊接质量与检查应符合 GB/T 50065、GB 50169 及其他有关规定，各种设备与主接地网的连接必须可靠；扩建接地网与原接地网间应为多点连接。

4.4.9.4 对高土壤电阻率地区的接地网，在接地电阻难以满足要求时，应由设计确定采取措施后，方可投入运行。

4.4.9.5 接地装置验收测试应在土建完工后尽快进行；特性参数测量应避免雨天和雨后立即测量，应在连续天晴 3 天后测量。交接验收试验应符合 GB 50150 的规定。接地装置交接试验时，必须确保接地装置隔离，排除与接地装置连接的接地中性点、架空地线和电缆外皮的分流，对测试结果及评价的影响。

4.4.9.6 大型接地装置除进行 GB 50150 规定的电气完整性试验和接地阻抗测量，还必须考核场区地表电位梯度、接触电位差、跨步电位差、转移电位等各项特性参数测试，校核接地装置（包括设备接地引下线）的热稳定容量，以确保接地装置的安全。试验的测试电源、测试回路的布置、电流极和电压极的确定以及测试方法等应符合 DL/T 475 的相关要求。有条件时宜按照 DL/T 266 进行冲击接地阻抗、场区地表冲击电位梯度、冲击反击电位测试等冲击特性参数测试。

4.4.10 高压电动机：

4.4.10.1 电动机的安装应严格按 GB 50170 和产品的安装技术条件等要求进行，确保设备安装质量。

4.4.10.2 安装过程中应重点检查如下内容：

a） 电动机基础、地脚螺栓孔、预埋件及电缆管位置、尺寸和质量，应符合设计和有关标准的要求。

b） 转子的转动灵活，不得有碰卡声。

c） 润滑脂无变色、变质及变硬等现象，其性能应符合电动机的工作条件。

d） 定子、转子之间气隙的不均匀度应符合产品技术条件的规定；当无规定时，垂直、水平径向空气间隙与平均空气间隙之差与平均空气间隙之比宜为±5%。

e） 引出线鼻子焊接或压接良好；裸露带电部分的电气间隙应符合产品技术条件的规定。

f） 底座、外壳接地符合相关标准要求。

4.4.10.3 安装结束后，应严格按照 GB 50150 开展交接试验。电动机安装检查结束后，应进行空载试验，宜进行带载试验。电动机试运中，重点检查电气参数、声音、振动、各部位温度等性能指标符合产品技术条件，旋转方向符合要求，远动信号与现场一致。

4.4.11 设备外绝缘和绝缘子：

绝缘子安装时，应按 GB 50150 有关规定进行绝缘电阻测量和交流耐压试验，其中，对盘形悬式瓷绝缘子应逐只进行绝缘电阻测量。

4.4.12 直流系统

4.4.12.1 蓄电池组的安装应符合 GB 50172 的有关规定，盘、柜安装应符合 GB 50171 的有关规定，确保设备安装质量。

4.4.12.2 蓄电池室应采用防爆型灯具、通风电动机，室内照明线应采用穿管暗敷，室内不得装设开关和插座。

4.4.12.3 安装结束后，在投运前，应进行完全充电，并应进行开路电压测试和全容量核对性放电测试，试验结果应符合 GB 50172 和技术文件的有关要求。

4.4.12.4 直流电源系统应进行直流断路器的级差配合试验。

4.5 调试验收阶段

4.5.1 基本要求：

4.5.1.1 投产验收时，应进行现场实地查看，并对设备的订货相关文件、设计联络文件、监造报告、出厂试验报告、设计图纸资料、开箱验收记录、安装记录、缺陷处理报告、监理报告、交接试验报告、调试报告等全部技术资料进行详细检查，审查其完整性、正确性和适用性，并将全部资料整理归档。

4.5.1.2 投产验收过程中发现安装施工及调试不规范、交接试验方法不正确、项目不全或结果不合格、设备达不到相关技术要求、基础资料不全等不符合技术监督要求的问题时，要立即整改，直至验收合格。

4.5.2 发电机：

4.5.2.1 发电机在试运前，应按 GB 50170 规定的检查项目进行全面检查，确认其符合运行条件，方可投入试运行。

4.5.2.2 启动调试应符合订货技术要求、调试大纲、相关规程及反事故措施的要求。试运行时应考核发电机出力、振动值、氢冷发电机漏氢量是否达到制造厂的保证值。

4.5.2.3 发电机在试运中，重点进行以下检查：

a）集电环及电刷的工作情况。

b）发电机各部件温度和各种冷却介质参数。

c）轴承振动值和轴瓦温度、轴承回油温度。

d）定子电压、定子电流、频率、励磁电压、励磁电流和有功功率、无功功率、功率因数。

e）发电机进相试验、转子绕组交流阻抗、空载特性、短路特性、定子残压和轴电压等试验。

4.5.2.4 发电机的启动运行，从电机开始转动至并入系统应保持铭牌出力，连续运行时间应符合相关规定。

4.5.3 变压器：

4.5.3.1 变压器、电抗器在试运行前，应按 GB 50148 规定的检查项目进行全面检查，确认其符合运行条件，方可投入试运行，重点进行以下检查：

a）本体、冷却装置及所有附件应无缺陷，且不渗油。

b）储油柜、分接开关和充油套管的油位应正常。

c）测温装置指示应正确，整定值符合要求。

d）冷却装置应试运行正常，联动正确；强迫油循环的变压器、电抗器应启动全部冷却装置，循环 4h 以上，并应排完残留空气。

e）分接头的位置应符合运行要求，且指示位置正确。

f）事故排油设施应完好，消防设施齐全。

4.5.3.2 变压器、电抗器在试运行时，应进行 5 次空载全电压冲击合闸试验，且无异常情况发生。带电后，检查变压器噪声、振动无异常；本体及附件所有焊缝和连接面，不应有渗漏油现象。

4.5.4 高压开关设备：

4.5.4.1 在投产验收时，应按 GB 50147 及相关标准和反事故措施的要求进行验收。

4.5.4.2 SF_6 断路器在投产验收时，应重点进行以下检查：

a）外表应清洁、完整、无缺损。

b）操动机构应固定牢靠，电气连接应可靠且接触良好。

c）液压系统应无渗漏、油位正常；压力表指示正常。

d）操动机构与断路器的联动应正常、无卡阻现象；开关防跳跃功能应正确、可靠；具有非全相保护功能的动作应正确、可靠；分、合闸指示正确；压力开关、辅助开关动作应准确、可靠。

e）控制柜、分相控制箱、操动机构箱、接线箱等防雨防潮应良好，电缆管口、孔洞应封堵严密。

4.5.4.3 隔离开关、接地开关在投产验收时，应重点进行以下检查：

a）操动机构、传动装置、辅助开关及闭锁装置应安装牢固、动作灵活可靠、位置指示正确。

b）触头接触应紧密良好，接触尺寸应符合产品技术文件要求。

c）分合闸限位应正确。

d）垂直连杆应无扭曲变形，接地应良好，接地标识应清楚。

e）螺栓紧固力矩应达到产品技术文件和相关标准要求。

4.5.4.4 真空断路器在投产验收时，应重点进行以下检查：

a）安装应牢固，外表应清洁、完整、无缺损。

b）电气连接应可靠且接触良好。

c）操动机构与断路器的联动应正常、无卡阻现象；分、合闸指示应正确；辅助开关动作应准确、可靠。

d）高压开关柜的防止电气误操作的“五防”功能良好。

e）控制柜的防潮装置功能应良好、温湿度显示准确，带电显示装置应显示正确，电缆管口、孔洞应封堵严密。

f）手车或抽屉式高压开关柜在推入或拉出时应灵活，机械闭锁应可靠。

4.5.5 气体绝缘金属封闭开关设备（GIS）：

4.5.5.1 投产验收时，应按 GB 50147 和相关标准和反事故措施的要求进行验收，重点进行以下检查：

a）GIS 应安装牢靠、外观清洁，动作性能应符合产品技术文件要求。

b）螺栓紧固力矩应达到产品技术文件的要求。

c）电气连接应可靠、接触良好。

d）GIS中的断路器、隔离开关、接地开关及其操动机构的联动应正常、无卡阻现象；分合闸指示应正确；辅助开关及电气闭锁应动作正确、可靠。

e）接地应良好，接地标识应清楚。

4.5.5.2 室内安装的GIS，其通风和报警系统应完好。

4.5.6 避雷器：

4.5.6.1 密封应良好，外表应完整、无缺损。

4.5.6.2 安装应牢固，其垂直度应符合产品技术文件要求，均压环应水平。

4.5.6.3 泄漏电流值、放电计数器的示值正常，在线监测仪密封良好，绝缘垫及接地应良好、牢固。

4.5.7 互感器、电容器和套管：

4.5.7.1 设备外观应完整、无缺损。

4.5.7.2 油浸式设备应无渗漏油，三相油位基本相同。

4.5.7.3 SF_6设备的压力应在允许范围内。

4.5.7.4 变压器套管油位正常，油浸电容式穿墙套管压力箱油位符合要求。

4.5.7.5 接地应规范、良好。

4.5.8 电力电缆：

4.5.8.1 电缆排列应整齐，无机械损伤，标识牌应装设齐全、正确、清晰。

4.5.8.2 电缆的固定、弯曲半径、相关间距和单芯电力电缆的金属护层的接线等应符合设计要求和规定。

4.5.8.3 电缆终端的相色或极性标识应正确，电缆支架等的金属部件防腐层应完好，电缆管口封堵应严密。

4.5.8.4 电缆沟内应无杂物、积水，盖板应齐全；隧道内应无杂物，消防、监控、暖通、照明、通风、给排水等设施应符合设计要求。

4.5.8.5 电缆通道路径的标志或标桩，应与实际路径相符，并应清晰、牢固。

4.5.8.6 防火措施应符合设计要求，且施工质量应合格。

4.5.9 封闭母线：

4.5.9.1 离相封闭母线各连接结合面的装配工艺、外壳连接处的焊接工艺及焊缝质量良好。

4.5.9.2 共箱封闭母线户外部分箱体及盖板防水性能良好。采用电加热带的还应对电加热带的连接及固定进行检查，确保电加热带连接正确并可靠固定在母线箱体上。

4.5.9.3 外壳接地良好。

4.5.10 接地装置：

4.5.10.1 整个接地网外露部分的连接可靠，接地线规格正确，防腐层完好，标志齐全明显。

4.5.10.2 避雷针（带）的安装位置及高度符合设计要求。

4.5.10.3　供连接临时接地线用的连接板的数量和位置符合设计要求。

4.5.10.4　工频接地电阻值及设计要求的其他测试参数符合设计规定。

4.5.11　高压电动机：

4.5.11.1　换向器、集电环及电刷应工作正常，接触面应无明显火花。

4.5.11.2　启动电流、启动时间、空载电流应满足产品技术文件要求。

4.5.11.3　轴承状态应正常，各部位温度应满足产品技术文件要求。

4.5.11.4　振动测量值应满足产品技术文件要求。

4.5.12　直流系统：

4.5.12.1　蓄电池组应排列整齐，螺栓应紧固、齐全，极性标识应正确、清晰。

4.5.12.2　蓄电池组的充、放电结果应合格，其端电压、放电容量、放电倍率应符合产品技术文件的要求。

4.5.12.3　蓄电池组充电装置应正常工作，绝缘监测装置参数设置正确，工作正常。

5　化学技术监督

5.1　设计选型阶段

5.1.1　设计工作开始前，建设单位或工程总承包单位负责向设计单位提供化学专业设计所需的各种资料，其中包括水源情况、水质全分析资料、供热情况、热力系统的相关情况、发电机冷却方式及参数等。
5.1.2　设计过程中，建设单位配合设计单位进行现场调研，并对设计所需的相关内容进行确认。
5.1.3　设计完成后，建设单位负责组织初步设计评审工作，评审根据 DL 5068 和集团公司的相关要求进行。
5.1.4　评审内容包括：
5.1.4.1　化学各系统的工艺设计是否满足安全生产、经济合理、技术水平和环境保护的要求。主要包括水源选择、预处理工艺、预脱盐工艺、锅炉补给水处理工艺、凝结水精处理工艺、发电机内冷却水处理工艺、热力系统化学加药工艺、制（供）氢工艺、油质净化工艺、化学系统控制工艺、循环水处理工艺、工业废水处理工艺、含煤废水工艺、含油废水处理工艺、生活污水处理工艺等。
5.1.4.2　化学各系统设备出力的计算是否正确，设计数量是否合理。
5.1.4.3　化学在线仪表配置和选型，测点布置是否合理；实验室的仪表配置和选型是否合理；实验室面积、布局是否满足生产要求。
5.1.4.4　水汽取样系统、燃料采制化设备配置等是否合理。
5.1.4.5　化学各系统及设备布置是否合理。
5.1.4.6　化学材料、药品的选择是否恰当，化学药品仓库的设计是否合理。
5.1.4.7　化学各系统设备、管道、阀门的防腐工艺是否合理。
5.1.4.8　热力设备停备用保护设计是否合理；热力设备水汽、油（气）取样点的设计是否合理；与化学监督相关的热力设备设计是否恰当。
5.1.4.9　根据评审结果，对设计内容进行优化，提出优化方案，修订设计。

5.2　制造监造阶段

5.2.1　设备制造：
5.2.1.1　应依据 DL/T 543 和双方技术协议的相关规定对化学水处理设备的材料选用、加工工艺、加工质量等进行监督和验收，在必要的情况下建设单位可对重要设备的制造过程进行监造。
5.2.1.2　主要设备的制造单位应具有国家、省（自治区）、直辖市或有关国家行政监督管理部门颁发的制造许可证，制造工艺和质量应符合国家和行业相关标准。
5.2.1.3　化学设备制造过程中重点监督化学设备防腐工艺是否正确，防腐质量是否合格，包括防腐材料、防腐工艺、防腐层的厚度等。

5.3 施工安装阶段

5.3.1 设备的到厂验收分为化学设备的验收和化学仪表验收两部分。

5.3.1.1 化学设备的验收：

a）根据供货合同，检查设备和材料到货数量、规格、包装、外观、质量以及各项技术资料（包括供货清单、说明书、技术资料和图纸）是否符合订货要求。如发现设备或材料有锈蚀、冻裂、变质、损坏或其他与供货合同不相符的问题，应会同相关单位共同分析原因、查明责任并及时进行处理。

b）化学设备到场后重点检查防腐层的质量，应进行“外观检查”和“电火花试验”检验。如发现缺陷，应分析原因查清责任，及时进行处理。

5.3.1.2 化学仪表的验收：

a）实验室仪表应按 DL/T 913 相关规定进行验收，其他仪器参考 DL/T 913 及合同要求进行验收。

b）在线电导率表、pH 表、钠表、溶解氧表、硅表等应按 DL/T 677 规定进行检验。

c）主要在线化学仪表包括：凝结水、给水、蒸汽氢电导率表；给水、炉水 pH 表；补给水除盐设备出口、炉水、发电机内冷水电导率表；凝结水精处理出口电导率或氢电导率表；蒸汽钠表、硅表；凝结水、给水溶解氧表；发电机氢气湿度和纯度表。

5.3.2 水处理材料的验收主要包括离子交换树脂验收、水处理滤料的验收和活性炭验收。

5.3.2.1 离子交换树脂验收：

a）离子交换树脂取样按 GB/T 5475 的方法进行。

b）离子交换树脂验收按 DL/T 519 的要求进行。

c）每包装件必须有树脂生产厂质量检验部门的合格证。

5.3.2.2 水处理滤料的验收：

a）依据 DL/T 336、CJ/T 43 对石英砂和无烟煤进行酸性、碱性和中性溶液的化学稳定性试验。

b）用于离子交换器、活性炭过滤器垫层的石英砂，应符合以下要求：二氧化硅纯度不小于 99%；化学稳定性试验合格。

c）过滤材料的组成应符合制造厂或设计要求，如未作规定时，一般应符合表 5-1 的规定。

d）过滤器填充滤料前，应做滤料粒度均匀性的试验，并应达到有关标准。

表 5-1 过滤材料粒度表

序号	类别		粒径（mm）	不均匀系数
1	单层滤料	石英砂	$d_{min}=0.5$，$d_{max}=1.0$	2
		大理石	$d_{min}=0.5$，$d_{max}=1.0$	
		白云石	$d_{min}=0.5$，$d_{max}=1.0$	

续表

序号	类别		粒径（mm）	不均匀系数
1	单层滤料	无烟煤	d_{min}=0.5，d_{max}=1.5	
2	双层滤料	无烟煤	d_{min}=0.8，d_{max}=1.8	2～3
		石英砂	d_{min}=0.5，d_{max}=1.2	

5.3.2.3 活性炭验收：

a） 活性炭验收按 DL/T 582 的要求进行。

b） 活性炭的取样满足 GB/T 13803.4 要求。

5.3.2.4 水处理用药剂的技术要求：

水处理用化学药剂包括：盐酸、硫酸、氨、联氨、氢氧化钠、磷酸钠、阻垢剂和缓蚀剂等药剂，应按水处理工艺的技术要求进行采购。到货后根据有关规定标准逐批进行质量验收，对化学药剂纯度及其杂质含量进行分析。

5.3.3 新油验收：

5.3.3.1 新进汽轮机油应按照 GB/T 7596 进行验收。

5.3.3.2 新进变压器油应按照 GB 2536 进行验收。

5.3.3.3 新进抗燃油应按照 DL/T 571 进行验收。

5.3.4 化学设备安装过程监督包括：

5.3.4.1 安装过程参照 DL/T 5190.6 中的相关规定执行，施工验收和评价参照 DL/T 5210.3 中的相关规定执行，其中涉及机械安装、管道施工、焊接工艺、监测仪表及程序控制等部分，应与相应的专业技术标准配合使用。

5.3.4.2 各类设备的施工，应按设计图纸和制造厂的有关技术文件进行。如需修改设计或采用代用设备、材料时，应经过设计单位和建设单位同意，履行审批手续，并将修改设计变更单和代用设备、材料等技术资料附入验收签证书中。

5.3.4.3 非标设备的施工，应按合同或参照有关的规程、规范、标准及设计规定进行。国外引进的设备，应根据合同书中的有关技术条文确定相应的施工技术标准。

5.3.4.4 设备安装就位前，设备基础的相关土建工作应按施工图完成并通过建设单位、安装单位、监理单位的验收。

5.3.4.5 机组取样及加药系统安装验收参照 DL/T 5190.6 及 DL/T 665 中的相关要求执行。

5.3.4.6 循环冷却水处理设备的安装验收按照 DL/T 5190.6 相关要求执行。

5.3.4.7 化学水处理系统中的水箱、药箱、加药槽等安装和验收按照 DL/T 5190.6 中的相关规定执行，特别注意其中防腐层的施工工艺和环境条件的控制，保证防腐层的完好。

5.3.4.8 化学设备中转动机械的安装和验收按照 DL/T 5190.6 相关要求进行。系统中承压容器应根据特种设备安全监督管理部门的有关条文进行验收和使用。

5.3.4.9 化水系统中特殊管道和阀门的安装验收按照 DL/T 5190.6 中的相关规定执行，包括塑料、玻璃钢、工程塑料管件、衬胶管道、衬胶阀门、气动阀门、蝶阀等。

5.3.4.10 化学系统防腐施工：防腐施工是安装过程化学监督的重要内容之一，防腐蚀层的施工验收参照 DL/T 5190.6 中的相关规定执行。防腐过程要注意以下几个方面：

a）设备和混凝土构筑物的防腐蚀保护层进行施工前，应制定严格的防火、防爆、防毒和防触电等安全措施，在容器内施工要安装通风设施。

b）设备本体的灌水、渗油或水压试验，设备本体及附属件的焊接及钳工工作必须在防腐前完成。

c）管道制作预安装就位，预留防腐层间隙，并打编号钢印。

d）除锈后的金属表面应呈均匀的金属本色，并有一定的粗糙度，无孔洞、裂纹、遗留铁锈和焊瘤，凹斑深度超过 3mm 时，应补焊磨平。准备进行防腐的金属表面应采取有效措施防止二次锈的生成，如出现二次浮锈或污染后需重新处理。

e）设备除锈结束后必须由监理和建设单位相关人员检查合格。除锈合格后尽快涂刷底漆。

f）防腐所用漆料、涂料、胶料、溶剂和衬里材料应检查生产厂家资质、合格证及有效期等信息，确认是否合格、有效及符合设计要求。

5.3.4.11 制氢设备的安装和验收参照 DL/T 5190.6 中的相关规定执行。

5.3.4.12 制氢室及其周围的防火、防爆应符合 GB 4962、GB 50177 及 DL 5009.1 的要求：

a）电解室应与明火或可能发生火花的电气设备、监督仪表隔离。电气设备、热工仪表的选型、配线和接地应符合 SH/T 3097 及 GB 50177 的要求。

b）在制氢站周围应按 GB 2894 的规定设置醒目的禁火标志。

c）制氢系统的各种阀门应选用气体专用阀门，确保严密不漏。用于电解液系统的阀门和垫圈，禁止使用铜材和铝材。

d）氢气管道与氧气管道平行敷设时，中间应用不燃物将管道隔开，或间距不小于 500mm。氢气管道应布置在外侧，分层敷设时，氢气管道应位于上方。

e）凡与电解液接触的设备和管道，禁止在其内部涂刷红丹和其他防腐漆；如已涂刷，应在组装前清洗干净。

f）制氢设备的电解用水，应用除盐水。

g）电解槽对地、端极板对拉紧螺杆的绝缘，要求用 500V 绝缘电阻表测量，绝缘电阻应大于 1MΩ。电解槽各相邻组件间不允许有短路现象。

5.3.4.13 氢瓶供氢站宜设置氢瓶集装格起吊设施，起吊装置应采取防爆措施。氢气瓶应布置在通风良好、远离火源和热源的场所，并避免暴露在阳光直射处，可布置在封闭或半敞开式建筑物内，汇流排及电控设施宜分别布置在室内。

5.4 调试验收阶段

5.4.1 化学设备的调试应按照 DL/T 1076 要求执行。

5.4.2 化学系统调试前应具备的条件：

5.4.2.1 建设单位已成立试运指挥部，并成立化学专业调试小组。

5.4.2.2 调试大纲或方案已批准，已对调试过程中的化学监督项目进行确认。

5.4.2.3 参加调试的人员已进行培训考试合格并到岗，分析化验仪器仪表已齐全，可正常使用。

5.4.2.4 现场调试所需的水处理材料已具备，已分析化验合格。

5.4.2.5 水处理系统土建施工已全部完工，现场道路，照明、标识已完备。

5.4.2.6 水处理系统设备已完成单体调试，标识清晰，有监理单位的验收签证。

5.4.2.7 化学系统在线仪表已安装校正完毕，可正常投运。

5.4.2.8 调试所需水源、气源、电源已符合要求。

5.4.2.9 控制系统已调试完毕。

5.4.2.10 现场工作环境已符合运行要求。

5.4.2.11 各类容器的内部已清理完毕，水压试验合格。

5.4.2.12 各系统设备已按要求完成水冲洗和水压试验，系统设备、管道、阀门的严密性合格，内部清理工作已完成。水压试验的条件及注意事项应按有关规定执行。

5.4.2.13 化学专业调试组已对调试前的工作检查完毕并签字确认。

5.4.3 化学设备及系统调试监督内容：

5.4.3.1 预处理系统调试：

a）预处理主要包括混凝澄清、过滤、活性炭吸附等工艺过程，主要设备有澄清池，过滤器，超（微）滤、活性炭过滤器及相应的加药设备等。

b）混凝剂、助凝剂的加药量应进行小型试验和调整试验。

c）澄清器（池）应进行调整试验，确定加药量及设备出力，检验出水水质在设计出力下是否可达到设计要求。

d）过滤器应进行调整试验，确定反洗强度和正常运行参数，检验出水水质在设计最大流速下是否可达到设计要求。

e）根据调试结果，及时修正运行规程的相关内容。

f）根据调试结果对超滤装置的性能进行验收，参考技术协议规定或表 5-2、表 5-3 中的参数。

表 5-2 超滤水处理装置的性能参数

序号	项目	要求
1	平均水回收率	达到合同要求，一般大于或等于 90%
2	产水量	额定压力时，达到相应水温条件下的设计值
3	透膜压差	满足合同要求
4	化学清洗周期	符合合同值，一般大于或等于 30 天
5	制水周期	大于或等于合同值
6	反洗历时	小于或等于合同值

表 5-3 超滤水处理装置出水水质参考指标

序号	项目	指标
1	淤泥密度指数（SDI_{15}）	＜3
2	浊度	＜0.4NTU
3	悬浮物	＜1mg/L

5.4.3.2 除盐系统调试：

a）除盐系统调试包括反渗透预除盐、离子交换、电除盐等工艺过程，调试主要设备有反渗透装置、离子交换器、电除盐装置及相应的加药设备。在预处理调试合格，出水水质符合要求后才可进行除盐系统调试。

b）检测反渗透出水的污染指数（SDI）、电导率（DD）、余氯量、pH 值、温度、压力、流量等，使出水水质达到设计要求。

c）离子交换树脂再生应进行试验，确定再生剂浓度、再生剂比耗、流速、再生剂用量和再生时间等参数。

d）当电除盐交换器进水水质符合设计要求时，进行电除盐装置（EDI）装置的调试，分别进行水冲洗、启动、调整、加药、出水水质分析、运行参数确定。

e）根据调试情况，对运行规程中的相关部分进行修正。反渗透本体的性能参数见表 5-4。

表 5-4 反渗透本体的性能参数

序号	项目	性 能 参 数
1	脱盐率	满足合同要求，一般卷式反渗透膜组件脱盐率不低于 95%，碟管式反渗透膜组件脱盐率不低于 90%
2	回收率	满足合同要求，地表水和地下水宜控制在 75%～85%，海水宜控制在 35%～55%，其他水源根据进水水质、预处理程度、膜元件性能来确定
3	运动压力	满足合同要求，不超过膜元件最大运行压力
4	运行压差	满足合同要求
5	产水量	满足相应水温条件下的合同要求
6	仪表	正确指示，精度达到合同要求
7	联锁与保护	满足合同要求
8	阀门	开关灵活，阀位状态指示正确；电动阀电动机运转平稳，震动和噪声等指标满足电动阀技术要求
9	噪声	满足 GB 12348 的要求

5.4.3.3 循环水系统调试：

a）循环水处理工艺的确定要经过实验室的小型试验，并结合相关使用单位的咨询建议进行选择，主要有加药系统、澄清（沉淀）过滤系统、反渗透处理系统、离子交换处理系统、石灰软化处理工艺等。

b）循环水阻垢处理和杀菌处理应进行小型试验，确定加药量等参数。

c）循环水旁流处理系统应按要求进行调试，处理系统应达到设计出力和设计要求。

5.4.3.4 凝结水精处理系统调试：

a）在调试前对整个精处理系统设备进行检查。

b）气源、水源满足调试需要，已完成精处理设备的联锁与保护试验。

c）前置过滤器、高速混床、再生系统应进行调整试验，对树脂输送、运行、分层、再生过程进行调试，对各过程参数进行确认。

d）根据调试结果，对运行规程中的相关参数进行调整。

5.4.3.5 发电机内冷水系统调试：

发电机内冷水处理系统调试包括对机组空心铜导线及内冷水系统用除盐水进行水冲洗，冲洗的流量、流速应大于正常运行下的流量、流速，冲洗至排水清澈无杂质颗粒、进排水 pH 值一致、电导率小于 2μS/cm 时结束。

5.4.3.6 化学仪器仪表调试：

a）在线化学仪表应配置计算机监控，能即时显示和查询历史曲线、自动记录、报警、储存，自动生成日报、月报。

b）在线化学仪表调试结束后应按 DL/T 677 要求进行检验，整机误差应达到表 5-5 的要求。

表 5-5 在线仪表整机误差要求

仪表	项目		要求
电导率表	整机工作误差（δ_G），%		$-10<\delta_G<10$
	整机引用误差（δ_Z），%		$-1<\delta_Z<1$
pH 值	整机工作误差（δ_G），pH		$-0.05<\delta_G<0.05$
	整机示值误差（δ_S），pH		$-0.05<\delta_S<0.05$
钠表	整机工作误差（δ_G），%		$-10<\delta_G<10$
	整机引用误差（δ_Y），%		$\delta_Y<10$
氧表	整机工作误差（δ_G），μg/L	被检表测量水样氧浓度大于 10μg/L	$-3<\delta_G<3$
	整机工作误差（δ_G），μg/L	被检表测量水样氧浓度不大于 10μg/L	$-1<\delta_G<1$

5.4.3.7 制（供）氢系统：

a）检查制氢或供氢设备调试报告，确认设备是否到达额定出力，氢气品质是否符合要求。

b）供氢站外购氢气纯度不低于 99.8%，气体温度（露点温度）不大于–50℃。

5.4.4 水压试验过程化学监督：

5.4.4.1 炉前水系统的预冲洗：

a）炉前水系统的试运行和水压试验，可与预冲洗的工序结合进行。对管道和设备进行冲洗和水压试验时应使用除盐水，并应符合下列要求：炉前水系统的冲洗可用凝结水泵进行，最低流速不低于1m/s或冲洗流量大于机组额定工况流量的50%；在冲洗过程中应变动流量，扰动系统中死角处聚积的杂质使其被冲洗出系统。大型容器冲洗后，应打开人孔，清扫容器内的滞留物；对于有滤网的系统，冲洗后应拆开滤网进行清理。

b）预冲洗的排水应达到如下要求：进出口浊度的差值应小于10NTU；出口水的浊度应小于20NTU；出口水应无泥沙和锈渣等杂质颗粒，清澈透明。

5.4.4.2 锅炉水压试验前应具备以下条件：

a）制备除盐水的补给水处理系统应在锅炉水压试验前具备供水条件。

b）给水系统、凝结水系统加药装置的安装试运行，应在热力系统通水试运行前完成，具备加药和调节能力。

c）锅炉水压试验使用的化学药品应为化学纯及以上等级药剂，并经过现场检验合格。

5.4.5 锅炉水压试验过程化学监督：

5.4.5.1 锅炉整体水压试验应采用除盐水，水质要求应符合表5-6的要求。

表5-6 机组锅炉整体水压水质

保护时间	氨水法调节pH值（25℃）	联氨法		Cl^-（mg/L）
		联氨（mg/L）	加氨调节pH值（25℃）	
2周内	10.5～10.7	200	10.0～10.5	0.2
0.5～1个月	10.7～11.0	200～250	10.0～10.5	
1～6个月	11.0～11.5	250～300	10.0～10.5	

5.4.5.2 水压试验后的防锈蚀保护：经水压试验合格的锅炉，放置2周以上不能进行试运行时，应进行防锈蚀保护。保护方法应符合DL/T 956的相关要求。

5.4.6 化学清洗过程监督：

5.4.6.1 化学清洗从业单位资质必须符合DL/T 977的相关要求。

5.4.6.2 各参建单位需对清洗方案进行审核，审核内容主要包括清洗方案、小型试验结果，审核完成后各单位进行会鉴，然后才可以实施。

5.4.6.3 清洗范围和要求：

a）直流炉和过热蒸汽出口压力9.8MPa及以上的汽包炉，投产前应进行化学清洗。

b）过热器内铁氧化物大于$100g/m^2$时，可选用化学清洗，但应有防止立式管，产生气塞、腐蚀产物在管内沉积和奥氏体钢腐蚀的措施。

c）再热器一般不进行化学清洗。出口压力为17.4MPa及以上机组的锅炉再热器可根据情况进行化学清洗，应保持管内清洗流速在0.2m/s以上，必须有消除立式管内的气塞和防止腐蚀产物在管内沉积的措施。

d）200MW 及以上机组的凝结水及高压给水系统。垢量小于 150g/m^2 时，可采用流速大于 0.5m/s 的水冲洗。垢量大于 150g/m^2 时，应进行化学清洗。600MW 及以上机组的凝结水及给水管道系统至少应进行碱洗，凝汽器、低压加热器和高压加热器的汽侧及其疏水系统也应进行碱洗或水冲洗。

5.4.6.4 清洗条件：

a）化学清洗介质及参数的选择，应根据垢的成分，锅炉、高压加热器、凝汽器等需清洗设备的构造、材质、现场检查情况等，通过小型清洗试验确定。选择的清洗介质在保证清洗及缓蚀效果的前提下，应综合考虑其经济性及环保要求等因素。

b）清洗前必须由专业人员编制清洗方案，经过相关负责人员审核和批准后严格按照方案进行清洗，如需对清洗方案进行修改，必须经原负责人员批准。

c）确认化学清洗中化学监督所需试剂准确有效，仪器仪表校验合格，清洗所需药剂质量和数量合格。

d）为减小清洗介质对被清洗设备的腐蚀，清洗液的最大浓度应由试验确定，并应选择合适的酸洗缓蚀剂。

e）清洗液的流速、温度的控制、还原剂的添加等具体工艺指标应根据 DL/T 794、DL/T 957 中的有关要求和小试的结果来确定。

f）奥氏体钢清洗时，选用的清洗介质和缓蚀剂，不应含有易产生晶间腐蚀的敏感离子（Cl^-、F^-）和元素（S），同时还应进行应力腐蚀和晶间腐蚀试验。

g）不参与清洗的设备、系统要与清洗系统做好可靠的隔离措施。

h）应根据需清洗的热力系统结构、材质、被清洗金属表面状态，结合化学清洗小型试验结果，依据 DL/T 794 制定锅炉或热力设备化学清洗方案及实施措施，同时应充分考虑满足 DL/T 794 中的技术要求。

5.4.6.5 热力设备化学清洗应按审核批准的方案进行，并对下列关键点进行监督检查：

a）检查化学清洗系统和清洗设备安装是否正确，不参与清洗的固定设备应隔离。

b）化学清洗药品的质量和数量经检验并合格，酸洗缓蚀剂经过验证性能可靠。

c）供除盐水、加热蒸汽的能力满足清洗要求。

d）锅炉清洗过程中化学监督测试项目依据 DL/T 794 中的相关规定执行。

5.4.7 清洗废液排放过程化学监督：

清洗废液排放标准应符合当地环保标准，无标准的应符合 GB 8978 的要求，清洗废液处理方法见 DL/T 794。

5.4.8 锅炉清洗质量化学监督：

5.4.8.1 清洗后的金属表面应清洁，基本上无残留氧化物和焊渣，无明显金属粗晶析出的过洗现象，不应有镀铜现象。

5.4.8.2 用腐蚀指示片测量的金属平均腐蚀速度应小于 8g/（m^2·h），腐蚀总量应小于 80g/m^2，残余垢量小于 30g/m^2 为合格，残余垢量小于 15g/m^2 为优良。

5.4.8.3　清洗后的表面应形成良好的钝化保护膜，不应出现二次锈蚀，腐蚀指示片不应出现点蚀。

5.4.8.4　固定设备上的阀门、仪表等不应受到损伤。

5.4.9　清洗后的内部清理：

锅炉化学清洗结束后，应对汽包、水冷壁下联箱、直流炉的启动分离器、除氧器水箱、凝汽器等进行彻底清扫，清除沉渣，目视检查容器内应清洁。

5.4.10　清洗后允许停放时间：

锅炉及热力系统化学清洗的工期应安排在机组即将整套启动前。清洗结束至启动前的停放时间不应超过20天。若20天内不能投入运行，应按照DL/T 794的要求采取防锈蚀措施，以防止和减少清洗后的再次锈蚀。

5.4.11　机组整套启动前的水冲洗：

5.4.11.1　锅炉启动点火前，对热力系统应进行冷态水冲洗和热态水冲洗。

5.4.11.2　水冲洗应具备以下条件：

a）除盐水设备应能连续正常供水。

b）氨和联氨的加药设备能正常投运。

c）热态冲洗时，除氧器能通汽除氧（至少在点火前6h投入），应使除氧器水尽可能达到低参数下运行的饱和温度。

5.4.11.3　在冷态及热态水冲洗过程中，当凝汽器与除氧器间建立循环后，应及时投入凝结水泵出口和给水泵入口加氨处理设备，控制冲洗水pH值为9.0～9.6，以形成钝化体系，减少冲洗腐蚀。

5.4.11.4　在冷态及热态水冲洗的整个过程中，应监督给水、炉水、凝结水中的铁、电导率、二氧化硅及其pH值。

5.4.12　点火前的冷态水冲洗：

5.4.12.1　直流炉、汽包炉的凝结水和低压给水系统冷态水冲洗。

凝汽器和除氧器内部清洗结束后，应通过凝结水泵向低压给水加热器充水，冲洗低压给水管道，并向除氧器充水。冷态水冲洗应符合下列要求：

a）当凝结水及除氧器出口含铁量大于1000μg/L时，应采取排放冲洗方式。

b）当冲洗至凝结水及除氧器出口水含铁量小于1000μg/L时，可采取循环冲洗方式，投入凝结水处理装置，使水在凝汽器与除氧器间循环。

c）凝汽器应建立较高真空。

d）当除氧器出口水含铁量小于200μg/L，凝结水系统、低压给水系统冲洗结束。

e）无凝结水处理装置时，应采用换水方式，冲洗至出水含铁量小于100μg/L。

5.4.12.2　直流锅炉的高压给水系统至启动分离器间的冷态水冲洗。

低压给水管道冲洗合格后，应向高压给水加热器充水，经省煤器、水冷壁和启动分离器，通过启动分离器出口排污管进行排放。当启动分离器出口含铁量大于1000μg/L时，应采取排放冲洗；小于1000μg/L时，将水返回至凝汽器循环冲洗，投入凝结水处理装置运行除去水中铁；当启动分离器出口含铁量降至小于200μg/L时，冷态水冲洗结束。

5.4.12.3　汽包炉的冷态水冲洗。

低压给水系统冲洗合格后，向高压给水加热器充水，经省煤器、水冷壁和汽包，通过锅炉排污管进行排放。当锅炉水含铁量小于200μg/L时，冷态水冲洗结束。

5.4.12.4　间接空冷系统的冷态冲洗。

用除盐水冲洗空冷系统，应采用分组冲洗方式，当冲洗至排水含油量小于0.1mg/L、进出口电导率一致时可结束冲洗。

5.4.12.5　直接空冷系统的冷态冲洗。

在直接空冷系统安装完成后，应利用压缩空气或高压水对排汽管道、空冷岛蒸汽分配管、冷却管束、凝结水管道、凝结水收集管道内部进行清洗，除去其内部残留杂质。

5.4.12.6　全厂闭式循环冷却水系统投入运行前应进行水冲洗，冲洗流量应大于运行流量，冲洗至排水浊度小于20NTU。闭式循环冷却水应是除盐水。

5.4.13　机组的热态水冲洗：

5.4.13.1　冷态冲洗结束后，锅炉点火进行热态冲洗，冲洗期间应维持炉水温度在140℃～170℃范围内。

5.4.13.2　直流炉热态水冲洗过程中，当启动分离器出口水含铁量大于1000μg/L时，应由启动分离器将水排掉；当含铁量小于1000μg/L时，将水回收至凝汽器，并通过凝结水处理装置作净化处理；直至启动分离器出口水含铁量小于100μg/L时，热态水冲洗结束。

5.4.13.3　汽包炉热态水冲洗依靠锅炉排污换水，冲洗至锅炉水含铁量小于200μg/L时，热态水冲洗结束。

5.4.13.4　直接空冷系统的热态冲洗应符合下列要求：

a）热态冲洗应除去排汽管道、空冷岛蒸汽分配管、冷却管束、凝结水管道、凝结水收集管道内壁的铁锈。

b）热态冲洗前应备有足够的除盐水。

c）应利用机组汽轮机排汽进行热态冲洗，通过临时排水箱、排水管排放冲洗废水。

d）冲洗时汽轮机排汽压力宜控制在50kPa左右，排汽温度在80℃左右，每列空凝器应进行多次间断性冲洗，当某列空凝器被清洗时，此列的风机运行，其他各列风机低速运行或停止，其运行条件应保证机组背压和散热器安全。

e）当冲洗至凝结水中含铁量小于1000μg/L时热态冲洗结束。

5.4.13.5　停炉放水后应对凝汽器、除氧器、汽包等容器底部进行清扫或冲洗。

5.4.14　蒸汽吹管：

5.4.14.1　锅炉蒸汽吹管是保证蒸汽系统洁净的重要措施之一，吹管阶段应对给水、炉水和蒸汽质量进行监督。

5.4.14.2　蒸汽吹管阶段应监督给水的含铁量、pH值、硬度、二氧化硅等项目，具体标准参照表5-7执行。

5.4.14.3　汽包炉进行蒸汽吹管时，炉水pH值不低于9.0。每次吹管前应检查炉水外观或含铁量。当炉水含铁量大于1000μg/L时，应加强排污；当炉水含铁量大于3000μg/L时，在吹管间歇时，以整炉换水方式降低其含量。

表 5-7　蒸汽吹管阶段给水控制标准

炉型	锅炉过热蒸汽压力（MPa）	铁（μg/L）	二氧化硅（μg/L）	溶解氧（μg/L）	硬度（μmol/L）	pH（25℃）
直流炉	12.7～18.3	≤50	≤50	≤20	≈0	有铜系统：9.0～9.3 无铜系统：9.2～9.6
	18.3～22.5	≤30	≤30	≤10		
	>22.5	≤20	≤20	≤10		
汽包炉	≥12.7	≤80	≤60	≤30	≈0	

5.4.14.4　在吹管后期，应进行蒸汽质量监督，测定蒸汽中铁、二氧化硅的含量，并观察水样应清亮透明。

5.4.14.5　直流炉吹管停歇时，直流炉中的水应采取凝汽器—除氧器—锅炉—启动分离器间的循环，进行凝结水处理，以保持水质正常。

5.4.14.6　吹管结束后，以带压热炉放水方式排放锅炉水。应清理凝结水泵、给水泵滤网。

5.4.14.7　吹管结束，锅炉系统恢复正常后，锅炉应按 DL/T 889 要求进行防锈蚀保护。

5.4.15　整套启动试运行：

5.4.15.1　整套启动试运行应具备以下条件：

a）机组水汽取样分析装置具备投运条件。水样温度和流量应符合设计要求，能满足人工和在线化学仪表同时分析的要求。机组满负荷试运行时，在线化学仪表应投入运行。

b）凝结水、给水和炉水自动加药装置应能够投入运行，满足水质调节要求。

c）除氧器投入运行，除氧器水可以达到运行参数的饱和温度，有足够的排汽，降低给水溶解氧量。

d）汽轮机油在线滤油机应保持连续运行，能够有效去除汽轮机油系统和调速系统中的杂质颗粒和水分，油质分析质量合格。

e）抗燃油在线过滤装置和旁路再生装置应能连续投运。

f）应根据实际情况储备有足够的锅炉补给水。

g）设计为锅炉给水加氧处理的直流炉或汽包炉，在机组试运行期间给水应采用加氨处理。

h）循环水加药系统应能投入运行，按设计或调整试验后的技术条件对循环水进行阻垢、缓蚀以及杀生灭藻处理。凝汽器胶球清洗系统应能投入运行。

i）闭式循环冷却水系统投入运行前应进行水冲洗，冲洗流量应大于运行流量，冲洗至排水清澈无杂质颗粒。闭式循环冷却水应是化学除盐水或凝结水。

5.4.15.2　油系统化学监督：

a）油系统投运之前必须进行循环过滤冲洗，并监测油的颗粒污染度，直到将油系统全部设备和管道冲洗达到合格的洁净度。

b）在机组投运前，变压器油、汽轮机油、抗燃油均应作全分析，其分析结果均应符合运行变压器油、运行汽轮机油和运行抗燃油质量标准。

c） 汽轮机油在注入系统连续循环 24h 后取 4L 样进行检验，检验项目包括外观、颜色、黏度、酸值、颗粒度、水分、破乳化度、泡沫特性等，以该次分析数据作为基准同以后运行中的分析数据对比，若与新油的试验结果有质量差异，应查找原因并解决。

d） 抗燃油除机组启动前作全分析外，启动 24h 后应测定颗粒污染度，并符合运行抗燃油质量标准，见表 5-8。

e） 机组启动时，润滑油系统应预先清洗过并加强防护措施，防止腐蚀和污染物的进入，在现场贮存期间要保持润滑油系统内表面清洁，安装部件时要使系统开口最小，减少和避免污染，保持清洁。

f） 机组启动时，抗燃油系统清扫要求不能用含氯量大于 1mg/L 的溶剂清洗系统。按照制造厂规定的材料更换密封衬垫，注意抗燃油对密封衬垫材料的相容性。在机组启动的同时，应开启旁路再生装置，该装置是利用硅藻土、分子筛等吸附剂的吸附作用，除去运行油老化产生的酸性物质、油泥、水分等有害物质的，是防止油质劣化的有效措施。

表 5-8 汽轮机油和抗燃油主要指标

项目	机械杂质目视	颗粒度		破乳化度 min	水分		酸值 mgKOH/g
		SAE 标准级	NAS 标准级		mg/L	mg/kg	
汽轮机油	无	投运前≤3 运行中≤6	投运前≤6 运行中≤9	≤60	200MW 及以上，≤100 200MW 以下，≤200		加防锈剂≤0.3 未加防锈剂≤0.2
抗燃油	—	中压油≤5 高压油≤3	中压油≤8 高压油≤6	—		≤1000	中压油≤0.25 高压油≤0.20

注 1：颗粒度指标适用于 200MW 及以上机组。
注 2：汽轮机油中水分控制极限值为 0.2%

5.4.15.3 机组启动过程水汽监督：

a） 整套启动过程中给水品质应符合表 5-9 的要求。

表 5-9 整套启动过程中给水品质标准

炉型	锅炉过热蒸汽压力（MPa）	铁（μg/L）	二氧化硅（μg/L）	溶解氧（μg/L）	氢电导（μS/cm）	pH（25℃）
直流炉	12.7～18.3	≤50	≤50	≤20	≤0.15	有铜系统：8.8～9.3；无铜系统：9.2～9.6
	18.3～22.5	≤30	≤30	≤10		
	>22.5	≤20	≤20	≤10		
汽包炉	≥12.7	≤80	≤60	≤30	≤0.3	

b） 炉水质量控制：整套启动试运阶段，汽包炉应采取磷酸盐处理或全挥发处理，使炉水 pH 值维持上限运行，降低蒸汽中二氧化硅的含量。整套启动期间，炉水品质应符合表 5-10 的要求。

表 5-10　整套启动试运期间炉水品质控制标准

过热蒸汽压力（MPa）	炉水处理方式	pH 值	磷酸根（mg/L）	电导率（μS/cm）	二氧化硅（mg/L）	铁（μg/L）
12.7～15.6	磷酸盐处理	9.0～9.7	1～3	<25	≤0.45	≤400
15.7～18.3	磷酸盐处理	9.0～9.7	0.5～1	<20	≤0.25	≤300
	全挥发处理	9.0～9.5	—	<20	≤0.2	≤300
>18.3	全挥发处理	9.0～9.5	—	<20	≤0.2	≤300

c）蒸汽质量控制：整套启动期间和 168h 试运行期间，蒸汽品质应符合表 5-11 的要求。

表 5-11　整套启动试运及 168h 运行期间蒸汽品质控制指标

炉型	锅炉过热蒸汽压力（MPa）	阶段	二氧化硅（μg/kg）	氢电导（25℃，μS/cm）	钠（μg/kg）	铁（μg/kg）	铜（μg/kg）
汽包炉	12.7～18.3	带负荷试运行	≤60	≤1.0	≤20	—	—
		168h 试运行	≤20	≤0.15	≤5	≤10	≤3
直流炉	12.7～18.3	带负荷试运行	≤30	—	≤20	—	—
		168h 试运行	≤10	≤0.15	≤3	≤5	≤3
	≥18.4	168h 试运行	≤10	≤0.15	≤3	≤5	≤2

d）凝结水处理系统：设置有凝结水处理装置的机组，在机组整套启动试运行前，凝结水处理装置应具备投运条件，应保证凝结水处理设备可靠运行。在整套启动试运行阶段，为减少结垢物质、有害离子和金属腐蚀产物进入热力系统，减少热损失和纯水损失，应尽早投入凝结水处理装置。

e）凝结水质量要求：机组整套启动时，凝结水回收应以不影响给水质量为前提。回收的凝结水质量应符合表 5-12 的要求，但应采取措施在短期内达到启动时给水质量要求。

表 5-12　整套启动期间凝结水回收质量标准

外状	硬度（μmol/L）	铁（μg/L）	二氧化硅（μg/L）	铜（μg/L）
无色透明	≤5.0	≤80	≤80	≤30
注：应控制含钠量不大于 80μg/L。				

f）锅炉补给水质量：机组整套启动时，补给水质量应符合 GB/T 12145 的要求。

5.4.15.4　疏水监督；在机组整套启动试运行时，应严格注意疏水的监督和管理，特别是高压加热器、低压加热器、汽动给水泵等设备首次投入运行时，应注意对凝结水和疏水水质的影响。当高压加热器、低压加热器疏水含铁量大于400μg/L时，不应回收。

5.4.15.5　发电机内冷却水质量要求：

a）发电机内冷却水系统投入运行前应进行冲洗，冲洗水质应符合锅炉补给水水质要求。冲洗水的流量、流速应大于正常运行下的流量、流速。当冲洗至排水清澈无杂质颗粒，进、排水的pH值基本一致，电导率小于2μS/cm时，冲洗结束。

b）机组试运行期间，发电机内冷却水的补充水应采用除盐水或凝结水混床出水，运行中的发电机内冷却水质量应符合表5-13的要求。

表5-13　发电机内冷水水质标准

内冷水	电导率（25℃，μS/cm）		铜（μg/L）		pH（25℃）	
	标准值	期望值	标准值	期望值	标准值	期望值
双水内冷	≤5.0	—	≤40	≤20	7.0～9.0	—
定子冷却水	≤2.0	0.4～2.0	≤20	≤10	7.0～9.0	8.0～9.0
不锈钢	≤1.0	—	—	—	6.0～8.0	—

5.4.15.6　水汽质量的劣化处理：机组带负荷试运行时，当水汽质量发生劣化，应迅速检查取样的代表性、化验结果的准确性，并综合分析系统中水、汽质量的变化，确认判断无误后，按下列三级处理原则执行，标准值参照GB/T 12145。

a）一级处理：有因杂质造成腐蚀、结垢、积盐的可能性，应在72h内恢复至相应的标准值。

b）二级处理：肯定有因杂质造成腐蚀、结垢、积盐的可能性，应在24h内恢复至相应的标准值。

c）三级处理：正在发生快速腐蚀、结垢、积盐，如果4h内水质不好转，应停炉。在异常处理的每一级中，如果在规定的时间内尚不能恢复正常，则应采用更高一级的处理方法。

6 金属技术监督

6.1 设计选型阶段

6.1.1 新建锅炉、汽轮机、发电机、压力容器等受监设备在合同谈判中设计审查的主要内容包括：设计、制造资质；设计总图；设计、制造所采用的标准；监造、验收的标准和要求；产品应提供的设计、制造资料。

6.1.2 在火电机组设备招评标过程中，应对部件的选材，特别是超（超）临界机组高温部件的选材进行论证；火电机组设备的选材参照 DL/T 715 中的相关规定执行。

6.1.3 主蒸汽管道、高温再热蒸汽管道的设计必须符合 DL/T 5054 的有关要求。设计单位应提供管道单线立体布置图。图中标明：

a） 管道的材料牌号、规格、理论计算壁厚、壁厚偏差。

b） 设计采用的材料许用应力、弹性模量、线膨胀系数。

c） 管道的冷紧口位置及冷紧值。

d） 管道对设备的推力、力矩。

e） 管道最大应力值及其位置。

6.1.4 主蒸汽管道、高温再热蒸汽管道上的堵板应采用锻件。

6.1.5 新建机组主蒸汽管道、高温再热蒸汽管道可不安装蠕变变形测点。但对服役温度大于450℃的主蒸汽管道、高温再热蒸汽管道，应在直管段上设置监督段（主要用于金相和硬度跟踪检验）；监督段应选择该管系中实际壁厚最薄的同规格钢管，其长度约 1000mm；监督段应包括锅炉蒸汽出口第一道焊缝后的管段。在主蒸汽管道、高温再热蒸汽管道以下部位可装设安全状态在线监测装置：

a） 管道应力危险区段。

b） 管壁较薄，应力较大的管道。

6.1.6 对主蒸汽、高温再热蒸汽管道和导汽管上的疏水管、测温管、压力表管、空气管、安全阀、排气阀、充氮、取样管等接管，应选取管道同种材料，接管一次门后的材料可以根据介质温度等实际情况选择。

6.1.7 锅炉的设计必须符合 TSG G0001 的有关要求。锅筒、汽水分离器及储水罐、集中下降管、汽水管道的纵向和环向焊缝、封头等主要受压元件的拼接焊缝、管接头与锅筒和集箱的连接，应当采用全焊透的接头形式。

6.1.8 采用 100%高压旁路取代过热器安全阀功能的机组，低温再热蒸汽进口管道、高压旁路阀减温减压后管道，应选用 15CrMoG、SA-6911-1/4CrCL22 或者更高等级的合金钢管。

6.1.9 设计阶段，应对锅炉受热面的选材、管屏布置、强度计算书、设计面积、壁温计算书、材料最高许用壁温、壁温测点布置等进行审核。

6.1.10 对于大型亚临界、超（超）临界锅炉，设计时应充分考虑过热器、再热器管材料实际抗高温蒸汽氧化能力和内壁氧化皮剥落后堵管的隐患问题，所选材料的允许使用温度应高于计算壁温并留有裕度。

6.1.11 受热面应考虑采用国内外应用成熟的钢种：超临界锅炉高温过热器、再热器不宜选择 T23、T91、TP304H 材料；超超临界锅炉高温过热器、再热器不宜选择 TP304H、TP347H 材料；超（超）临界锅炉选用奥氏体不锈钢时，应优先选用内壁喷丸处理过的钢管或细晶粒钢。

6.1.12 受热面图纸应清楚标出材料分界点、规格和名称，同一管圈材质不宜超过三种，膜式水冷壁的鳍片应选与管子同类的材料。

6.1.13 对于超（超）临界锅炉，设计时应根据投运后受热面管壁温实际监视需要，配置必要的炉膛出口或高温受热面两侧烟温测点、高温受热面壁温测点，应加强对烟温偏差和受热面壁温的监视和调整。

6.1.14 锅炉受热面管屏穿顶棚管与密封钢板的设计连接结构形式和焊接工艺，应能防止与管子的密封焊缝产生焊接裂纹、较大的焊接残余应力和长期运行后发生疲劳开裂泄漏事故。

6.1.15 对循环流化床锅炉易磨损部位受热面、煤粉锅炉燃用高硫煤时易发生高温硫腐蚀的部位，应设计相应的防磨、防腐涂层。

6.1.16 压力容器的设计必须符合 GB 150、TSG 21 的有关要求。用焊接方法制造的压力容器的 A、B 类对接接头（A、B 类对接接头的划分按照 GB 150 的规定），介质为易爆或者毒性危害程度为极度危害和高度危害的压力容器、第III类压力容器、要求气压试验或者气液组合压力试验的压力容器的壳体与接管连接的焊接接头，应当采用全焊透形式。

6.1.17 汽水管道支吊架的设计选型应符合 DL/T 5054 的规定。

6.1.18 汽水管道设计文件上应有支吊架的类型及布置、支吊架的结构荷重、工作荷重、支吊架的冷位移和热位移值。

6.1.19 中温中压管道、特殊管道的设计、选材、安装质量应符合 DL/T 5204、DL/T 5190.2、DL/T 5190.3、《防止电力生产事故的二十五项重点要求》等规定。特殊管道如氨、氢、燃油、EH 油管道的安装焊接接头应 100%射线检测。

6.1.20 油气管道设计时不宜采用法兰连接，尽量使用焊接连接方式和减少焊缝，禁止使用铸铁阀门。

6.1.21 中温中压管道、特殊管道设计时，三通应选取有大小头过渡的结构形式，避免采用插入式结构形式。

6.1.22 汽轮机（包括给水泵汽轮机）高压抗燃油系统的管道（包括取样管）、管件、油箱宜选用不锈钢材料；不锈钢管道焊接应采用氩弧焊焊接方法。

6.1.23 高温紧固件的选材原则按 DL/T 439 中的相关条款执行。

6.2 制造监造阶段

6.2.1 制造阶段应依据 DL/T 586、DL/T 438、DL/T 612、集团公司《火电机组防止锅炉受热面泄漏管理导则》等相关要求，委托有资质的设备监造单位开展设备监造。

6.2.2 监造单位应按照 DL 647、集团公司《火电企业金属和压力容器技术监督实施细则》等相关标准中有关质量要求条款及本导则的要求，编制制造质量监造计划，设置质量控制点，严格把好质量关，努力消灭常见性、多发性、重复性质量问题，把产品缺陷消除在制造场内，防止不合格品出厂。

6.2.3 三大主机设备、压力容器及重要金属受监部件（汽轮机本体、发电机本体、锅炉本体、除氧器、高压加热器、低压加热器等）制造阶段应由有资质的专业人员驻制造厂进行监造。监造过程至少需进行以下文件见证：原材料证明和入厂复验报告（包括化学成分和机械性能等），焊接工艺、焊缝无损检测报告（含返修），热处理记录，高、中、低压转子的脆性转变温度试验报告和残余应力试验报告，汽缸、阀体缺陷的挖补记录，高温螺栓的硬度报告、金相检验报告，安全阀合格证/试验记录，进口件质量证明文件，加热器管子涡流检测报告、管板超声检测报告，受热面通球记录，水压试验报告。

6.2.4 锅筒、汽水分离器及储水罐的制造监造应符合以下要求：

6.2.4.1 锅筒、汽水分离器及储水罐的制造质量及验收标准应符合 TSG G0001、DL/T 612、DL 647 等相关标准中有关质量要求条款以及集团公司《火电企业金属和压力容器技术监督实施细则》中 5.8.1.3 的要求。

6.2.4.2 锅筒、汽水分离器及储水罐应检查见证制造商的质量保证书是否齐全。质量保证书中应包括以下内容：

a） 锅筒、汽水分离器及储水罐材料，母材和焊接材料的化学成分、力学性能、制作工艺。板材技术条件应符合 GB 713 中相关条款的规定；进口板材应符合相应国家的标准及合同规定的技术条件；锻件应符合 NB/T 47008、NB/T 47010、JB/T 9626 中相关条款。

b） 制造商对每块钢板、整个筒体、锻件进行的理化性能复验报告，或制造商验收人员按照采购技术要求在材料制造单位进行验收，并签字确认的质保书。

c） 制造商提供的锅筒、汽水分离器及储水罐图纸、强度计算书。

d） 制造商提供的焊接及热处理工艺资料。对于首次使用的材料，制造商应提供焊接工艺评定报告。

e） 制造商提供的焊缝无损检测及焊缝返修资料。

f） 在制造厂进行的水压试验资料。

6.2.4.3 对锅炉锅筒、汽水分离器及储水罐的制造质量，应进行以下外观检查项目的现场见证：焊缝外观抽查（重点检查纵环焊缝、下降管角焊缝、人孔门加强圈焊缝）。

6.2.5 锅炉集箱、减温器的制造监造应符合以下要求：

6.2.5.1 锅炉集箱、减温器、汽-汽交换器、水冷壁进口环形集箱的制造质量及验收标准应符合 TSG G0001、DL/T 612、DL 647 等相关标准中有关质量要求的条款。

6.2.5.2 集箱制造质量应见证的技术文件，其内容应符合相关标准或订货技术条件，至少包括：

a） 母材和焊接材料的化学成分、力学性能、工艺性能。管材技术条件应符合 GB/T 5310、GB/T 16507.2 中相关条款的规定及合同规定的技术条件，进口管材应符合相应国家的标准及合同规定的技术条件。

b） 制造商对集箱材料进行的理化性能复验报告，或制造商验收人员按照采购技术要求在材料制造单位进行验收，并签字确认的质量证明书。

c）制造商提供的集箱图纸、强度计算书。

d）制造商提供的焊接及焊后热处理资料。对于首次使用的集箱材料，制造商应提供焊接工艺评定报告。

e）制造商提供的焊接接头无损检测资料。

f）在制造厂进行的水压试验资料。

g）设计修改资料、制造缺陷的返修处理记录。

6.2.5.3 对锅炉集箱、减温器的制造质量，应进行以下外观检查项目的现场见证：集箱尺寸抽查（长度、直径、壁厚、全长弯曲度、管座节距偏差、管座高度偏差、管座纵向、周向偏差等，抽查数量同水压试验）；集箱内部清洁度和隔板焊缝检查。

6.2.6 受监范围内受热面管子的制造监造应符合以下要求：

6.2.6.1 受监范围内受热面管子的制造质量及验收标准应符合 TSG G0001、DL/T 939、DL 647 等相关标准中有关质量要求条款以及集团公司《火电企业金属和压力容器技术监督实施细则》5.7.2.6～5.7.2.7 的有关要求。

6.2.6.2 对受监范围内受热面管子，应根据相应的技术标准，对管材质量进行监督检查。主要见证检查管子供应商的质量保证书和材料复检记录或报告，进口管材应有报关单和商检报告。主要见证内容应包括：

a）管材制造商的质保书、进口管材的报关单和商检报告。

b）国产锅炉受热面用无缝钢管的质量应符合 GB/T 5310、GB/T 16507.2 的规定及订货技术条件，同时参照 NB/T 47019 的规定；进口钢管的质量应符合相应牌号的国外标准（若无相应国内外标准，可按企业标准）及订货技术条件，重要的钢管技术标准有 ASME SA-213/SA-213M、DIN EN 10216-2、DIN EN 10216-5，同时对比 NB/T 47019 补齐缺少的检验项目。

c）管子内外表面不允许有大于以下尺寸的直道及芯棒擦伤缺陷：热轧（挤）管，大于公称壁厚的 5%，且最大深度为 0.4mm；冷拔（轧）钢管，大于公称壁厚的 4%，且最大深度为 0.2mm。若发现可能超标的直道、芯棒擦伤等缺陷的管子，应取样用金相法判断深度。

d）管材入厂复检报告，或制造商验收人员按照采购技术要求在材料制造单位进行验收并签字确认的质量证明书。

e）细晶粒奥氏体耐热钢管晶粒度检验报告。

f）内壁喷丸的奥氏体耐热钢管的喷丸层检验报告。

6.2.6.3 受热面制造质量监造，应见证设计、制作工艺和检验等资料，内容应符合国家、行业标准，包括：

a）受热面管屏图纸，管子强度计算书，过热器、再热器壁温计算书，设计修改等资料。

b）对于首次用于锅炉受热面的管材和异种钢焊接，锅炉制造商应提供焊接工艺评定报告。

c） 管屏的焊接、焊后热处理报告。

d） 制造缺陷的返修处理报告。

e） 管子（管屏）焊缝的无损检测报告应符合 GB/T 16507.6 的规定。

f） 管屏的几何尺寸检验报告应符合 GB/T 16507.6 的规定。

g） 合金钢管屏管材及焊缝的光谱检验报告。

h） 管子的对接接头或弯管的通球检验记录，通球球径应符合 GB/T 16507.6 的规定。

i） 水压试验报告应符合 GB/T 16507.6 的规定。

6.2.6.4 对内壁喷丸的奥氏体耐热钢管喷丸表面进行现场见证检查，喷丸质量应满足以下要求：

a） 喷丸表面应洁净，无锈蚀或残留附着物，不应存在目视可见的漏喷区域，也不应存在喷丸过程中附加产生的机械损伤等宏观缺陷。

b） 有效喷丸层深度的测量可采用金相法或显微硬度曲线法。若采用金相法，有效喷丸层深度不应小于 70μm；若采用硬度曲线法，有效喷丸层深度不应小于 60μm。

c） 在喷丸管同一横截面距内壁面 60μm 处，沿时钟方向 3 点、6 点、9 点、12 点 4 个位置测得的硬度值应高于基体硬度 100HV，且 4 个位置硬度值的差值不宜大于 50HV。

d） 喷丸管的质量验收按照 DL/T 1603 中的相关规定执行。

6.2.6.5 对锅炉受热面的制造质量，应进行以下外观检查项目的现场见证：水冷壁组片抽查（至少 3 片，对角线长度偏差、宽度偏差、旁弯度、横向弯曲度、试组装检验）；几何尺寸和平直度检查（过热器和再热器各抽查 3 片，省煤器抽查 2 片）；弯管抽查（各 2 片，弯管外观尺寸和椭圆度、外弯面减薄量）。

6.2.7 锅炉钢结构的制造监造应符合以下要求：

6.2.7.1 锅炉钢结构板材、型材的质量验收按照 GB/T 3274、GB/T 11263、GB/T 1591 中的相关规定执行；锅炉钢结构制造质量应符合 NB/T 47043、DL 647 等相关标准中有关质量要求条款以及《集团公司火电企业金属和压力容器技术监督实施细则》中 5.16.1 的要求。

6.2.7.2 锅炉钢结构制造、安装前，对板材、型材应进行以下资料检查见证：

a） 制造商提供的板材、型材质量证明书，质量证明书中有关技术指标应符合现行国家或行业技术标准和合同规定的技术条件；对进口部件，除应符合有关国家的技术标准和合同规定的技术条件外，还应有商检合格证明单。

b） 板材、型材的技术资料包括：材料牌号，制造商，材的化学成分，材料的拉伸、弯曲、冲击性能，材料的金相组织，材料无损检测结果（厚度大于 60mm 的板材应进行超声波检测复查）。

6.2.7.3 对锅炉钢结构制造质量检验，应见证锅炉大板梁、立柱、主要横梁焊缝的无损检测报告及钢结构螺栓孔连接摩擦面和防腐漆层质量的检查报告。

6.2.7.4 对锅炉钢结构的制造质量，应对锅炉钢结构板材、型材进行外观检查的现场见证，表面不应有裂纹、结疤、折叠、夹杂、分层和氧化铁皮压入。表面缺陷允许打磨，打磨处应平滑无棱角，打磨后的板材、型材厚度应符合图纸要求。

6.2.8 锅水循环泵、锅炉范围内管子、管件、阀门及附件的制造监造应符合以下要求：

6.2.8.1 锅水循环泵、锅炉范围内管子、管件、阀门及附件的制造质量和验收标准应符合 TSG G0001、DL/T 612、DL 647 等相关标准中有关质量要求条款。

6.2.8.2 锅水循环泵、锅炉范围内管子、管件、阀门及附件的制造质量，宜根据相应的技术标准及质量验标准进行监督检查。主要见证检查外观质量、焊接及热处理质量、几何尺寸及壁厚检查报告、理化检验报告、无损检测报告、水压试验报告等。

6.2.9 主蒸汽管道、主给水管道、再热蒸汽管道及导汽管的制造监造应符合以下要求：

6.2.9.1 主蒸汽管道、主给水管道、再热蒸汽管道及导汽管的管件质量验收标准应符合集团公司《火电企业金属和压力容器技术监督实施细则》中 5.5.2.2 的要求。

6.2.9.2 在工厂化配管前，应按照集团公司《火电企业金属和压力容器技术监督实施细则》中 5.5.2.3～5.5.2.5 的要求，对主蒸汽管道、主给水管道、再热蒸汽管道及导汽管的直管钢管进行现场质量见证，并对检验过程、缺陷的处理过程及相应的记录及报告进行见证。

6.2.9.3 在工厂化配管前，应按照集团公司《火电企业金属和压力容器技术监督实施细则》中 5.5.2.6 的要求，对主蒸汽管道、主给水管道、再热蒸汽管道及导汽管的弯头/弯管进行现场质量见证，并对检验过程、缺陷的处理过程及相应的记录和报告进行见证。

6.2.9.4 在配管前，应按照集团公司《火电企业金属和压力容器技术监督实施细则》中 5.5.2.7 的要求，对主蒸汽管道、主给水管道、再热蒸汽管道及导汽管的锻制、热压和焊制三通以及异径管进行现场质量见证，并对检验过程、缺陷的处理过程及相应的记录及报告进行见证。

6.2.9.5 对验收合格的直管段与管件的组配按 DL/T 850 进行；组配件的检验应符合集团公司《火电企业金属和压力容器技术监督实施细则》中 5.5.2.8 的要求。组配件制造质量监造，应现场见证制作工艺、缺陷处理工艺和检验过程，并对组配工艺文件、焊接及热处理记录、检验记录及报告等资料进行见证，内容应符合国家、行业标准。

6.2.9.6 汽水管道支吊架的制造监造应符合以下要求：

a） 汽水管道支吊架的制造质量及验收标准应符合集团公司《火电企业金属和压力容器技术监督实施细则》中 5.10.2.2～5.10.2.7 的要求。

b） 制造阶段应依据 DL/T 1113 及本部分关于制造质量及验收标准的规定和要求，对汽水管道支吊架的制造质量进行监督检验和资料审查、出厂验收。应见证支吊架出厂文件资料，至少应包括以下内容：产品检验合格证、使用说明书、热处理记录，恒力支吊架、变力弹簧支吊架、液压阻尼器、弹簧减震器的性能试验报告。

6.2.10 发电机转子大轴、护环等部件的制造监造应符合以下要求：

6.2.10.1 国产汽轮发电机转子、护环锻件制造质量及验收应符合集团公司《火电企业金属和压力容器技术监督实施细则》中 5.13.1.2 的要求。

6.2.10.2 发电机转子大轴、护环等部件，出厂前应进行以下资料检查见证：

a）部件质量证明书，制造商提供的质量证明书中有关技术指标应符合现行国家标准、国内外行业标准（若无国家标准、国内外行业标准，可按企业标准）和合同规定的技术条件；对进口锻件，除应符合有关国家的技术标准和合同规定的技术条件外，还应有商检合格证明单。

b）转子大轴和护环的技术指标包括：部件图纸，材料牌号，锻件制造商，坯料的冶炼，锻造及热处理工艺，化学成分，拉伸、硬度、冲击、脆性形貌转变温度FATT50（若标准中规定）或FATT20等力学性能，金相组织，晶粒度，残余应力测量结果，无损检测结果，发电机转子、护环电磁特性检验结果，几何尺寸。

6.2.10.3 对发电机部件的制造质量，应进行以下项目的现场见证：外观尺寸检查，焊缝外观检查，轴承座清洁度检查和渗漏试验，轴瓦乌金表面及接触面、中分面间隙检查，推力瓦厚度、接触面、乌金结合情况检查。

6.2.11 国产汽轮机转子体、轮盘及叶轮、叶片的制造监造应符合以下要求：

6.2.11.1 国产汽轮机转子体、轮盘及叶轮、叶片的制造质量及验收应符合集团公司《火电企业金属和压力容器技术监督实施细则》中5.12.1.2的要求。

6.2.11.2 对汽轮机转子大轴、轮盘及叶轮、叶片、喷嘴、隔板和隔板套等部件，出厂前应进行以下资料见证检查：

a）制造商提供的部件质量证明书，质量证明书中有关技术指标应符合现行国家标准、国内外行业标准（若无国家标准、国内外行业标准，可按企业标准）和合同规定的技术条件；对进口锻件，除应符合有关国家的技术标准和合同规定的技术条件外，还应有商检合格证明单。

b）转子大轴、轮盘及叶轮见证的技术内容包括：部件图纸，材料牌号，部件制造商，大轴、轮盘、叶轮、叶片及坯料的冶炼、锻造及热处理工艺，化学成分，拉伸、硬度、冲击、脆性形貌转变温度FATT50（若标准中规定）或FATT20等力学性能，金相组织，晶粒度，残余应力，无损检测结果，几何尺寸，转子热稳定性试验结果。

6.2.11.3 叶片、喷嘴、隔板和隔板套等部件的技术指标根据部件质量证明书可增减。

6.2.11.4 对汽轮机部件的制造质量，应进行以下项目的现场见证：外观尺寸检查，焊缝外观检查，动叶片型线部分及叶根加工精度检查（100%检查，每级提出一份符合性报告），持环/隔板尺寸抽查，末级、次末级，汽缸疏水孔情况检查、汽缸中分面间隙、螺栓口对准情况检查（总装时进行），阀芯严密性检查，轴承座清洁度检查和渗漏试验，轴瓦乌金表面及接触面、中分面间隙检查，推力瓦厚度、接触面、乌金结合情况检查。

6.2.12 汽轮机、锅炉用铸钢件的制造监造应符合以下要求：

6.2.12.1 汽轮机、锅炉用铸钢件的制造质量验收，应满足以下规定：

a）汽轮机承压铸钢件的技术指标和质量检验应符合JB/T 10087的规定。

b）超临界及超超临界机组汽轮机用10%Cr钢铸件技术指标和质量检验应符合JB/T 11018的规定。

c）300MW及以上汽轮机缸体铸钢件的技术指标和质量检验应符合JB/T 7024的规定。

d）锅炉管道附件承压铸钢件的技术指标和质量检验应符合JB/T 9625的规定。

6.2.12.2 大型铸件如汽缸、汽室、主汽门、调节汽门、平衡环、阀门等部件的制造质量监造，应进行以下资料检查见证：

a）部件质量证明书，制造商提供的质量证明书中有关技术指标应符合现行国家标准、国内外行业标准（若无国家标准、国内外行业标准，可按企业标准）和合同规定的技术条件；对进口部件，除应符合有关国家的技术标准和合同规定的技术条件外，还应有商检合格证明单。

b）部件的技术资料包括：部件图纸，材料牌号，坯料制造商，化学成分，坯料的冶炼、铸造和热处理工艺，拉伸、硬度、冲击、脆性形貌转变温度FATT50（若标准中规定）或FATT20等力学性能，金相组织，射线或超声波检测结果（特别注意铸钢件的关键部位：包括铸件的所有浇口、冒口与铸件的相接处、截面突变处以及焊缝端头的预加工处），汽缸坯料补焊的焊接资料和热处理记录。

6.2.13 高温紧固件的制造质量监造按DL/T 439中的相关条款执行。对国外引进材料制造的螺栓，若无国家或行业标准，应见证制造厂企业标准，明确螺栓强度等级。高温紧固件材料的非金属夹杂物、低倍组织和δ-铁素体含量应按GB/T 20410相关条款执行。

6.2.14 对除氧器、高压加热器、低压加热器等压力容器的制造质量，应进行宏观尺寸检查、承压焊缝外观检查、内部清洁度检查等项目的现场见证。

6.2.15 受监设备制造质量监造，至少应设置以下停工待检点：

6.2.15.1 高中压汽缸水压试验（中压内缸除外），阀壳水压试验。

6.2.15.2 除氧器、高压加热器、低压加热器水压试验（含管、壳程）。

6.2.15.3 锅炉重要承压部件水压试验见证抽查（启动分离器，水冷壁集箱不少于3个、省煤器集箱不少于2个、过热器集箱不少于3个、再热器集箱不少于3个、其他集箱不少于1个，受热面组片各不少于3片）。

6.3 安全性能检验阶段

6.3.1 锅炉、压力容器及四大管道安装前必须由有资格的检验单位进行安全性能检验。检验单位应按照集团公司DL 647、《火电企业金属和压力容器技术监督实施细则》等有关质量要求条款及本部分的要求，编制安全性能检验大纲，努力消除产品制造质量问题，防止存在制造缺陷的部件安装投运。

6.3.2 锅筒或汽水分离器的安全性能检验抽查项目基本要求：

6.3.2.1 对母材和焊缝内外表面进行100%宏观检验，重点检验焊缝的外观质量。母材不允许有裂纹、尖锐划痕、重皮、腐蚀坑等缺陷；筒体焊缝和管座角焊缝不允许存在裂纹、未熔合以及气孔、夹渣、咬边、根部凸出和内凹等超标缺陷，管座角焊缝应圆滑过渡。对一些可疑缺陷，必要时进行表面无损检测。

6.3.2.2 对合金钢制锅筒、汽水分离器及储水罐的每块钢板、每个管接头、锻件和每道焊缝进行光谱检验。

6.3.2.3 对锅筒、汽水分离器及储水罐筒体、封头进行壁厚测量，每节筒体、封头至少测 2 个部位。对不同规格的管接头按 30%测量壁厚，每种规格不少于 1 个，每个至少测 2 个部位。筒体、封头和管接头壁厚应满足设计要求，不应小于壁厚偏差所允许的最小值且不应小于制造商提供的最小需要厚度。

6.3.2.4 锅筒纵、环焊缝和集中下降管管座角焊缝分别按 25%、10%和 100%进行表面无损检测和超声波检测，检验中应包括纵向、环向焊缝的“T”形接头；分散下降管、集中给水管、饱和蒸汽引出管等管座角焊缝按 10%进行表面无损检测；集中给水管座角焊缝、人孔加强圈焊缝、安全阀及向空排汽阀管座角焊缝进行 100%表面无损检测。抽检焊缝的选取应参考制造商的焊缝无损检测结果，焊缝无损检测按照 NB/T 47013 或 DL/T 820 中的相关规定执行。

6.3.2.5 汽水分离器及储水罐封头环焊缝按 10%进行表面无损检测和超声波检测，接管座角焊缝按 20%进行表面无损检测，焊缝无损检测按照 NB/T 47013 或 DL/T 820 中的相关规定执行。

6.3.2.6 对锅筒、汽水分离器及储水罐纵向、环向焊接接头 100%进行硬度检查，每条焊缝至少测 2 个部位；焊接接头硬度检查按照集团公司《火电企业金属和压力容器技术监督实施细则》中 5.6.3 执行，若焊接接头硬度低于或高于规定值，按 DL/T 869 的规定处理，同时进行金相组织检验。

6.3.3 集箱、减温器的安全性能检验抽查项目应满足以下要求：

6.3.3.1 对母材和焊缝表面进行 100%宏观检验，重点检验焊缝的外观质量。母材不允许有裂纹、尖锐划痕、重皮、腐蚀坑等缺陷；筒体焊缝和管座角焊缝不允许存在裂纹、未熔合以及气孔、夹渣、咬边、根部凸出和内凹等超标缺陷，管座角焊缝应圆滑过渡。对一些可疑缺陷，必要时进行表面无损检测。

6.3.3.2 耐热合金钢集箱筒体、封头、手孔盖、管接头及其焊缝进行 100%光谱检查。

6.3.3.3 对高温集箱筒体、封头进行壁厚测量，每个筒体、封头至少测 2 个部位，特别注意环焊缝邻近区段的壁厚。对不同规格的管接头按 20%测量壁厚，但不应少于 1 个。壁厚应满足设计要求，不应小于壁厚偏差所允许的最小值，且不应小于制造商提供的最小需要厚度。

6.3.3.4 对集箱制造环向对接接头，至少抽 1 条封头环缝（如有）及 1 条筒体对接环缝（如有）进行表面无损检测和超声波检测。集箱筒体壁厚小于 80mm 的管座角焊缝按数量的 30%进行表面无损检测，大于或等于 80mm 的管座角焊缝按数量的 50%进行表面无损检测。一旦发现裂纹，应扩大检查比例，必要时对管座角焊缝进行超声波、涡流和磁记忆检测。环焊缝超声波检测按 DL/T 820 或 NB/T 47013 中的相关规定执行，表面无损检测按 NB/T 47013 执行，管座角焊缝超声波、涡流和磁记忆检测按 DL/T 1105.2、DL/T 1105.3、DL/T 1105.4 中的相关规定执行。

6.3.3.5 抽查每种集箱上接管的形位偏差，结果应符合设计规定。

6.3.3.6 对存在内隔板的集箱，应对内隔板与筒体的角焊缝进行内窥镜检测。

6.3.3.7 用内窥镜检查减温器喷孔、内套筒表面情况及焊接质量。

6.3.3.8 对合金钢制集箱，按筒体段数和制造焊缝的 20%进行硬度检验，所查集箱的母材及焊缝至少各选 1 处；对集箱过渡段 100%进行硬度检验。

6.3.3.9 用于制作集箱的 9%～12%Cr 钢管硬度应控制在 185HB～250HB，集箱的母材硬度应控制在 180HB～250HB，焊缝的硬度应控制在 185HB～270HB，热影响区的硬度应大于或等于 175HB，母材和焊缝的金相组织按照集团公司《火电企业金属和压力容器技术监督实施细则》中 5.5.5.2 和 5.5.5.7 执行。

6.3.3.10 P91/P92 集箱对接焊接接头、筒体 100%硬度检查；焊缝金相检验，按规格抽查母材和焊缝各 1 点；集箱管座角焊缝按数量的 50%进行磁粉检测；P91/P92 集箱对接焊缝 100%超声波检测。

6.3.4 锅炉受热面的安全性能检验抽查项目最低要求：

6.3.4.1 按 100%检查受热面管屏、管排的平整度和部件外形尺寸，结果应符合图纸要求；吊卡结构、防磨装置、密封部件应质量良好；螺旋管圈水冷壁悬吊装置与水冷壁管的连接焊缝应无漏焊、裂纹及咬边等超标缺陷；液态排渣炉水冷壁的销钉高度和密度应符合图纸要求，销钉焊缝无裂纹和咬边等超标缺陷。

6.3.4.2 应检查管内有无杂物、积水及锈蚀。

6.3.4.3 对管屏表面质量进行检查。管子的表面质量应符合 GB/T 5310 的要求，对一些可疑缺陷，必要时进行表面无损检测；焊缝与母材应平滑过渡，焊缝应无表面裂纹、夹渣、弧坑等超标缺陷。焊缝咬边深度不超过 0.5mm，两侧咬边总长度不超过管子周长的 20%，且不超过 40mm。

6.3.4.4 对超（超）临界锅炉水冷壁用的管径较小、壁厚较大的 15CrMoG 钢制水冷壁管，壁厚较大的 T91 钢制过热器管，要特别注意管端 0mm～300mm 内外表面的宏观裂纹检查。

6.3.4.5 同一材料制作的不同规格、不同弯曲半径的弯管各抽查 10 根，测量圆度、外弧侧壁厚减薄率和内弧侧表面轮廓度，应符合 GB/T 16507 的规定。

6.3.4.6 膜式水冷壁的鳍片焊缝质量控制按 GB/T 16507 中的相关规定执行，重点检查人孔门、喷燃器、三叉管等附近的手工焊缝，同时要检查鳍片管的扁钢熔深。

6.3.4.7 随机抽查受热面管子的外径和壁厚，不同材料牌号和不同规格的直段各抽查 10 根，每根测 2 点，管子壁厚不应小于制造商强度计算书中提供的最小需要厚度。

6.3.4.8 不同规格、不同弯曲半径的弯管各抽查 10 根，检查弯管的圆度、压缩面的皱褶波纹、弯管外弧侧的壁厚减薄率和内弧的壁厚，应符合 GB/T 16507 的规定。

6.3.4.9 对合金钢管及焊缝按数量的 20%进行光谱抽查。

6.3.4.10 抽查合金钢管及其焊缝硬度。不同规格、材料的管子各抽查 10 根，每根管子的焊缝母材各抽查 1 组。9%～12%Cr 钢制受热面管屏硬度控制在 180HB～250HB，焊缝的硬度控制在 185HB～290HB；硬度检验方法按照集团公司《火电企业金属和压力容器技术监督实施细则》中 5.5.2.4 执行。其他钢制受热面管屏焊缝硬度按 DL/T 869 中的相关规定执行。若母材、焊缝硬度高于或低于相关标准规定，应扩大检查，必要时割管进行相关检验。硬度异常处理要求如下：

a）若母材整体硬度偏低，割管样品应选硬度较低的管子，若割取的低硬度管子在实验室测量的硬度、拉伸性能和金相组织满足相关标准规定，则该部件性能满足要求。若母材整体硬度偏高，割管样品应选硬度较高的管子，除在实验室进行硬度、拉伸试验和金相组织检验外，还应进行压扁试验；若割取的高硬度管子在实验室测量的硬度、拉伸、压扁试验和金相组织满足标准规定，则该部件性能满足要求。

b）若焊缝硬度整体偏低，割管样品应选硬度较低的焊接接头，若割取的低硬度管子焊接接头在实验室测量的硬度、拉伸性能和金相组织满足标准规定，则该部件性能满足要求。若焊缝整体硬度偏高，割管样品应选硬度较高的焊接接头，除在实验室进行硬度、拉伸试验和金相组织检验外，还应进行弯曲试验；若割取的高硬度管子焊缝在实验室测量的硬度、拉伸、弯曲试验和金相组织满足标准规定，则该部件性能满足要求。

6.3.4.11 若对钢管厂、锅炉制造厂奥氏体耐热钢管的晶粒度、内壁喷丸层的检验有疑，可对奥氏体耐热钢管的晶粒度、内壁喷丸层随机进行抽检。

6.3.4.12 对管子（管屏）按不同受热面焊缝数量的 5/1000 进行无损检测抽查。发现不合格时，应加倍抽查；若仍存在不合格现象，应进行 100%无损检测，并通知制造商采取相应措施。

6.3.4.13 用内窥镜对超（超）临界锅炉管子节流孔板进行检查，确定是否存在异物或加工遗留物。

6.3.4.14 对以下受热面管子对接焊接接头增加射线检验：对材质为 T91、T92、Super304H、HR3C、T23 的同种钢对接焊接接头抽查 10%；其余材质对接焊接接头抽查 5%；异种钢对接焊接接头抽查 20%。

6.3.4.15 增加磁粉检验，重点是 T91/T92 手工焊收弧位置。

6.3.4.16 注意受热面管内外表面的直道缺陷，处理后缺陷处的实际壁厚不得小于壁厚偏差所允许的最小值且不应小于按 GB/T 9222 计算的管子的最小需要壁厚。

6.3.5 除氧器，高、低压加热器，大于 5m^3 空气罐，定、连排扩容器等压力容器的安全性能检验抽查项目最低要求：超声波检测对接环缝不少于 25%，纵缝不少于 10%；接管座的角焊缝 50%表面无损检测。

6.3.6 四大管道的安全性能检验抽查项目最低要求：

6.3.6.1 对每根管子及管件进行 3 个断面的测厚检查；弯管和弯头的弯曲部分取 5 个位置进行测厚，弯管应在背弧及中性区进行壁厚测量。

6.3.6.2 合金钢管子、管件、管道附件及其焊缝，应全部进行光谱复查。

6.3.6.3 焊缝和母材 100%硬度检验；增加 P91/P92 钢弯管和变径管的硬度检验点数，防止局部硬度偏低。

6.3.6.4 金相检验：P91/P92 的管子和管件按规格抽查 20%进行金相检验，同一规格的不少于 1 件；P91/P92 制造焊缝按规格各抽查 10%，同一规格的不少于 1 件。

6.3.6.5 P91、P92 的对接焊缝及异种钢对接焊缝 100%超声波检测，其余材质对接焊缝按规格抽查 30%；管座角焊缝、P91 和 P92 焊缝和弯管及弯头的背弧面 100%磁粉检测。

6.3.7 受监督的阀门，安装前应进行如下项目的检验：

6.3.7.1 阀壳表面上的出厂标记（钢印或漆记）应与该制造商产品标记相符。

6.3.7.2 国产阀门的检验按照 NB/T 47044、JB/T 5263、DL/T 531 和 DL/T 922 中的相关规定执行；进口阀门的检验按照相应国家的技术标准执行，并参照上述 4 个标准。

6.3.7.3 校核阀门的规格，并 100%进行外观质量检验。铸造阀壳内外表面应光洁，不应存在裂纹、气孔、毛刺和夹砂及尖锐划痕等缺陷；锻件表面不应存在裂纹、折叠、锻伤、斑痕、重皮、凹陷和尖锐划痕等缺陷；焊缝表面应光滑，不应有裂纹、气孔、咬边、漏焊、焊瘤等缺陷；若存在上述表面缺陷，则应完全清除，清除深度不应超过公称壁厚的负偏差，清除处的实际壁厚不应小于壁厚偏差所允许的最小值。对一些可疑缺陷，必要时进行表面无损检测。

6.3.7.4 对合金钢制阀壳逐件进行光谱检验，光谱检验按 DL/T 991 中的相关规定执行。

6.3.7.5 同规格阀壳件按数量的 20%进行无损检测，至少抽查 1 件。重点检验阀壳外表面非圆滑过渡的区域和壁厚变化较大的区域。阀壳的渗透、磁粉和超声波检测分别按 JB/T 6902、JB/T 6439 和 GB/T 7233.2 中的相关规定执行。焊缝区、补焊部位的无损检测按 NB/T 47013.2、NB/T 47013.5 中的相关规定执行。

6.3.7.6 对低合金钢、10%Cr 钢制阀壳分别按数量的 10%、50%进行硬度检验，硬度检验方法按照集团公司《火电企业金属和压力容器技术监督实施细则》中 5.5.2.4 执行，每个阀门至少测 3 个部位。若发现硬度异常，则扩大检查区域，检查出硬度异常的区域、程度。对于便携式布氏硬度计不易检测的区域，根据同一材料、相近规格、相近硬度范围内便携式里氏硬度计与便携式布氏硬度计测量的对比值，对便携式里氏硬度计测量值予以校核。确认硬度低于或高于规定值，按照集团公司《火电企业金属和压力容器技术监督实施细则》中 5.5.2.5 处理。

6.3.8 汽轮机安装前应进行如下检验：

6.3.8.1 对汽轮机转子、叶轮、叶片、喷嘴、隔板和隔板套等部件进行外观检验，对易出现缺陷的部位进行重点检查，应无裂纹、严重划痕、碰撞痕印，依据检验结果做出处理措施。对一些可疑缺陷，必要时进行表面无损检测。

6.3.8.2 对汽轮机转子进行硬度检验，圆周不少于 4 个截面，且应包括转子两个端面，高、中压转子有一个截面应选在调速级轮盘侧面；每一截面周向间隔 90°进行硬度检验，同一圆周线上的硬度值偏差不应超过 30HB，同一母线的硬度值偏差不应超过 40HB。硬度检查按照集团公司《火电企业金属和压力容器技术监督实施细则》中 5.5.2.4 执行，若硬度偏离正常值幅度较多，应分析原因，同时进行金相组织检验。

6.3.8.3 若制造商质量证明书中未提供转子无损检测报告或对其提供的报告有疑问时，应进行无损检测。转子中心孔无损检测按 DL/T 717 中的相关规定执行，焊接转子无损检测按 DL/T 505 中的相关规定执行，实心转子无损检测按 DL/T 930 中的相关规定执行。

6.3.8.4 各级推力瓦和轴瓦应按 DL/T 297 中的相关规定进行超声波检测，检查是否有脱胎或其他缺陷。

6.3.8.5 镶焊有司太立合金的叶片，应对焊缝进行无损检测。叶片无损检测按 DL/T 714、DL/T 925 中的相关规定执行。

6.3.8.6 对隔板进行外观质量检验和表面检测。

6.3.9 汽轮机、锅炉用铸钢件安装前应进行如下检验：

6.3.9.1 铸钢件 100%进行外表面和内表面可视部位的检查，内外表面应光洁，不应有裂纹、缩孔、黏砂、冷隔、漏焊、砂眼、疏松及尖锐划痕等缺陷。对一些可疑缺陷，必要时进行表面无损检测；若存在上述缺陷，则应完全清除，清理处的实际壁厚不应小于壁厚偏差所允许的最小值且应圆滑过渡；若清除处的实际壁厚小于壁厚的最小值，则应进行补焊。对挖补部位应进行无损检测和金相、硬度检验。汽缸补焊参照 DL/T 753 中的相关规定执行。

6.3.9.2 若汽缸坯料补焊区硬度偏高，补焊区出现淬硬马氏体组织，应重新挖补并进行硬度、无损检测。

6.3.9.3 若汽缸坯料补焊区发现裂纹，应打磨消除并进行无损检测；若打磨后的壁厚小于壁厚的最小值，应重新补焊。

6.3.9.4 对汽缸的螺栓孔进行无损检测。

6.3.9.5 若制造厂未提供部件无损检测报告或对其提供的报告有疑问时，应进行无损检测；若含有超标缺陷，应加倍复查。铸钢件的超声波检测、渗透检测、磁粉检测和射线检测分别按 GB/T 7233.2、GB/T 9443、GB/T 9444 和 GB/T 5677 中的相关规定执行。

6.3.9.6 对铸件进行硬度检验，特别要注意部件的高温区段。硬度检查按照集团公司《火电企业金属和压力容器技术监督实施细则》中 5.15.1.4 执行，若硬度偏离正常值幅度较多，应分析原因，同时进行金相组织检验。

6.3.10 发电机转子安装前应进行如下检验：

6.3.10.1 对发电机转子大轴、护环等部件进行外观检验，对易出现缺陷的部位重点检查，应无裂纹、严重划痕，依据检验结果做出处理措施。对一些可疑缺陷，必要时进行表面无损检测。对表面较浅的缺陷应磨除，转子若经磁粉检测应进行退磁。

6.3.10.2 若制造商未提供转子、护环无损检测报告或对其提供的报告有疑问时，应对转子、护环进行无损检测。

6.3.10.3 对转子大轴进行硬度检验，圆周不少于 4 个截面且应包括转子两个端面，每一截面周向间隔 90°进行硬度检验。同一圆周的硬度值偏差不应超过 30HB，同一母线的硬度值偏差不应超过40HB。硬度检查按照集团公司《火电企业金属和压力容器技术监督实施细则》中 5.5.2.4 执行，若硬度偏离正常值幅度较多，应分析原因，同时进行金相组织检验。

6.3.11 对锅炉大板梁、立柱、主要横梁进行外观检查，特别注意焊缝质量的检验，应无裂纹、咬边、凹坑、未填满、气孔、漏焊等缺陷；对锅炉大板梁、主立柱的翼板对接焊接接头、腹板对接焊接接头、T 形焊缝按焊缝长度的 2%进行表面无损检测及超声波检测抽查；焊缝缺陷允许打磨、补焊，补焊工艺参照 DL/T 678 中的相关规定执行。对锅炉大板梁、立柱、主要横梁进行尺寸检查，柱、板、梁的弯曲、波浪度应符合设计规定。

6.3.12 紧固件安装前应进行如下检验：

6.3.12.1 汽轮机/发电机大轴联轴器螺栓安装前应进行外观质量、光谱、硬度检验和表面无损检测，大于或等于 M32 的高温紧固件的质量检验按 DL/T 439、GB/T 20410 中的相关规定执行。

6.3.12.2 IN783、GH4169 合金制螺栓，安装前应进行下列检查：

a）对螺栓表面进行宏观检验，特别注意检查中心孔表面的加工粗糙度。

b）100%进行硬度检测，若硬度超过 370HB，应对光杆部位进行超声波检测，螺纹部位渗透检测。

c）按数量的 10%进行无损检测，光杆部位进行超声波检测，螺纹部位进行渗透检测。

6.3.12.3 锅筒人孔门、导汽管法兰、主汽门、调节汽门螺栓，安装前应进行光谱分析、硬度检验。

6.4 施工安装阶段

6.4.1 锅炉、压力容器安装单位应到当地负责特种设备安全监督管理的部门办理告知手续；新建锅炉的安装质量监督检验必须由有资格的检验单位进行。

6.4.2 设备到货后，应根据装箱单和图纸进行全面清点，核对制造单位出具的出厂说明书及其质量保证书是否齐全，其内容应包括技术条件编号、材料或部件的质量证明或检验报告。

6.4.3 对超（超）临界锅炉，安装前和安装后应重点进行以下检查：

6.4.3.1 受热面管排吊装前须进行 100%的通球检查，检查合格后，所有敞口的管口须用封盖封闭，并有监理人员现场见证；集箱等大口径管，在对口封闭前，须检查内部清洁度，保证不留异物，并有监理人员见证。

6.4.3.2 集箱、减温器等应进行 100%内窥镜检查，发现异物应清理，重点检查集箱内部孔缘倒角、接管座角焊缝根部以及水冷壁或集箱节流圈等部位。

6.4.3.3 集箱水压试验后临时封堵口的割除，检修管子及手孔的切割应采用机械切割，不应采用火焰切割；返修焊缝、焊缝根部缺陷应采用机械方法消缺。

6.4.4 四大管道及导汽管的施工安装应符合以下要求：

6.4.4.1 四大管道及导汽管直管段、管件、管道附件和阀门安装前，安装单位应按 DL/T 5190.5 进行相关检验，检验结果应符合 DL/T 5190.5 及相关标准规定。

6.4.4.2 四大管道及导汽管直管段、弯头/弯管、三通安装前，安装单位应进行内外宏观检验和几何尺寸抽查：

a）管段按数量的 20%测量直管的外（内）径和壁厚。

b）弯管/弯头按数量的 20%进行椭圆度、壁厚（特别是外弧侧）测量。

c）测量热压三通肩部、管口区段以及焊制三通管口区段的壁厚。

d）测量异径管的壁厚和直径。

e）测量管道上小接管的形位偏差。

6.4.4.3 合金钢管、合金钢制管件（弯头/弯管、三通、异径管）安装前，安装单位应100%进行光谱检验，管段、管件分别按数量的20%和10%进行硬度和金相组织检查；每种规格至少抽查1个，硬度异常的管件应扩大检查比例且进行金相组织检验。

6.4.4.4 主蒸汽管道、高温再热蒸汽管道上的堵阀/堵板、阀体、焊缝安装前，安装单位应按10%进行无损检测抽查。如生产厂家未提供无损检测报告，则应对堵阀/堵板焊缝进行100%无损检测。

6.4.4.5 四大管道上的堵板/封头安装前，安装单位进行光谱检验、强度校核；安装前和安装后的焊缝应进行100%磁粉和超声波检测。

6.4.4.6 主蒸汽管道、高温再热蒸汽管道和高温导汽管的安装焊接应采取氩弧焊打底。焊接接头在热处理后或焊后（不需热处理的焊接接头）应进行100%无损检测，特别注意与三通、阀门相邻部位。管道焊接接头的超声波检测按DL/T 820或NB/T 47013.3中的规定执行，射线检测按 DL/T 821 或 NB/T 47013.2 中的规定执行，质量评定按 DL/T 5210.7、DL/T 869中的规定执行。对虽未超标但记录的缺陷，应确定缺陷的位置、尺寸和性质，并记入技术档案。

6.4.4.7 主蒸汽管道、高温再热蒸汽管道和高温导汽管安装焊缝的外观、光谱、硬度、金相检验和无损检测的比例、质量要求按DL/T 438、DL 647、DL/T 869、DL/T 5210.5、DL/T 1161中的规定执行；对9%～12%Cr类钢制管道的有关检验监督项目按照《集团公司火电企业金属和压力容器技术监督实施细则》中5.5.5的规定执行。

6.4.4.8 管道安装完应对监督段进行硬度和金相组织检验。

6.4.4.9 主蒸汽管道、再热蒸汽管道、主给水管道的管道保温层表面须有焊缝位置的标志。

6.4.4.10 安装单位应向建设单位提供与实际管道和部件相对应的以下资料：

a） 安装焊缝坡口形式、焊缝位置、焊接及热处理工艺及各项检验结果。

b） 直管的外观、几何尺寸和硬度检查结果；合金钢直管还应有金相检查结果。

c） 弯管/弯头的外观、椭圆度、壁厚等检验结果。

d） 合金钢制弯头/弯管的硬度和金相组织检验结果。

e） 管道系统合金钢部件的光谱检验记录。

f） 代用材料记录。

g） 安装过程中异常情况及处理记录。

h） 标注有焊缝位置定位尺寸的管道立体布置图，图中应注明管道的材质、规格、支吊架的位置、类型。

6.4.4.11 主蒸汽管道、高温再热蒸汽管道露天布置的区段，以及与油管平行、交叉和可能滴水的区段，应加包金属薄板保护层，露天吊架处应有防雨水渗入保护层的措施。

6.4.4.12 主蒸汽管道、高温再热蒸汽管道要保温良好；严禁在管道上焊接保温拉钩，严禁借助管道及管道附件起吊重物。

6.4.4.13 服役温度高于450℃的锅炉出口、汽轮机进口的导汽管，参照主蒸汽管道、高温再热蒸汽管道的监督检验规定执行。

6.4.4.14 监理单位应向建设单位提供钢管、管件原材料检验、焊接工艺执行监督以及安装质量检验监督等相应的监理资料。

6.4.5 锅炉集箱及减温器的施工安装应符合以下要求：

6.4.5.1 集箱安装前，电力安装单位应按 DL/T 5190.2 进行相关检验。

6.4.5.2 集箱安装焊缝的外观、光谱、硬度、金相和无损检测的比例、质量要求由安装单位按 DL/T 5210.2、DL/T 5210.7 和 DL/T 869 中的规定执行。对 9%～12%Cr 类钢制集箱安装焊缝的母材、焊缝的硬度和金相组织按照集团公司《火电企业金属和压力容器技术监督实施细则》中 5.6.1.2 i）款的规定执行。

6.4.5.3 集箱要保温良好，保温材料应符合设计要求。严禁在集箱筒体上焊接保温拉钩。

6.4.5.4 安装单位应向建设单位提供与实际集箱相对应的以下资料：

a）安装焊缝坡口形式、焊接及热处理工艺和各项检验结果。

b）筒体的外观、壁厚检验结果。

c）合金钢制集箱筒体、焊缝的硬度和金相组织检验结果。

d）合金钢制集箱筒体、焊缝及接管的光谱检验记录。

e）安装过程中异常情况及处理记录。

6.4.5.5 监理单位应向建设单位提供集箱筒体、接管原材料检验、焊接工艺执行监督以及安装质量检验监督等相应的监理资料。

6.4.6 锅炉受热面的施工安装应符合以下要求：

6.4.6.1 受热面管屏安装前，电力安装单位应按照 DL/T 5190.2 进行相关检查。

6.4.6.2 锅炉受热面（包括水冷壁、省煤器、过热器、再热器）的安装焊接宜采用全氩焊接工艺，安装质量检验验收按 DL/T 939 和 DL/T 5210.2 中的相关条款执行。

6.4.6.3 受热面安装焊缝的外观质量、无损检测、光谱检验、硬度和金相组织检验以及不合格焊缝的处理按 DL/T 869、DL/T 5210.2、DL/T 5210.7 中相关条款执行。

6.4.6.4 低合金、奥氏体耐热钢和异种钢焊缝的硬度分别按 DL/T 869 和 DL/T 752 中的相关条款执行。

6.4.6.5 对 T23 钢制水冷壁定位块焊缝应进行 100%宏观检查和 50%表面无损检测。

6.4.6.6 锅炉受热面安装后安装单位提供的资料应符合 DL/T 939 中相关条款，监理单位应向建设单位提供钢管、管件原材料检验、焊接工艺执行监督以及安装质量检验监督等相应的监理资料。

6.4.7 锅筒、汽水分离器及储水罐的施工安装应符合以下要求：

6.4.7.1 锅筒、汽水分离器及储水罐安装前，安装单位应按 DL/T 5190.2 进行相关检验。

6.4.7.2 锅筒、汽水分离器及储水罐的安装焊接和焊缝热处理应有完整的记录，安装中严禁在筒身焊接拉钩及其他附件。所有的安装焊缝应 100%进行无损检测，对焊接接头和邻近母材进行硬度检验；焊接接头硬度检查按照集团公司《火电企业金属和压力容器技术监督实施细则》中 5.5.2.4 的规定执行，若焊接接头硬度低于或高于规定值，按 DL/T 869 的规定处理，同时进行金相组织检验。

6.4.7.3 锅筒、汽水分离器及储水罐的安装质量验收按 DL/T 612、DL 647 和 DL/T 5210.2

中的相关条款执行。

6.4.8　给水管道的施工安装检验应按照《集团公司火电企业金属和压力容器技术监督实施细则》中 5.5.2、5.5.3 的相关条款执行。

6.4.9　低温集箱的施工安装检验应按照集团公司《火电企业金属和压力容器技术监督实施细则》中 5.6.1 的相关条款执行。

6.4.10　锅炉用铸钢件安装前，安装单位应按照 DL/T 5190.3 执行相关的检查。

6.4.11　管道支吊架的安装应符合以下要求：

6.4.11.1　管道支吊架安装前，应依据 DL/T 1113 标准的规定，对管道支吊架进行开箱验收。吊架安装前，应对支吊架承重部件按 20%进行几何尺寸抽查，检验结果应符合设计要求；对卡块的角焊缝进行宏观检查，必要时按 NB/T 47013 进行无损检测；对合金钢部件还应按 DL/T 991 进行 100%的光谱检验，检验结果应符合设计要求。

6.4.11.2　支吊架的安装应符合设计文件、使用说明书、DL/T 1113 的规定。

6.4.11.3　检查支吊架安装质量应符合如下要求：

a）支吊架的设置、吊杆偏装方向和偏装量应符合设计图纸、相应标准的要求。

b）管道穿墙处应留有足够的管道热位移间距。

c）弹簧支吊架的冷态指示位置应符合设计要求，支吊架热位移方向和范围内应无阻挡。

d）支吊架调整后，各连接件的螺杆丝扣必须带满、锁紧螺母应锁紧。

e）活动支架的滑动部分应裸露，活动零件与其支承件应接触良好，滑动面应洁净，活动支架的位移方向、位移量及导向性能应符合设计要求。

f）固定支架应固定牢靠。

g）变力弹簧支吊架位移指示窗口应便于检查。

h）参加锅炉启动前水压试验的管道，其支吊架定位销应安装牢固。

i）定位销应在管道系统安装结束、且水压试验及保温后方可拆除，全部定位销应完整、顺畅地拔除。

6.4.11.4　支吊架安装过程中，不应将弹簧、吊杆、滑动与导向装置的活动部分包在保温内。

6.4.11.5　支吊架安装完毕后应依据 DL/T 1113 的相关规定，对支吊架安装质量进行水压试验前、水压试验后升温前、运行条件下三个阶段的检查和验收。

6.4.12　中温中压管道、特殊管道的施工安装应符合以下要求：

6.4.12.1　对中温中压管道、特殊管道，在安装前检查中温中压管道、特殊管道质量保证书，管道的外径和壁厚、材料牌号应符合设计要求。

6.4.12.2　对中温中压管道、特殊管道的管件、阀门，在安装前进行 100%的外观检验，检查结果应无严重的机械划伤、穿孔、裂纹、重皮、折叠等缺陷。

6.4.12.3　中温中压管道安装焊缝无损检测比例不低于 DL/T 869 的要求，介质温度 300℃以上管道的无损检测比例不应低于 20%；抗燃油管道安装焊缝 100%进行射线检测。射线检测应按 DL/T 821 或 NB/T 47013 进行。

6.4.12.4 中温中压管道、特殊管道在安装过程中，应布置整齐，尽量减少交叉，固定卡牢固，防止运行中由振动而引起的疲劳失效。

6.4.12.5 不锈钢管道焊接应采用氩弧焊焊接方法。

6.4.12.6 不锈钢管道不得采用含有氯化物的溶剂清洗，不锈钢管道与非不锈钢支吊架接触的地方应采用不锈钢垫片或氯离子含量不超过万分之五的非金属垫片隔离。

6.4.12.7 中温中压管道、特殊管道安装完毕后，管道的支吊架应符合设计要求；要保证管道在机组运行工况下自由膨胀。

6.4.13 汽轮机的施工安装应符合以下要求：

6.4.13.1 汽轮机及汽轮机用铸钢件安装前，安装单位应按照 DL/T 5190.3 中的规定执行。

6.4.13.2 汽轮机（包括给水泵汽轮机）高压抗燃油系统的管道（包括取样管）、管件、油箱在安装前应进行材质检查及外观检查，材质应符合设计文件要求，管道弯头宜采用大曲率半径弯管，不宜采用直角接头；弯管表面应光滑，无皱纹、扭曲、压扁；弯管时应使并弯管半径均等，弯管两端应留有直段。

6.4.13.3 在紧固件的安装或拆卸过程中，凡使用加热棒对螺栓中心孔加热的螺栓，应对其中心孔进行宏观检查，必要时使用内窥镜检查中心孔内壁是否存在过热和烧伤。

6.4.14 锅炉冲管用临时堵板、管道等部件的施工安装应符合以下要求：

6.4.14.1 锅炉冲管用高、中压主汽门临时堵板、临时短管和法兰应符合以下要求：

a）高压主汽门临时堵板、临时短管和法兰应由制造厂提供，临时短管应采用优质无缝钢管。高压主汽门设计压力不应小于 10.0MPa，且设计温度不小于 450℃。

b）中压主汽门临时堵板、临时短管和法兰应由制造厂提供，临时短管应采用优质无缝钢管。中压主汽门设计压力不应小于 4.0MPa，且设计温度不小于 450℃，稳压吹管时不应小于 530℃。

c）高、中压主汽门的临时封堵装置必须安装牢固、严密，并应经隐蔽验收合格。

6.4.14.2 锅炉冲管用临时管道及其支吊架应符合以下要求：

a）临时管道设计应符合 DL/T 5054 的规定；临时管道支吊架的设计、安装应符合 GB/T 17116.1 和 DL/T 1113 的规定。

b）锅炉冲管用临时控制门及其旁路门前的临时管道设计压力不应小于 10.0MPa、设计温度不应小于 450℃；临时管道内径不应小于主蒸汽正式管道内径，旁路管道内径不应小于 50mm。

c）临时控制门后的临时管道设计压力不应小于 6.0MPa，设计温度不应小于 450℃。

d）中压主汽门后的临时管道设计压力不应小于 2.0MPa；设计温度降压吹管时不应小于 450℃、稳压吹管时不应小于 530℃；管道内径不应小于再热热段正式管道内径，且应采用优质无缝钢管。

e）临时管道内部应清洁、无杂物，靶板前的临时管道在安装前宜进行喷砂处理。

f）临时管道焊接应符合 DL/T 868、DL/T 869 的规定，焊口应进行 100%无损检测，异种钢焊接应符合 DL/T 752 的规定，靶板前焊口应采用氩弧焊打底。

g）长距离临时管道应有 0.2%的坡度，并在最低点设置疏水，主蒸汽、再热蒸汽等管道疏水应分别接出排放，且不得排入凝汽器。

h）临时管道宜采用Y形的汇集三通，两管之间夹角宜选择30°～60°的锐角。

i）临时管道支吊架应设置合理、牢固可靠，其强度应按大于4倍的吹管反作用力进行计算。

j）临时管道固定支架应安装牢固，滑动支架应满足管道膨胀要求，应验收合格。

k）两段法吹管时，再热蒸汽热段管道的排汽管应安装验收合格。

l）吹管范围内的流量测量装置应用等径短管替代，流量装置恢复时应采取防止异物落入管内的措施。

6.4.14.3　锅炉吹管用集粒器设计制造应符合GB 150（所有部分）的规定，且设计压力不应小于6.0MPa，设计温度不应小于450℃，阻力应小于0.1MPa。

6.4.14.4　锅炉吹管用消声器应经有资质的设计单位进行设计计算，通流面积应满足吹管参数、降噪和阻力要求；其设计制造应符合GB 150的规定，设计压力不应小于1.0MPa，设计温度降压吹管时不应小于450℃、稳压吹管时不应小于530℃，阻力应小于0.1MPa；消音器安装前，其焊缝、密封部件、通流孔等应经检验合格。

6.4.15　安装阶段金属材料质量控制总体要求：

6.4.15.1　金属材料质量管理的主要内容是文件见证（质保书、检验报告）和合金钢材料、部件的光谱复查，对材料质量产生疑问时应按有关标准进行抽样检查。

6.4.15.2　合金钢管安装前，进行100%光谱检验。

6.4.15.3　对高合金部件光谱分析后应磨去弧光灼烧点。

6.4.15.4　工地储存受监范围内的钢材、钢管、焊接材料和备品、配件等，应建立严格的质量验收和领用制度，严防错收错发。

6.4.15.5　原材料的存放应根据存放地区的气候条件、周围环境和存放时间的长短，建立严格的保管制度，防止变形、腐蚀和损伤。

6.4.15.6　奥氏体钢部件在运输、存放、保管、使用过程中应按下述条款执行：

a）奥氏体钢应单独存放，严禁与碳钢或其他合金钢混放接触。

b）奥氏体钢的运输及存放应避免材料受到盐、酸及其他化学物质的腐蚀，且避免雨淋。对于沿海及有此类介质环境的发电厂应特别注意。

c）奥氏体钢存放应避免接触地面，管子端部应有堵头。其防锈、防蚀应按DL/T 855的相关规定执行。

d）奥氏体钢材在吊运过程中不应直接接触钢丝绳，以防止其表面保护膜损坏。

e）奥氏体钢打磨时，宜采用专用打磨砂轮片。

f）应定期检查奥氏体钢备件的存放及表面质量状况。

6.4.15.7　材料代用原则按下述条款执行：

a）选用代用材料时，应选化学成分、设计性能和工艺性能相当或略优者，应保证在使用条件下各项性能指标均不低于设计要求；若代用材料工艺性能不同于设计材料，应经工艺评定验证后方可使用。

b）使用代用材料，应得到设计单位的同意；若涉及现场安装焊接，还需告知使用单位，并由设计单位出具代用通知单。使用单位应予以见证。

c）合金材料代用前和组装后，应对代用材料进行光谱复查，确认无误后，方可投入运行。

d）采用代用材料后，应做好记录，同时应修改相应图纸并在图纸上注明。

6.4.16 安装阶段焊接质量控制总体要求：

6.4.16.1 人员资质审查的对象包括所有的焊接相关人员：焊接技术人员、焊接质量检查人员、焊接检验人员、焊工及焊接热处理人员。

6.4.16.2 焊接工艺及施工管理程序文件审查：焊接工艺及施工管理程文件审查宜由焊接监理工程师负责。安装单位须按 NB/T 47014 或 DL/T 868 的规定进行的、涵盖所承接焊接工程的焊接工艺评定和报告。对不能涵盖的焊接工程，应按 NB/T 47014 或 DL/T 868 进行焊接工艺评定。

6.4.16.3 焊接材料控制要点：承压设备的焊材产品质量应符合 NB/T 47018 的规定。焊丝、焊条等焊接材料应选用配套进口材料或国内知名品牌的产品，产品质量证明文件完整且在同类工程中具有良好的业绩。焊材入库前应检查质保书、合格证、核对牌号及外观检验，合金焊材进库前必须按批号进行光谱抽查，在用于工程前须报监理审核后方可在工程中使用。Super304H、HR3C 宜选用配套焊材 YT-304 H 和 YT-HR3C。

6.4.16.4 焊接前准备控制要点：焊接坡口应采用机械加工，对口前清理坡口两侧的污锈；除设计规定的冷拉口外，其余焊口应禁止用强力对口，严禁用热膨胀法对口。焊接现场应有防止雨、雪和大风影响的措施；气温在 0℃以下工作时，须有专门的保温、预热、焊接与热处理措施。

6.4.16.5 焊接过程质量控制：焊接质量跟踪检查要求焊接质量管理人员及时发现问题及时制定对策，将问题消灭在萌芽阶段。检查的内容包括：焊接材料管理、焊接工艺执行情况、焊口外观质量等。安装单位应对承压部件的焊接接头进行 100%的外观检查并做记录。每天要对完成焊口数进行统计，每周要有完成焊口、焊口检验完成情况的报表，以便监控分析质量波动的原因，督促安装单位采取有效措施，使焊接质量处于受控状态。

6.4.16.6 热处理控制要点：焊接跟踪检查时要注意加热块的安装宽度、包扎情况及热电偶安装数量和位置，并抽查热处理自动记录图，发现异常时应做硬度值抽查。被查部件的硬度值超过规定范围时，应按班次做加倍复检并查明原因，对不合格接头重新处理。

6.4.16.7 四大管道焊接质量控制要点：四大管道（包括主蒸汽管道、再热蒸汽管道、导汽管和主给水管道等）要严格控制焊前预热温度、层间温度及焊后热处理温度。安装单位对 P91/92 钢进行焊接热处理时，应每 0.5h 有 1 次层间温度监测记录，监理应旁站监督。

6.4.17 安装阶段无损检测控制总体要求：

6.4.17.1 安装单位金属试验室必须取得相应资质和省、市有关部门颁发的“射线工作许可证”和“X 射线装置工作许可证”。金属试验室必须配备足够的无损检测人员和仪表仪器，并满足现场的检验要求。

6.4.17.2 无损检测人员必须持有与实际工作相适应的有效资质证件，熟悉所从事专业的施工程序，负责金属材料和焊口的检验、试验、鉴定以及出具相应的试验报告、整理移交竣工资料等工作。

6.4.17.3　在施工开始前，必须对施工仪器、仪表进行计量校验合格，未进行计量校验或超出校验有效期的不得使用。γ射线源应存放在专用的房屋内，现场临时存放应存放在铅房内并有醒目的标志。

6.4.17.4　所有受监焊口的检验须满足 TSG G0001、TSG 21、DL/T 869 及 DL/T 438 等有关标准的要求。

6.4.17.5　按照超（超）临界机组的特点与要求，在规程已有规定的范围与数量的基础上，对焊接接头无损检验的范围与数量补充如下：水冷壁、末级过热器、一级再热器、二级再热器 100%射线检测，省煤器、过热器 50%射线检测，50%超声波检测；炉外各类受监焊口中，Ⅰ类焊口 100%射线或超声波检测，符合做射线检验条件的焊口按不低于 50%检验比例进行射线检测；各类焊口均应按系统和焊口总数进行抽检，且不低于 1 只；主蒸汽管道、再热蒸汽管道焊口按 100%进行磁粉检测；四大管道增加金相检验，各抽查 2 个焊口，每个焊口做 2 个点；高压油系统管道（顶轴油管道、高低旁控制油管道等）、取样、仪控管以及氢系统管道按不少于 50%的比例进行射线检测；EH 油系统不锈钢管、顶轴油管道、高压旁路及低压旁控制油管道安装前按管径由大到小取前三种规格 50%涡流检查；所有系统的引出管检验范围扩大至二次门前焊口。

6.4.17.6　无损检测过程中如发现焊工焊口一次合格率低于 90%，应责令其停止所从事的焊接工作。

6.4.18　为保证安装质量，建设单位组织编制火电安装工程金属监督质量计划，设置质量控制点。监理单位和建设单位应对计划进行审查并批准。监理单位和建设单位对金属监督过程应采取平行检验、巡视和旁站等手段进行检查和监督。如果在执行标准上有异议，验收方认为质量有问题而制造厂认为“可以使用”“不影响安全”的，要求制造厂举证（提供所执行的标准或规范）并提供书面资料。

6.5　调试验收阶段

6.5.1　锅炉冲管后及整套启动前，应对屏式过热器、高温过热器、高温再热器进口集箱以及减温器的内套筒衬垫部位进行内窥镜检查，重点检查有无异物堵塞。

6.5.2　吹管结束后，应进行锅炉内部清洁度专项检查，检查范围包括：

6.5.2.1　通过割手孔等措施用内窥镜检查所有汽水分离器（或汽包）、联箱、减温器内部及管口。

6.5.2.2　用射线检测的方法检查折焰角及三叉管。

6.5.2.3　用射线检测的方法检查全部节流孔板。

6.5.2.4　割管 3%～5%抽查末级过热器及末级再热器底部 U 形弯，发现杂物后扩大抽查范围，且不少于 1 屏。

6.5.3　在机组试运行方案中，应有防止发生管道水冲击的事故预案，以预防管道发生水冲击并引发支吊架损坏事故的发生。

6.5.4 在机组试运行前，应确认所有的弹性吊架的定位装置均已松开。

6.5.5 在机组试运行期间，在蒸汽温度达到额定值 8h 后，应对主蒸汽管道、高温再热蒸汽管道、高压旁路管道与启动旁路管道所有的支吊架进行一次目视检查，对弹性支吊架荷载标尺或转体位置、减振器及阻尼器行程、刚性支吊架及限位装置状态进行一次记录。发现异常应分析原因，并进行调整或处理。固定吊架调整完毕后，螺母应用点焊与吊杆固定。

6.5.6 机组试运行结束后，支吊架热位移方向和热位移量应与设计基本吻合；支吊架热态位移无受阻现象；管道膨胀舒畅、无异常振动。

6.5.7 在对支吊架安装质量进行水压试验前、水压试验后升温前、运行条件下三个阶段的检查和验收过程中，如发现支吊架安装位置不符合设计文件、使用说明书的情况，应及时予以整改。如发现支吊架有严重的失载、超载、偏斜情况，以及其他经分析判断支吊架有明显的选型不当情况时，应安排对支吊架进行全面的检验和管系应力分析的设计计算校核。

6.5.8 金属监督过程重点验收包括锅炉水压前、汽轮机扣盖前和整套启动前。验收过程应做好记录和签证，监理单位应加强过程监督和质量控制。

6.5.9 建设单位应做好对设计、制造、安装单位提供的技术资料的检查、验收，做好技术资料的收集，原始资料档案的建立、原材料及备件监督档案的建立、受监部件清册和技术台账的建立。

7 电测技术监督

7.1 设计选型阶段

7.1.1 电测及电能计量装置的设计选型应做到技术先进、经济合理、准确可靠、监视方便。

7.1.2 电能计量装置：

7.1.2.1 电能计量装置设计审查的主要依据：GB/T 50063、DL/T 5137、DL/T 448、GB 17167、DL/T 566、DL/T 614、DL/T 5202、DL/T 698、DL/T 825、GB/T 20840 中相关设计原则和技术要求。重点审查内容包括：计量点、计量方式、电能表与互感器接线方式的选择、电能表的型式和装设套数的确定，电能计量器具的功能、规格和准确度等级，互感器二次回路及附件，电能计量柜（箱、屏）的技术要求及选用、安装条件，以及电能信息采集终端等相关设备的技术要求及选用、安装条件等。

7.1.2.2 发电企业上网电量关口计量点的电能计量装置的设计审查应有电网企业的电能计量专职（责）管理人员、电网企业电能计量技术机构的专业技术人员和发电企业的电能计量管理和专业技术人员参加。

7.1.2.3 计量点配置原则如下：

a）贸易结算用的电能计量装置原则上应设置在供用电设施的产权分界处。发电企业上网线路应配置考核用电能计量装置。

b）同步发电机定子回路、双绕组主变压器的一侧、三绕组主变压器的三侧，自耦变压器的三侧、旁路段路桥、母联（或分段）兼旁路断路器回路应配置能计量有功和无功电能的装置。

c）厂用电源线路及厂外用电线路、6kV 及以上高压电动机回路、需要进行技术经济考核的 75kW 及以上的低压电动机应能计量有功电能。

7.1.2.4 电能计量装置配置原则如下：

a）Ⅰ类电能计量装置、计量单位容量 100MW 及以上发电机组上网贸易结算电量的电能计量装置宜配置型号、准确度等级相同的计量有功电量的主副两只电能表；贸易结算用高压电能计量装置应具有符合 DL/T 566 要求的失压计时功能。

b）为提高低负荷计量的准确性，应选用过载 4 倍及以上的电能表。经电流互感器接入的电能表，其额定电流宜不超过电流互感器额定二次电流的 30%（对 S 级的电流互感器为 20%），额定最大电流宜为电流互感器额定二次电流的 120%左右。

c）互感器额定二次负荷的选择应保证接入其二次回路的实际负荷在 25%～100%额定二次负荷范围内。二次回路接入静止式电能表时，电压互感器额定二次负荷不宜超过 10VA，额定二次电流为 5A 的电流互感器额定二次负荷不宜超过 15VA，额定二次电流为 1A 的电流互感器额定二次负荷不宜超过 5VA。电流互感器额定二次负荷的功率因数应为 0.8～1.0，电压互感器额定二次负荷的功率因数应与实际二次负荷的功率因数接近。

d） Ⅰ、Ⅱ类电能计量装置宜根据互感器及其二次回路的组合误差优化选配电能表；其他经互感器接入的电能计量装置宜进行互感器和电能表的优化配置。

e） 具有正、反向送电的计量点应配置计量正向和反向有功电量以及四象限无功电量的电能表；进相和滞相运行的发电机回路，应分别计量进相和滞相的无功电能。

f） 经互感器接入的贸易结算用电能计量装置应按计量点配置电能计量专用电压、电流互感器或专用二次绕组，并不得接入与电能计量无关的设备。

g） 互感器二次回路的连接导线应采用铜制单芯绝缘线，对电流二次回路，连接导线截面积应按电流互感器的额定二次负荷计算确定，不应小于 $4mm^2$；对电压二次回路，连接导线截面积应按允许的电压降计算确定，不应小于 $2.5mm^2$。

h） 电能计量专用电压、电流互感器或专用二次绕组及其二次回路应有计量专用二次接线盒及试验接线盒，电能表与试验接线盒应按一对一原则配置。

i） 35kV 以上贸易结算用电能计量装置的电压互感器二次回路，不应装设隔离开关辅助接点，但可装设快速自动空气开关。

j） 电流互感器额定一次电流的确定，应保证其在正常运行中的实际负荷电流达到额定值的 60%左右，至少不应小于 30%；否则，应选用高动热稳定电流互感器，以减小变比。

k） 交流电能表外形尺寸应符合 GB/Z 21192 的相关规定；带有数据通信接口的电能表通信协议应符合 DL/T 645 及其备案文件的要求；电能表屏外形及安装尺寸应符合 GB/T 7267 的规定。

l） 电能计量装置应能接入电能信息采集与管理系统。

7.1.2.5 电能计量装置的接线应符合 DL/T 825 的要求。中性点有效接地系统的电能计量装置应采用三相四线的接线方式，中性点非有效接地系统的电能计量装置宜采用三相三线的接线方式。

7.1.3 电测量装置：

7.1.3.1 电测量装置设计审查的主要依据：GB/T 50063、DL/T 5137、DL/T 630、DL/T 5226、DL/T 1075、GB/T 13850 中相关设计原则和技术要求。

7.1.3.2 电测量变送器辅助交流电源必须可靠，重要变送器应采用交流不停电电源或直流电源供给。

7.1.3.3 变送器模拟量输出回路接入负荷不应超过变送器额定二次负荷，接入变送器输出回路的二次负荷应在其额定二次负荷的 10%～100%内，变送器模拟量输出回路串接仪表数量不宜超过 2 个。

7.1.3.4 计算机监控系统应实现电测量数据的采集和处理，其范围应包括模拟量和电能量。模拟量应包括电流、电压、有功功率、无功功率、功率因数、频率等，并应实现对模拟量的定时采集、越限报警及追忆记录的功能。电能量应包括有功电能量、无功电能量，并能实现电能量的分时段、分方向累加。

7.1.4 多功能电能表应满足 GB/T 17215、DL/T 614、DL/T 645 等的要求。

7.1.5 电测量变送器应满足 GB/T 13850 的要求。

7.1.5.1 参与发电机控制功能的电气采样装置，应满足暂态特性和变送器精度要求。

7.1.5.2 参与汽轮发电机调节的功率变送器，还需考虑功率变送器的暂态特性。

7.1.6 交流采样测量装置应满足 GB/T 13729、DL/T 630、DL/T 1075 的要求。

7.1.7 安装式数字仪表应满足 GB/T 22264 的要求。

7.1.8 电测量模拟式指针仪表应满足 GB/T 7676 的要求。

7.1.9 数字多用表应满足 GB/T 13978 的要求。

7.1.10 电测计量标准实验室应符合下列要求：

7.1.10.1 实验室的温度、相对湿度、洁净度、保护接地网、振动、外电磁场等环境条件应当满足计量检定规程或计量技术规范的要求；并应设立与外界隔离的保温防尘缓冲间；实验室互不相容的活动区域应进行有效隔离。

7.1.10.2 实验室宜建在远离振动、烟尘的场所，应有防尘、防火措施。实验室动力电源与照明电源应分路设置，动力电源容量按实际所需容量的 3 倍设计。

7.1.10.3 实验室应配备专用工作服、鞋帽及存放设施。

7.1.10.4 实验室一般应配置以下电测计量标准：交直流仪表检定装置、电量变送器检定装置、交流采样测量装置检定装置、交流电能表检定装置、万用表检定装置、钳形电流表检定装置等。

7.2 制造监造阶段

7.2.1 电能计量器具应根据审查通过的电能计量装置设计所确定的功能、规格、准确度等级等技术要求组织招标订货。订购的电能计量装置及电测量装置的各项性能和技术指标应符合国家、电力行业相应标准的要求。

7.2.2 订购的电能计量器具应取得符合相关规定的型式批准（许可），具有型式试验报告、订货方所提出的其他资质证明和出厂检验合格证等。

7.2.3 购置的电能计量器具和与之配套的电能信息采集终端应由电能计量技术机构负责验收，并进行检定或校准。

7.2.4 订货验收内容包括：

7.2.4.1 装箱单、出厂检验报告（合格证）、使用说明书。

7.2.4.2 铭牌、数量、外观结构、安装尺寸、辅助部件。

7.2.5 交流电能表的订货验收应符合 GB 17215 系列标准和电力行业有关规定。

7.3 施工安装阶段

7.3.1 电能计量装置的安装应严格按照经批准的设计图施工，安装应符合国家及电力行业有关电气装置安装工程施工及验收规范、DL/T 825 和 DL/T 448 的相关规定。电能表安装尺寸应符合 GB/Z 21192 的相关规定。

7.3.2 线路敷设布置时，总体线束与分支线束应保持横平、竖直、牢固、清晰美观，且应考虑到施工和维护方便；每一安装单位的端子排都要有编号，字迹必须端正清楚；每根电缆都要有电缆标牌，标志牌上应注明电缆线路设计编号、电缆型号、规格及始点，并联使用的电缆应有顺序号。要求字迹清晰、不易脱落。

7.3.3 现场核查内容及要求：

7.3.3.1 电能计量器具的型号、规格、许可标准、出厂编号应与计量检定证书和技术资料的内容相符。产品外观质量应无明显瑕疵和受损。安装工艺质量应符合有关标准要求。接线实况应和竣工图一致。

7.3.3.2 电能信息采集终端的型号、规格、出厂编号，电能表和采集终端的参数设置应与技术资料及其检定证书/检测报告的内容相符，接线实况应和竣工图一致。

7.4 调试验收阶段

7.4.1 关口电能表经检定合格。

7.4.2 电流互感器和电压互感器的误差测试、二次实际负荷测试以及电压互感器二次回路压降测试的测试结果应符合标准要求。

7.4.3 电测量变送器经检定合格。

7.4.4 检查二次回路中间触点、快速自动空气开关、试验接线盒接触情况。

7.4.5 电测仪器仪表检验率 100%。

7.4.6 启动试运行前，电气测点/仪表投入率不小于 98%，指示正确率不小于 97%。

7.4.7 168h 满负荷试运行验收，电气测点/仪表投入率不小于 99%，指示正确率分别不小于 98%。

8 热工技术监督

8.1 设计阶段

8.1.1 控制系统设计阶段：

8.1.1.1 控制系统设计应遵循 GB 50660、DL/T 5175、DL/T 5182、DL/T 1083、DL/T 1091、DL/T 996、DL/T 5227 等相关标准及《防止电力生产事故的二十五项重点要求》（以下简称“二十五项反措”）的要求。

8.1.1.2 热工控制系统的设计应按照在单元控制室内可实现机组的启动操作、运行工况监视和调整、停机操作和事故处理的功能进行设计。

8.1.1.3 各种容量机组都应有较完善的热工模拟量控制系统，单元制机组应具备机、炉协调控制功能，并能参与一次调频、AGC 调节。

8.1.1.4 分散控制系统（DCS）的电源应采用相互独立的两路电源供电。

8.1.1.5 分散控制系统的冗余供电总电源及其每个控制器（柜）冗余供电装置中，均应设置电源故障及失电报警。

8.1.1.6 分散控制系统采用独立接地网或与电厂电力系统共用一个接地网时，其接地网接地电阻、每个控制机柜与接地网汇流铜排之间的导通电阻值都应满足相关规程要求。

8.1.1.7 分散控制系中所有控制器的 CPU 恶劣工况下的负荷率不应超过 60%。所有计算机站、数据管理站、操作员站、工程师站、历史站等的 CPU 恶劣工况下的负荷率不应超过 40%，并应留有适当的裕度。

8.1.1.8 分散控制系统中控制器模件（DPU、CP）或服务器必须冗余配置，当分散控制系统中冗余控制器（或服务器）、冗余网络发生脱网/离线故障时在任何一台操作员站上均应显示报警。

8.1.1.9 每台机组只能设置 1 台工程师主站，通过设置相应的权限，确保只有工程师站才能对系统逻辑进行修改。

8.1.1.10 历史站应独立设置，不采用操作员或工程师站兼作历史站的配置方式，并保证历史数据存储时间至少 1 年。

8.1.1.11 严格控制分散控制系统与外网的直接连接，除采用远程 I/O、可编程序控制器 PLC 及 DCS 厂家允许的第三方软件可与分散控制系统通信外，不允许以任何方式、手段、媒介与分散控制系统直接进行网络通信。

8.1.1.12 重要参数测点、参与机组或设备保护的测点应冗余配置，冗余 I/O 测点应分配在不同模件上。

8.1.1.13 汽轮机紧急跳闸系统（ETS）、锅炉炉膛安全监控系统（FSSS）应在功能上和物理上独立于其他逻辑系统，不得与其他逻辑系统组合在一起。

8.1.1.14 控制站的配置应满足如下要求：用于转速控制、液位控制、压力控制等变化较快的模拟量控制的控制站，其控制周期不应大于 125ms；用于温度控制等变化较缓慢的模拟量控制的控制站，其控制周期不应大于 250ms；用于开关量控制的控制站，其控制周期不应大于 100ms；用于 ETS 控制的控制站，其控制周期不应大于 50ms，用于 OPC 控制的控制站，其控制周期不应大于 30ms。

8.1.1.15 控制站的配置可以按功能划分，也可按工艺系统功能区划分，应满足 DL/T 1083 的要求，两台成对运行或两台一用一备的重要辅机不能分配在同一控制器中。

8.1.1.16 分散控制系统通信总线应有冗余设置，通信负荷率在繁忙工况下不得超过 30%；对于以太网则不得超过 20%。

8.1.1.17 控制回路应按照保护、联锁控制优先的原则设计；分配控制任务应以一个部件（控制器、输入/输出模件）故障时对系统功能影响最小为原则。

8.1.1.18 SOE 点数的配置必须满足工艺系统要求，重要的主/辅机保护及联锁信号，必须作为 SOE 点进行记录，SOE 点的记录分辨率不应大于 1ms。

8.1.1.19 由分散控制系统控制的机组，必须设有独立于 DCS 控制系统及 PLC 可编程序控制器之外的下述硬手操控制：紧急停机操作按钮（双按钮）、紧急停炉操作按钮（双按钮）、发电机变压器组出口断路器分闸操作按钮（双按钮）、交流润滑油泵启动操作按钮、直流润滑油泵启动操作按钮、直流密封油泵启动操作按钮、汽轮机真空破坏门开启按钮（双按钮）、锅炉安全门操作开关、锅炉汽包事故放水电动门操作开关、6kV 备用厂用电源开关合闸操作按钮、柴油发电机启动操作按钮。

8.1.1.20 一次调频功能是机组的必备功能之一，不应设计可由运行人员随意切除的操作窗口。

8.1.1.21 锅炉汽包水位测量系统的配置必须采用两种及以上测量工作原理共存、水位取样点彼此相互独立的配置方式，并保证汽包水位测量中补偿计算的准确性。汽包水位保护应配置 3 台汽包水位变送器及 3 台汽包压力变送器。

8.1.1.22 除 ETS 中 AST 电磁阀控制命令为长信号外，其他所有风机、油泵、水泵等受 DCS 控制的转动机械启停控制命令，均应采用脉冲信号控制（设备厂家有特殊要求除外），以防止 DCS 失电或 DO 卡件故障而导致辅机设备误停运。

8.1.1.23 单机容量为 300MW 及以上的机组，锅炉金属壁温、汽轮机汽缸及法兰壁温、发电机线圈及铁芯温度等监视信号，宜采用独立的数采前端经数据通信接口送入分散控制系统；也可直接由分散控制系统的远程 I/O 完成。

8.1.1.24 采用模拟量信号作为保护测量信号时，应具有质量判断，当测量信号故障时，必须保证闭锁保护信号的误动或者拒动。

8.1.1.25 主机及辅机的温度保护中，为防止保护误动和拒动，应设置温度质量判断及变化速率判断，其变化速率应具有方向性判断，即只有当温度上升速率超过设定值时，才能自动闭锁保护输出命令。温度质量坏或变化率超限后，应在操作员站画面有报警显示。温度信号变化率宜在 5～10℃/s 之间选择。

8.1.1.26 汽轮机电液控制系统电子控制装置宜采用与机组 DCS 分散控制系统组件一体化配置。对于未采用 DCS 系统控制的机组，应选用成熟的电液调节系统和专用的电子控制装置。

8.1.1.27 汽轮机电液控制系统用于控制和操作的重要数字量和模拟量应三重冗余。

8.1.1.28 超速保护（OPT）和超速限制（OPC）应采用专用保护板卡，不经软逻辑运算直接动作输出。

8.1.1.29 汽轮机调速汽门阀位反馈装置（LVDT）宜采用双支冗余方式设计，对于由于主设备不具备安装双支 LVDT 时，必须采用经实际使用验证确实安全可靠的 LVDT 装置。

8.1.1.30 辅助系统可设置煤、灰、水就地集中控制室，辅助系统监控点不宜超过 3 个，或集中在主控室进行控制。

8.1.1.31 各辅助系统 PLC 装置应统一系列、统一技术规格。

8.1.1.32 热网站控制可纳入主机分散控制系统。

8.1.1.33 火力发电厂中应用现场总线技术在设计、配置应符合 DL/T 1556 的要求，除特别重要的信号外，单元机组和辅助车间的检测仪表宜采用现场总线通信技术；影响机组安全运行的锅炉、汽轮机和发电机保护系统不宜在现场仪表和设备层采用现场总线通信技术；主机及重要辅机的保护和联锁信号应采用硬接线传输方式。

8.1.1.34 电厂智能化技术应满足 T/CEC 164 的要求。

8.1.1.35 电力监控系统安全防护应采用分层分区架构，采用安全分区、网络专用、横向隔离、纵向认证的防护策略。

8.1.2 保护系统设计阶段：

8.1.2.1 热工保护系统设计应满足 GB 50660、DL/T 435、DL/T 655、DL/T 834、DL/T 1091、DL/T 5428 等相关标准及二十五项反措的要求。

8.1.2.2 热工保护系统的设计应有防止误动和拒动的措施，保护系统电源中断或恢复不会发出误动作指令。

8.1.2.3 热工保护系统应遵守“独立性”原则：炉、机跳闸保护系统的逻辑控制器应单独冗余设置；保护系统应有独立的 I/O 通道，并有电隔离措施；冗余的 I/O 信号应分布在不同的 I/O 模件上；取样系统彼此相互独立的原则，不允许两个及以上变送器、压力开关共用同一取样点。

8.1.2.4 机组跳闸命令不应通过通信总线传送。

8.1.2.5 300MW 及以上容量机组汽轮机紧急跳闸系统（ETS）在机组运行中应具有在不解列保护功能和不影响机组正常运行情况下进行动作试验的功能。

8.1.2.6 汽轮机紧急跳闸控制系统（ETS）应采取失电动作方式，并且必须保证其跳闸控制部分与跳闸驱动部分均满足失电动作的要求。

8.1.2.7 汽轮机紧急跳闸系统（ETS）所配电源必须可靠，必须采用两路冗余供电电源，电压波动值不得大于±5%。

8.1.2.8 汽轮机润滑油压低联锁保护中，润滑油压低一值报警；低二值联锁启动交流润滑油泵；低三值 ETS 紧急跳闸，同时联锁启动直流润滑油泵；低四值联锁停止盘车。

8.1.2.9 汽轮机润滑油压低联锁保护中，除有 DCS 软逻辑实现对直流润滑泵的联锁启动控制功能外，直流润滑油泵必须设置硬接线联锁电气控制回路。联锁用的压力开关必须独立设置，联锁用控制电缆必须由压力开关直接接至直流润滑油泵就地电气控制柜。

8.1.2.10 汽轮机抗燃油压力低保护中，EH 油压低一值报警，低二值联锁启动备用 EH

油泵，低三值 ETS 紧急跳闸。

8.1.2.11 汽轮机紧急跳闸系统（ETS）至少应包括如下跳闸条件：汽轮机 TSI 电超速、汽轮机 DEH 电超速、汽轮机 EH 油压低、汽轮机润滑油压低、汽轮机凝汽器真空低、汽轮机轴振动大、汽轮机轴向位移大、汽轮机 DEH 系统失电、发电机主保护动作、单元机组未设置 FCB 功能时，无论何种原因引起的发电机解列、单元机组锅炉总燃料跳闸（MFT 动作）、汽轮机润滑油箱油位低、手动停机、汽轮机制造厂提供的其他保护项目。

8.1.2.12 为防止因干扰信号引起保护误动，在轴承振动保护中，允许适当加入延时设置，但其延时时间最长不得超过 1s。

8.1.2.13 汽轮发电机组轴系应安装两套转速监测装置，并分别装设在不同的转子上。

8.1.2.14 汽轮机防进水和冷蒸汽保护包括汽包锅炉汽包水位高保护、直流锅炉汽水分离器水位高保护、主/再热蒸汽减温水保护、再热蒸汽冷段防进水保护、汽轮机轴封系统防进水保护、汽轮机本体防进水保护、高/低压加热器水位保护、除氧器水位保护等，汽轮机防进水和冷蒸汽保护应满足 DL/T 5428 的要求。

8.1.2.15 具有 3 个及以上保护跳闸条件的热工保护中，应设置保护跳闸原因首出功能，机炉主保护（ETS、FSSS）及重要辅机保护中应设置事件顺序记录。

8.1.2.16 保护回路中不应设置供运行人员切、投保护的任何操作手段。

8.1.2.17 锅炉炉膛安全保护系统（FSSS）的设计应能满足 DL/T 1091 的要求。

8.1.2.18 锅炉炉膛安全保护系统（FSSS）与 DCS 一体化设计时，其 FSSS 控制逻辑应采取失电跳闸方式，即跳闸输出命令正常工况时为“1”状态，保护动作时为“0”。

8.1.2.19 锅炉炉膛安全保护系统（FSSS）硬跳闸继电器宜采取带电跳闸方式。若采用失电跳闸方式时，其供电电源必须保证跳闸继电器所用的冗余电源任一路失电时保护不发生误动。

8.1.2.20 锅炉炉膛安全保护系统（FSSS）必须设置独立的跳闸继电器柜。跳闸继电器工作电源采用两路直流方式供电，跳闸继电器采用带电动作方式，应设置两套完全相同的硬跳闸继电器逻辑，两个直流电源分别为两套继电器逻辑提供工作电源，其中任一套继电器动作，均可执行 MFT 跳闸。

8.1.2.21 锅炉安全保护系统不允许设置手动对控制逻辑中 MFT 的跳闸状态进行复位的操作按钮。控制逻辑中的 MFT 跳闸状态的复位，必须由锅炉吹扫完成信号控制。

8.1.2.22 锅炉安全保护系统炉膛吹扫逻辑中，不允许设置跨越吹扫逻辑，不允许设置手动吹扫完成的控制按钮。即必须保证只有当实际吹扫完成后，才能发出“吹扫完成”状态信号，使吹扫完成后的后续动作才能继续执行。

8.1.2.23 锅炉炉膛安全保护（FSSS）中，主燃料跳闸（MFT）至少应包括如下跳闸条件：炉膛压力高、炉膛压力低、汽包水位高（汽包锅炉）、汽包水位低（汽包锅炉）、给水流量过低或给水泵全停（直流锅炉）、炉水循环泵压差低或炉水循环泵全停（强制循环锅炉）、全炉膛火焰丧失（除循环流化床锅炉外）、全部送风机跳闸、全部引风机跳闸、煤粉燃烧器投运时，全部一次风机跳闸、全燃料丧失、总风量过低、FGD 请求跳闸、手动停炉指令、锅炉炉膛安全监控系统（FSSS）失电、床温低于主燃料允许投入温度且启动燃烧器火焰未确认（循环流化床锅炉）、床温过高或炉膛出口烟气温度过高（循环流化床锅炉）、单元制系统汽轮机跳闸（未设置运行用旁路或运行用旁路容量不合适时）、锅炉制造厂提出的其他停炉保护条件。

8.1.2.24 锅炉炉膛安全保护（FSSS）中应包括下列功能：锅炉吹扫、油系统泄漏试验、主燃料跳闸。

8.1.2.25 汽包锅炉必须配置汽包水位保护，并且应具有如下基本功能：水位高Ⅰ值（或低Ⅰ值）时，发出热工报警信号；水位高Ⅱ值时，联锁开启锅炉汽包事故放水电动门；水位返回正常值时，联锁关闭锅炉汽包事故放水电动门；水位高Ⅲ值（或低Ⅲ值）时，锅炉紧急停炉。

8.1.2.26 为防止因干扰信号或炉膛压力波动引起的保护误动，在FSSS炉膛压力保护中，允许适当加入延时设置，但其延时时间最长不得大于3s。

8.1.2.27 为防止因干扰信号或汽包水位波动引起的保护误动，在FSSS汽包水位保护中，允许适当加入延时设置，但其延时时间最长不得超过3s。

8.1.2.28 锅炉蒸汽系统应有下列热工保护：主蒸汽压力高（超压）保护、再热蒸汽压力高（超压）保护、再热蒸汽温度高喷水保护。

8.1.2.29 具有机械控制方式的锅炉安全门保护和热工电磁铁控制的锅炉安全门保护，锅炉安全门保护控制逻辑应能保证当锅炉安全门保护控制系统故障时，不应影响机械安全门的正常动作。不宜采用关方向线圈长带电控制方式。

8.1.2.30 不是由于送风机或引风机解列引起的MFT动作时，不应解列送风机和引风机。

8.1.2.31 当采用的联锁是成对启、停和跳闸送风机、引风机时，如果只有一台送风机跳闸，则应将对应的引风机跳闸，且两台风机相关的挡板应关闭。如果是运行中的最后一台送风机跳闸时，引风机仍应维持在受控状态下运行，且送风机的相关挡板保持在开启的位置。

8.1.2.32 当采用的联锁是成对启、停和跳闸送风机、引风机时，如果只有一台引风机跳闸，则应将对应的送风机跳闸，且两台风机相关的挡板应关闭。如果是运行中的最后一台引风机跳闸时，对应的送风机亦应联锁跳闸，但最后跳闸的引风机、送风机的相关挡板保持在开启的位置。

8.1.2.33 当MFT动作后，若炉膛正压仍超过锅炉制造厂的规定值，则所有送风机均应跳闸；若炉膛负压仍超过锅炉制造厂的规定值，则所有引风机均应跳闸。

8.1.2.34 发电厂重要辅机（如给水泵、送风机、吸风机等）的热工保护应按发电厂热力系统和燃烧系统的运行要求，并参照辅机制造厂的技术要求进行设计。

8.1.2.35 热工报警可由常规报警和/或数据采集系统中的报警功能组成。热工报警应包括下列内容：工艺系统热工参数偏离正常运行范围、热工保护动作及主要辅助设备故障、热工监控系统故障、热工电源故障、热工气源故障、主要电气设备故障、辅助系统故障。

8.1.2.36 热工分散控制系统电源故障（各控制站冗余电源中的任一电源故障）综合报警、FSSS冗余电源任一故障、ETS冗余电源任一故障、TSI冗余电源任一故障、DEH冗余电源任一故障，应设置一个独立于DCS系统综合报警光字牌或可区别于其他报警的音响装置；并且在 DCS 画面中组态每个电源故障的报警软件光字牌。

8.1.3 热工电源和气源设计要求：

8.1.3.1 热工控制系统供电电源、仪用气源的设计应遵循 DL/T 5455、DL/T 5227 等相关标准及二十五项反措的要求。

8.1.3.2 热工控制系统用交流电源必须有可靠的两路独立的供电电源，其中一路取自厂用不停电段（UPS 段），另一路取自厂用保安段；当厂用具有两套 UPS 供电装置时，分散控制系统两路供电电源亦可分别取自厂用两套 UPS 系统。不允许两套电源取自同一个厂用段上。

8.1.3.3 UPS 供电主要技术指标应满足 DL/T 5455 的要求，并具有防雷击、过电流、过电压、输入浪涌保护功能和故障切换报警显示。

8.1.3.4 热工分散控制系统应设置电源柜，柜内设置两台总电源空气开关，其熔断能力应按机组实际控制站、操作员站、工程师站、历史站等的配置进行核算，并按规程要求留有一定的裕量。

8.1.3.5 热工分散控制系统两路供电总电源应分别为 DCS 系统内每个控制站的两路冗余电源装置、每个操作员站、历史站、工程师站及服务器的电源切换装置等提供两路独立的工作电源。

8.1.3.6 热工控制系统总电源应分为两部分，一部分为经过电源切换装置，为只能接入单路电源的热工设备提供工作电源；另一部分为不经过电源切换装置，为可同时接入两路冗余电源的热工设备提供工作电源。

8.1.3.7 公用系统热工控制系统必须有可靠的两路独立的供电电源，分别取自两台机组的 UPS 电源。

8.1.3.8 热工保护用两路直流总电源应分别取自不同电气直流系统。热工保护用直流电源不应采用二极管冗余方式实现电源冗余，宜采用热工设备冗余的方式或直-交-直逆变方式（采用失电跳闸方式的供电除外）接入直流工作电源。

8.1.3.9 为保证硬接线回路在电源切换过程中不失电，提供硬接线回路电源的电源继电器的切换时间不应大于 60ms。

8.1.3.10 重要的热控系统双路供电回路，应取消人工切换开关；所有的热工电源（包括机柜内检修电源）必须专用，不得用于其他用途，严禁非控制系统用电设备连接到控制系统的电源装置。保护电源采用厂用直流电源时，应有发生系统接地故障时不造成保护误动的措施。

8.1.3.11 所有装置和系统的内部电源切换（转换）可靠，电源机柜内各供电电源分开关之间采用环路连接方式，各电源分开关之间中任一条接线松动时不会导致电源异常而影响装置和系统的正常运行。

8.1.3.12 气动仪表、电气定位器、气动调节阀、气动开关阀等应采用仪表控制气源，仪表连续吹扫取样防堵装置宜采用仪表控制气源。

8.1.3.13 气源装置宜选用无油空气压缩机，提供的仪表与控制气源必须经过除油、除水、除尘、干燥等空气净化处理，其气源品质应符合 DL/T 5455 的要求。

8.1.3.14　仪表与控制气源中不含易燃、易爆、有毒、有害及腐蚀性气体或蒸汽。

8.1.3.15　仪用压缩空气供气母管上应配置空气露点检测仪，以便于实时监测压缩空气含水状况；多台空气压缩机的启停应设计完善的压力联锁功能，以保持气源压力稳定。

8.2　设备选型阶段

8.2.1　热工仪表及控制设备的选型应符合 GB 50660、DL/T 5175、DL/T 5182、DL/T 5428、DL/T 5455 等相关标准及二十五项反措的要求。

8.2.2　引进的热工仪表及控制设备应具有先进性和可靠性、可扩展性，所有指示、显示参数均应采用法定计量单位。如果热工仪表或控制设备必须在新建工程中进行工业性试验时，应经上级主管部门正式批准，并在工程初步设计中予以明确。

8.2.3　进入电厂生产流程的热工控制设备必须具有相应的产品合格证，用于机组联锁保护及机组主要控制参数的调节装置、显示仪表还应有该产品在同类型电厂中使用的业绩。

8.2.4　各类重要辅机厂家配套提供的各种检测、控制设备的形式规范和技术功能，除在技术上已有明确规定外，应可由用户根据实际要求进行选择，厂家至少有三种产品供用户选择。

8.2.5　热工控制系统的选型：

8.2.5.1　分散控制系统的选型应符合 DL/T 1083、DL/T 659、DL/T 996、DL/T 1091 等相关标准及二十五项反措的要求。

8.2.5.2　分散控制系统宜满足一体化的控制要求，硬件设备易于扩展并具有良好的开放性，同时还应具有良好的防病毒入侵能力。

8.2.5.3　机柜内的模件应允许带电插拔而不影响其他模件正常工作。控制器应具备自动冗余切换功能，并在操作员站上报警。冗余控制器的切换时间和数据更新周期，应保证系统不因控制器切换而发生控制扰动或延迟。

8.2.5.4　汽轮机紧急跳闸系统（ETS）当采用独立装置（PLC）实现 ETS 保护控制时，必须采取冗余配置方式；且具有与主机分散控制系统（DCS）通信的能力。PLC 装置宜采用 CPU 控制器冗余热备的配置方式；当采用双套 PLC 冗余配置方式时，必须满足任意一台 PLC 死机、故障（包括 CPU 故障、信号通道故障等）及失电时，ETS 均能可靠的动作。

8.2.5.5　汽轮机安全监视装置应能满足转速、振动、位移等重要信号输入通道的冗余要求，同时应能满足 ETS 保护系统对转速、振动、位移等重要保护跳闸动作指令的冗余要求。

8.2.5.6　辅助控制系统的选型可采用与主机分散控制系统（DCS）一体化控制方式，也可采用独立的可编程序控制器（PLC）控制方式，并与主机分散控制系统（DCS）具有通信接口。

8.2.6　现场仪表和控制设备的选型：

8.2.6.1　热工就地仪表和控制设备选型应符合 GB 50660、DL/T 5182、DL/T 5175 等相关标准及二十五项反措的要求。

8.2.6.2 变送器、阀门、执行机构、检测元件等就地设备的选型应满足工艺标准和现场使用环境的要求。

8.2.6.3 热电偶、热电阻应选用适应电厂使用环境要求的产品；用于风粉混合物温度测量的测温元件保护套管应选用具有抗磨损、抗腐蚀特性的产品。

8.2.6.4 变送器应选择高性能的智能变送器，变送器的性能应满足热工监控功能要求。

8.2.6.5 炉膛负压保护信号的检测可选用压力变送器，便于随时观察取压管路堵塞情况和灵活改变保护策略；变送器的测量量程应满足锅炉炉膛压力最大变化量的要求。

8.2.6.6 选用的风量测量装置应具有良好的防堵性能，宜选用多点矩阵风量测量装置，不宜选用热敏式和机翼式风量测量装置。

8.2.6.7 执行机构宜采用电动或气动执行机构。环境温度较高或力矩较大的被控对象，宜选用气动执行器。要求动作速度较快的被控对象，也可采用液动执行机构。脱硫、制粉等工作环境恶劣区域的执行机构力矩的选择至少要留有 1.5 倍以上的裕量。

8.2.6.8 重要控制回路的执行机构应具有三断保护（断汽、断电、断信号）功能，特别重要的执行机构，还应设有可靠的机械闭锁措施。

8.2.6.9 主辅机振动仪表选用性能可靠的振动仪表，提供统一的 4mA～20mA 及开关量接点输出信号。

8.2.6.10 高/低压加热器、凝汽器、除氧器中用于液位报警、联锁及保护的信号测量宜选用液位变送器，不宜选用液位开关。

8.2.6.11 不使用含有对人体有害物质的仪器和仪表设备，严禁使用含汞仪表。

8.2.6.12 配电箱选用多回路配电箱，就地盘箱柜等含有电子部件室外就地设备，其防护等级为 IP56；安装在室内的仪表盘柜，其防护等级为 IP52。

8.2.7 脱硫、脱硝环保监测仪表选型：

8.2.7.1 环保监测仪表选型应符合 DL 5190.4、DL/T 5210.4、DL/T 5512、HJ 75 等相关标准及二十五项反措的要求。

8.2.7.2 脱硫、脱硝装置烟气连续监视系统（CEMS）应具备环保参数测量功能，应设计环保数据传送平台，保证环保数据及时、准确向外传送。

8.2.7.3 脱硫、脱硝装置出口烟气连续分析仪应能同时满足监控与环保监测要求。

8.2.8 电缆及电缆桥架选择：

8.2.8.1 电缆选型应符合 DL/T 5182、GB 50217 等相关标准及二十五项反措的规定，所选电缆应满足信号屏蔽和阻燃性能要求。

8.2.8.2 室内用计算机通信光缆的可采用普通单铠光缆，室外用计算机通信光缆的应采用双护双铠光缆。

8.2.8.3 用于 4mA～20mA 模拟量信号电缆、热电阻信号电缆屏蔽形式采用对绞分屏加总屏的屏蔽方式，热电偶补偿导线屏蔽形式采用总屏蔽、分对屏蔽或分对屏蔽加总屏蔽的屏蔽方式。

8.2.8.4 计算机电缆屏蔽形式采用分屏，控制电缆屏蔽形式原则上考虑采用总屏电缆，电源电缆不考虑屏蔽电缆。

8.2.8.5 主厂房及燃油泵房、制氢区、脱硫系统、脱硝系统所有电缆均选用C级阻燃型，其他区域可采用普通电缆。

8.2.8.6 除有腐蚀的车间外，其他桥架一律采用镀锌钢桥架。

8.2.9 厂级监控信息系统（SIS）选型：

8.2.9.1 厂级监控信息系统（SIS）的设计应遵循DL/T 5456、DL/T 924等相关标准及二十五项反措的要求。

8.2.9.2 SIS和DCS应分别设置独立的网络，信息流应按单向设计，在SIS与DCS之间应安装单向隔离装置，只允许DCS向SIS发送数据；SIS与其他系统之间的数据为单向传输，并应设置硬件防火墙，满足电力监控系统安全防护的要求。

8.3 设备监造阶段

8.3.1 控制系统出厂验收应遵循DL/T 1083、DL/T 655、DL/T 656、DL/T 657、DL/T 658、DL/T 659、DL/T 1091等相关标准及二十五项反措的要求。

8.3.2 对硬件配置资料、软件版本及出厂测试报告等文档进行检查。

8.3.3 系统统硬件配置检查：

8.3.3.1 历史站、工程师站、操作员站、服务器检查：应检查计算机、显示器、键盘的型号、数量及配置。

8.3.3.2 各控制站检查：应检查DPU（CPU）、电源模块、模块的型号、数量及配置。

8.3.3.3 系统实际测点数：应检查各种模件配置数量是否满足合同要求，模拟量4mA～20mA输入模件、热电偶输入模件、热电阻输入模件、模拟量4mA～20mA输出模件、开关量输入模件、开关量输出模件、脉冲量输入模件、SOE模件、其他特殊模件（转速测量、通信模件等）。

8.3.4 检查各类型I/O模块通道数备用余量应为10%～15%；机柜模件槽位备用余量应为10%～15%。

8.3.5 检查计算机的网络设置是否与网络拓扑图相符；检查IP地址的设置是否正确；检查交换机的相关参数的设置。

8.3.6 所有系统软件必须为正版，必须有软件使用许可证，软件版本为统一的最新版本。

8.3.7 系统安全性能测试：

供电系统容错能力测试、操作容错能力测试、通信网络容错能力测试、电源冗余测试、控制器冗余测试、网络冗余测试、模件带电插拔测试、重置能力测试、输出掉电保护测试等满足DL/T 659的要求。

8.3.8 系统性能指标检查：

抗射频干扰能力测试、SOE分辨率测试、显示器画面响应时间测试、控制器处理周期测试、系统响应时间测试、时钟校时功能测试、模拟量模件通道精度测试、负荷率测试等满足DL/T 659的要求。

8.3.9 组态功能测试：

8.3.9.1 对MCS、SCS、FSSS等系统进行逻辑核查与功能测试。

8.3.9.2 对 DEH 系统性能指标进行测试，并进行 DEH 系统的控制功能测试：转速控制（升速、暖机）、负荷控制（并网、升/降负荷）、主蒸汽压力控制、超速保护控制（OPC）试验、严密性试验、超速跳闸保护（OPT）试验、单/多阀（单/顺序阀）切换、阀门试验回路投/切（阀门活动试验）、遥控功能、甩负荷等。DEH 的功能和逻辑应符合设计要求。

8.3.10 在 DCS 系统出厂验收前，应组织有关各方召开 DCS 系统验收会议，就验收项目、验收程序、验收组成人员、验收结果评估标准等事项制定简单实用的工作程序，作为验收过程的指导文件。

8.3.11 在 DCS 系统出厂验收各项测试结束后，汇编测试记录，提交测试报告，经测试方、DCS 供货商双方认可、签字后存档备查。

8.4 施工安装阶段

8.4.1 热工设备安装应遵循 DL 5190.4、DL/T 5182、DL/T 5210.4、DL/T 1212 等相关标准及二十五项反措的要求。

8.4.2 施工前应全面对热工仪表及控制系统设计图纸进行核对，如发现差错或不当之处，应及时提出设计变更并做好记录。

8.4.3 待装的热工仪表及控制系统应按 DL/T 855 及其他有关规定妥善保管，防止破损、受潮、受冻、过热及灰尘浸污。

8.4.4 热工仪表及控制系统施工前必须对施工人员进行技术交底，确保热工仪表及控制系统的安装和调试质量。

8.4.5 取源部件、检测元件、就地设备、就地设备防护、管路、电缆敷设及接地等设备安装前，应编制安装方案，经审核通过后方可实施安装。

8.4.6 热工仪表及控制系统的施工质量管理和验收，必须严格贯彻执行 DL 5190.4、DL/T 5210.4 的相关要求。

8.4.7 所有热工参数检测系统（包括变送器、补偿导线、补偿盒、测温袋、节流装置、测温元件等）安装前均需进行检查和检定。严禁将不合格的热工参数检测系统安装使用和投入运行。

8.4.8 在密集敷设电缆的主控室下电缆夹层及电缆沟内，不得布置热力管道、油气管、以及其他可能引起着火的管道和设备。

8.4.9 应设计热控电缆走向布置图，注意强电与弱电分开，防止强电造成的磁场干扰，所有测量回路电缆和控制电缆必须避开热源并有防火措施。进入 DCS 的信号电缆及补偿导线必须采用质量合格的屏蔽阻燃电缆，都应符合计算机使用规定的抗干扰的屏蔽要求。模拟量信号必须采用对绞对屏电缆连接，且有良好的单端接地。

8.4.10 热工用控制盘柜（包括就地盘安装的仪表盘）及电源柜内的电缆孔洞，应采用合格的不燃或阻燃材料封堵。

8.4.11 主厂房内架空电缆与热体管路之间的最小距离应满足如下要求：

8.4.11.1 控制电缆与热体管路之间距离不应小于 0.5m。

8.4.11.2 动力电缆与热体管路之间的距离不应小于 1m。

8.4.11.3 热工控制电缆不应有与汽水系统热工用变送器脉冲取样管路相接触的地方。

8.4.12 合理布置动力电缆和测量信号电缆的走向，允许直角交叉方式，但应避免平行走线，如无法避免，除非采取了屏蔽措施，否则两者间距应大于 1m；竖直段电缆必须固定在横档上，且间隔不大于 2m。

8.4.13 控制和信号电缆不应有中间接头；补偿导线敷设时，不允许有中间接头。

8.4.14 光缆的敷设环境温度应符合产品技术文件的要求，布线应避免弯折，如需弯折，则不应小于光缆外径的 15 倍（静态）和 20 倍（动态）。

8.4.15 测量油、水、蒸汽等的一次仪表不应引入控制室。可燃气体参数的测量仪表应有相应等级的防爆措施，其一次仪表严禁引入任何控制室。

8.4.16 对重要热工仪表做系统综合误差测定，确保仪表的综合误差在允许范围内。

8.4.17 检定和调试校验用的标准仪器仪表，应具有有效的检定证书，无有效检定合格证书的标准仪器仪表不得使用。

8.4.18 温度测量用保护套管在安装前应进行金属分析检查，并出具金属分析检验报告。

8.4.19 流量测量用的孔板、喷嘴等一次测量元件在安装前，应按孔板（或喷嘴）计算书中所给出的几何尺寸，检查确认其孔板、喷嘴的正确性，并确认其所测工艺参数的安装位置是否正确。

8.4.20 汽包水位测量用单室平衡容器取样管路的安装，必须满足如下要求：汽包水位测量正压侧（汽侧）取样孔引出管，应按 1:100 的倾斜角度引至单室平衡容器，并保证其长度不小于1m；坡度方向为汽包取样孔侧低，单室平衡器侧高。汽包水位测量负压侧（水侧）取样孔引出管，应按 1:100 的倾斜角度引至与单室平衡容器向下在同一轴线的位置处，其长度与汽侧引压管相同，坡度方向为汽包取样孔侧高，单室平衡容器向下同一轴线位置处低。

8.4.21 为保证汽包水位测量中补偿计算的准确性，水位测量用单室平衡容器及其正负压侧引压管路不宜进行保温。汽包水位计水侧取样孔位置应低于汽包水位保护中低水位停炉动作值，以防止低水位保护拒动事件的发生。

18.4.22 信号取样管路敷设应整齐、美观、牢固，减少弯曲和交叉，不应有急弯和复杂的弯。成排敷设的管路，其弯头弧度应一致。

8.4.23 测量管道上的压力时，应设置在流速稳定的直管段上，不应设置在有涡流的部位。

8.4.24 测量气体压力时，测点在管道的上部；测量液体压力时，测点在管道的下半部与管道的水平中心线成 45°角的范围内；测量蒸汽压力时，测点在管道的上半部及下半部与管道水平中心线成 45°角的范围内。

8.4.25 当被测介质的压力大于 6.3MPa 或引压管长度大于 3m 时，必须设有一次门和二次门。

8.4.26 当压力测量与温度测量同在时，按介质流向，压力测点在前，温度测点在后。

8.4.27 当被测介质温度大于或等于 60℃时，就地安装的压力表在二次门与取样口之间必须设置环形弯或 U 形弯，且环形弯的直径不得小于 10mm。

8.4.28 测量低于 0.1MPa 的压力时，应尽量减少引压管液柱高度引起的测量误差。联锁保护用压力开关及电接点压力表动作值整定时，应修正由于测量系统液柱高度产生的误差。

8.4.29 直插式热电偶热电阻的保护套管，插入深度必须满足：

8.4.29.1 高温高压(主蒸汽)管道中,管道直径小于或等于 250mm 时,插入深度为 70mm。

8.4.29.2 高温高压（主蒸汽）管道中，管道直径大于 250mm 时，插入深度为 100mm。

8.4.29.3 一般介质流体管道中，管道直径小于或等于 500mm 时，插入深度为管道外径的 1/2。

8.4.29.4 一般介质流体管道中，管道直径大于 500mm 时，插入深度为管道外径的 300mm。

8.4.29.5 烟、风及风粉混合物介质管道中，插入深度为管道外径的 1/3～1/2。

8.4.29.6 燃油管道上的测温元件，必须全部插入被测介质中。

8.4.29.7 双金属温度计的感温元件、压力式温度计的感温包，必须全部浸在被测介质中。

8.4.29.8 热套式热电偶的保护套管，其三角锥面必须完全坚固地支撑于管孔内壁并与管道垂直。

8.4.30 流量测量中直管段安装应满足 DL 5190.4 的要求。

8.4.31 现场布置的热工设备应根据需要采取必要的防护措施。

8.4.32 现场总线安装应遵循 DL/T 1212、DL/T 1556 和 DL/T 5182 相关的电力施工安全和技术规范。

8.5 调试验收阶段

8.5.1 热工设备调试应遵循 DL/T 5294、DL 5277 等相关标准及二十五项反措的要求。

8.5.2 在调试前，应针对机组设备的特点及系统配置，编制热工保护装置和热工自动调节装置的调试大纲和调试措施，以及详细的热工参数检测系统及控制系统调试计划。

8.5.3 检查现场热工仪表实验室，应清洁、光线充足，热工仪表实验室应远离震动大、灰尘多、噪声大、潮湿或有强磁场干扰的场所，实验室温度应保持在 20℃±5℃，相对湿度应在 45%～70%之间。实验室环境条件不满足上述要求，不允许开展热工仪表的校验工作。

8.5.4 检查现场热工仪表实验室热工计量检定仪器，检验用的标准仪表和仪器均应具备有效的检定合格证书，封印应完整，不得任意拆修。

8.5.5 现场热工仪表实验室计量检定人员应配合技术监督部门完成对安装仪表的抽检工作。按在装设备（热电偶、热电阻、变送器、压力开关、温度开关）数量的 2%的比例进行抽检，应全部合格。抽检不合格数量或与安装前检定记录不相符数量超过被抽检数量的 5%时，即可认定安装前校验不合格，应重新进行检查和校验。

8.5.6 就地安装的仪表经检验合格后，应加盖封印，有整定值的就地仪表，调校定值后，应将调整定值用的螺丝漆封。

8.5.7 就地压力表应按 JJG 52 的要求进行检定；压力、差压变送器的检定应按 JJG 882、

JJG 640 的要求进行检定，安装前均应进行 100%的检定。

8.5.8　热电偶的检定应按 JJG 351 检定规程的要求进行检定；热电阻的检定应按 JJG 229 检定规程的要求进行检定。除预埋在电机线圈中的测温元件外，安装前均应进行 100%的检定。

8.5.9　用于热工控制系统中的重要继电器及电磁阀应按主要性能和规范进行检查和校验。主要校验内容包括：测量继电器或电磁阀线圈电阻，测试继电器或电磁阀励磁电压、释放电压，继电器触点接触电阻，继电器接点动作无抖动。

8.5.10　检查热工仪表管路及仪表阀门试压数据记录。

8.5.11　检查热工控制设备电源电缆绝缘测试记录，主要包括电缆型号、规格及电缆线间绝缘和对地绝缘测试结果。

8.5.12　应逐套对保护系统、模拟量控制系统和顺序控制系统按照有关规定和要求做各项试验，并有试验记录和报告。

8.5.13　分散控制系统（DCS）的调试及验收应按照 DL/T 659 的要求进行，并出具分散控制系统性能、功能测试记录或报告。

8.5.14　模拟量控制系统（MCS）的调试及验收应按照 DL/T 657 的要求进行，并满足 DL/T 657 的指标要求。模拟量控制系统性能测试记录或报告应包括如下内容：MCS 性能测试报告（应包括所有设计自动调节系统）、CCS 负荷变动试验报告、AGC 试验报告、一次调频试验报告、RB 试验报告等。

8.5.15　开关量控制系统（SCS）的调试及验收应按照 DL/T 658 的要求进行，开关量控制系统性能测试记录或报告应包括如下内容：

8.5.15.1　开关量信号通断试验及重要开关量信号冗余测试，其中主要包括：输入/输出通道检查；用于重要保护系统中冗余开关量信号的冗余功能试验；直流润滑油泵硬联锁控制功能的试验；操作台硬手操控制功能检查试验。

8.5.15.2　开关量控制回路可靠性的性能试验，其中主要包括：检查用于主机及重要辅机联锁保护的模拟量信号，应将其质量判断开关量点作为保护屏蔽或超驰动作的条件；检查测试主机及重要辅机联锁保护中，置于不同控制器中的开关量，是否按规定通过硬接线和网络通信实现冗余；检查测试重要开关量信号是否接入 SOE；检查重要的热工保护控制系统（ETS、FSSS）的动作时间（从引发保护动作的信号发生开始，至热工保护动作输出指令产生之间的时间）。

8.5.15.3　开关量控制设备的单操控制、顺序控制、联锁保护试验记录。

8.5.16　汽轮机控制系统（DEH）和监视保护系统（ETS、TSI）的调试及验收应按照 DL/T 656 的要求进行，应有 DEH 性能、功能测试记录或报告。

8.5.17　锅炉炉膛安全监控系统（FSSS）的调试及验收应按照 DL/T 655 的要求进行，应有 FSSS 性能、功能测试记录或报告，其中功能测试应包括如下内容：MFT 跳闸功能试验、OFT 跳闸功能试验、炉膛吹扫功能试验、燃油泄漏试验、锅炉点火功能组试验、磨煤机功能组试验、机组 RB 功能试验、锅炉实际灭火试验、机炉电大联锁试验、炉膛压力保护定值应合理，要综合考虑炉膛防爆能力、炉底密封承受能力和锅炉正常试验的要求，新机启动必须进行炉膛压力保护带工质传动试验及实际灭火试验。

8.5.18　现场总线调试应遵循现场调试安全和 DL/T 1212 技术规范的要求。

8.5.19　智能化系统调试过程中应遵循 DL/T 5295、DL/T 5437 和 DL 5277 等标准的要求。

8.5.20　调试期间，严禁非授权人员使用工程师站和/或操作员站的系统组态功能。

8.5.21　机组整套启动前热工联锁保护必须进行 100%的静态传动试验与动态试验。在机组投入运行前机组保护系统应使用真实改变机组物理参数的办法进行传动试验；对于无法采用真实传动进行的热工试验项目，应采用就地短接改变机组物理参数方法进行传动试验，信号应从源头端加入。

8.5.22　火电工程建设试运行阶段热工技术监督指标应达到如下要求：

8.5.22.1　数据采集系统（DAS）测点完好率大于或等于 99%。

8.5.22.2　模拟量控制系统（MCS）投入率大于或等于 95%。

8.5.22.3　模拟量控制系统的可用率大于或等于 90%。

8.5.22.4　热工保护投入率为 100%。

8.5.22.5　顺序控制系统投入率大于或等于 90%。

9 环保技术监督

9.1 环评可行性研究阶段

9.1.1 环评：

9.1.1.1 厂址选择要充分考虑燃煤发电对生态环境的影响，避开保护区、景点等环境敏感地区。应分析建设项目的环境可行性，满足国家和地方环境保护标准的要求。

9.1.1.2 委托相关单位编制环境影响评价文件，报送环保主管部门审查，并获取相应的批准文件。

9.1.1.3 环境影响评价文件未经政府主管部门审查或审查后未予批准的建设项目，不得开工建设。

9.1.1.4 环境影响评价文件经批准后，建设项目的性质、规模、地点、采用的生产工艺或者防治污染、防止生态破坏的措施发生重大变动的，建设单位应当重新报批建设项目的环境影响评价文件。

9.1.1.5 环境影响评价文件自批准之日起超过 5 年决定开工建设的项目，建设单位应向原批准部门报送其环境影响评价文件，并重新获得批复。

9.1.2 可行性研究报告：

9.1.2.1 审核可行性研究报告中环保篇章，应有大气、废水、固体废弃物、噪声等方面的污染防治措施的论证内容，拟排放的各类污染物应达到国家及地方的排放标准。

9.1.2.2 在可行性研究报告中应对入炉煤质、烟气参数、吸收剂来源、副产品综合利用、污染物排放和防治工艺技术等进行审核。

9.1.2.3 应优先选择污染物去除效率高、工艺成熟、有良好业绩、吸收剂来源方便、副产品便于综合利用的方法工艺，应避免二次污染。

9.1.2.4 环保装置的参数应重点考虑环保标准变化、燃煤品质、锅炉形式、燃烧工况、烟气参数、污染物浓度等指标并留有一定裕量。

9.1.2.5 根据环评报告书及批复文件委托相关单位进行环保设施的可行性研究，建设单位技术人员应参与环保设施的可行性研究等技术评审。

9.1.2.6 环保设施工艺选择应参照 HJ 2301 的相关内容，采用工艺先进、运行可靠、经济合理的最佳实用技术，设计选型应具有前瞻性和先进性，对废水零排放等新的生态环境保护要求要有充分考虑，满足政策要求。

9.1.2.7 脱硫废水应按环境影响评价报告及批复文件，或遵从当地环保部门的要求进行处理。

9.1.2.8 应有减少烟气脱硝装置对下游设备、系统影响（如腐蚀和堵塞等）的防治措施。

9.1.2.9 应有危险废弃物贮存、处置的方案，及废弃催化剂的合法处置措施。

9.2 设计选型阶段

9.2.1 除尘器：

9.2.1.1 除尘器的设计应满足 GB 13223、地方排放标准、环境影响评价报告及批复文件的要求。

9.2.1.2 除尘器制造厂家应按照建设项目的燃煤品质、烟气参数、飞灰特性及工况参数、工程条件等进行设计，且符合国家、行业标准及设计规范要求。

9.2.1.3 除尘器设备应选型合理并留有一定裕度，以应对燃用煤种变化和运行的性能降低，以及环保排放标准的逐步提高。

9.2.1.4 电除尘器按照 DL/T 514、HJ 2028、JB/T 5910 中的相关规定设计，适宜采用电除尘器的粉尘比电阻一般在 $10^4\Omega\cdot cm$～$10^{13}\Omega\cdot cm$。

9.2.1.5 袋式除尘器按照 GB/T 6719、DL/T 387、DL/T 1121、HJ 2020 中的相关规定设计。电袋复合除尘器按照 GB/T 27869 中的相关规定设计。袋式除尘器（电袋复合除尘器）不得设置烟气旁路，应设计预涂灰装置。根据具体情况可在空气预热器出口烟道设计紧急喷雾降温装置，喷嘴的数量根据烟气量和温升的情况确定，喷水量和液滴直径应保证在进入除尘器之前能完全蒸发，喷嘴应有防堵、防磨措施。

9.2.1.6 袋式除尘器的运行阻力设计一般在 600Pa～1200Pa；高粉尘燃煤机组的运行阻力设计在 1000Pa～1400Pa。

9.2.1.7 湿式电除尘器按照 JB/T 11638 中的相关规定设计。

9.2.1.8 湿式电除尘器系统应设置结构合理、运行稳定的工艺水系统。

9.2.1.9 湿式电除尘器根据具体情况可选用不同类型的阳极板，为保证湿式电除尘器长期高效稳定运行，需进行结构防腐和防火系统的设计。

9.2.1.10 湿式电除尘器设计时应明确除尘效率、出口烟尘浓度、雾滴含量、SO_3 等去除率和排放指标。除尘器效率宜大于 60%、雾滴和 SO_3 脱除率宜大于 70%。

9.2.2 脱硫系统：

9.2.2.1 脱硫系统设计应满足 GB 13223、地方排放标准及环境影响评价报告及批复文件的要求。

9.2.2.2 脱硫工艺的选择应根据锅炉容量、可预计的燃煤品质、脱硫效率及排放标准和总量控制要求、吸收剂的供应、脱硫副产物的综合利用、场地布置、脱硫技术发展现状、安全可靠性和运行经济性的要求等因素，经全面分析论证后确定。

9.2.2.3 新建机组配套建设的脱硫系统设计，应根据设计煤种和校核煤种的硫分，在锅炉最大连续工况（BMCR）下，考虑最不利烟气条件和煤种等因素，二氧化硫排放指标应满足环保标准要求，并留有适当的裕量，脱硫系统场地预留进一步改造空间。

9.2.2.4 现役机组脱硫装置增容改造设计，应根据锅炉最大负荷、燃煤成分、吸收剂品质及用水水质最不利的工况下烟气（含裕量）参数、现有场地条件、机组停机时间、机组节能降耗和工程投资情况以及国家和地方对排放限值及总量削减要求等因素，因地制宜，制定最合适的方案。一般情况下，吸收系统、烟气系统和公用系统应协调改造。

9.2.2.5 脱硫设备制造厂应按照建设项目技术性能要求和各项指标进行设计。石灰石/石膏法脱硫工艺按照 DL/T 5196、HJ/T 179 等相关标准设计。烟气循环流化床干法脱硫工艺按照 HJ/T 178 等相关标准设计。

9.2.2.6 设计脱硫 DCS 时，应考虑以下因素：

a）对于湿法脱硫系统和烟气循环流化床脱硫系统，DCS 要记录发电负荷（或锅炉负荷）、烟气温度和流量、增压风机电流和叶片开度、氧化风机和密封风机电流、脱硫剂输送泵电流、吸收塔 pH 值、烟气参数、进出口 SO_2 及出口 NO_x、烟尘浓度等参数。

b）对于循环流化床锅炉炉内脱硫系统和炉外活化增湿脱硫系统，DCS 还应自动记录添加脱硫剂系统输送风机电流、炉膛温度、增湿温度、下料速度。

c）DCS 应能随机调阅上述运行参数及趋势曲线，相关数据至少保存 1 年以上。数据采集、传输点位设计应提前与地方环保主管部门沟通，确保符合主管部门的要求。

9.2.3 脱硝系统：

9.2.3.1 脱硝工艺按照 DL/T 296 设计。烟气脱硝工艺应根据国家环保排放标准、环境影响评价报告书及批复文件要求、锅炉特性、燃煤品质、还原剂的供应条件、水源和气源的可利用条件、还原剂制备区的要求、场地布置等因素，经全面技术经济论证后确定。

9.2.3.2 应优选锅炉低氮燃烧技术措施，在使用燃烧控制技术后仍不能满足 NO_x 排放要求的，可根据地区、煤质、炉型条件选择技术成熟、经济可行并便于实施的选择性催化还原技术（简称 SCR）或选择性非催化还原技术（简称 SNCR）。

9.2.3.3 燃煤机组（除循环流化床锅炉之外）烟气脱硝宜采用 SCR 脱硝工艺。对于循环流化床锅炉脱硝工艺优先选择 SNCR。

9.2.3.4 还原剂：

a）还原剂主要有液氨（NH_3）、尿素［$CO(NH_2)_2$］、氨水（$NH_3 \cdot H_2O$）。还原剂的选择应根据其安全性、可靠性、外部环境敏感度及技术经济比较后确定。在其他条件相当时，应优先采用尿素。

b）液氨应符合 GB/T 536 的要求，液氨运输工具应采用专用密封槽车。贮存应严格执行《燃煤发电厂液氨罐区安全管理规定》（国能安全〔2014〕328 号）。氨输送用管道应符合 GB/T 20801.1～GB/T 20801.6 的有关规定，所有可能与氨接触的管道、管件、阀门等部件均应严格禁铜。液氨管道上应设置安全阀，设计应符合 SH 3007 的有关规定。

c）尿素应符合 GB/T 2440 的要求。尿素溶解罐宜布置在室内，各设备间的连接管道应保温。所有与尿素溶液接触的设备材料应采用不锈钢材质。尿素制备氨气时，宜选择尿素水解工艺，制备系统出力宜按脱硝系统设计工况下氨气消耗量的 120%设计。

d）所有与尿素溶液、氨水溶液接触的泵和输送管道等材料应采用不低于 S304 不锈钢材质。

9.2.3.5 催化剂：

a）催化剂按 DL/T 5480 中的相关规定设计。

b）催化剂层数设计宜留有备用层，其层数的配置及寿命管理模式应进行技术经济比较，优选最佳模式。基本安装层数应根据催化剂化学、机械性能衰减特性及环保要求确定。

9.2.3.6 脱硝设施设计：

a）脱硝设施按照 DL/T 5480 中的相关规定设计，选择性催化还原法烟气脱硝系统设计参照 HJ 562 中的相关规定执行，选择性非催化还原法烟气脱硝系统设计参照 HJ 563 中的相关规定执行。

b）脱硝设备的设计应综合考虑环保标准变化趋势、实际烟气量、燃煤品质、灰渣特性等指标，并留有足够的裕度。

c）脱硝系统设备部件的材质抗腐蚀性应符合 DL/T 5480、HJ 562、HJ 563 等相关标准的规定。

d）氨站应设置完备的消防系统、洗眼器及防毒面罩等；应设防晒及喷淋措施，喷淋设施应考虑工程所在地冬季气温因素；应设置工业电视监视探头，并纳入工业电视监视系统。厂界氨气的浓度应符合 GB 14554 的要求。

e）脱硝反应器入口 CEMS 数据应包含烟气流量、NO_x浓度（以 NO_2 计）、烟气含氧量等；脱硝反应器出口数据应包括 NO_x浓度、烟气含氧量、氨逃逸浓度等，同时满足环保部门要求。

f）SCR 反应器及入口烟道整体设计应充分考虑在第一层催化剂入口的烟气流速偏差、烟气温度偏差、NH_3/NO_x 摩尔比偏差等因素，宜通过数模或物模试验合理配置导流板，将上述因素控制在允许范围内。

9.2.4 烟气排放连续监测系统（CEMS）：

9.2.4.1 CEMS 的设计、采样点的选取应符合 HJ 75、HJ 76 及地方环保部门的要求和规定。

9.2.4.2 新建燃煤机组 CEMS 采样点宜安装在烟囱上。

9.2.4.3 CEMS 测量项目至少应包括：颗粒物浓度、SO_2浓度、NO_x浓度、烟气参数（温度、压力、流速或流量、湿度、含氧量等），同时应满足地方环保部门的要求和规定。

9.2.4.4 CEMS 应具有自动校准功能，颗粒物和气态污染物 CEMS 每 24h 至少自动校准一次仪器零点和跨度，具有自动校准功能的流速 CEMS 每 24h 至少自动校准一次仪器零点和跨度。

9.2.4.5 CEMS 宜配置可变量程的污染物检测单元。

9.2.4.6 应为室外的 CEMS 提供独立站房，站房与采样点之间的距离应尽可能近，原则上不超过 70m。烟气采样管路保温良好，不低于 140℃，无大角度折弯、下垂。监测站房内应安装空调和采暖设备，室内温度保持 15℃～30℃，相对湿度不大于 60%，空调具有自动重启功能，站房内安装排风扇或其他通风设施。

9.2.4.7 站房内应配备不同浓度的有证标准气体，且在有效期内。标准气体包括零气（一般为高纯氮气，纯度不低于 99.999%）和 CEMS 测量的各种气体（SO_2、NO、O_2、NO_2）的常见浓度和量程标气，以满足零点、量程校准、校验的需要。

9.2.4.8 站房应有必要的防水、防潮、隔热、保温措施，在特定场合应具有防爆功能，具有能够满足 CEMS 数据传输要求的通信条件。

9.2.4.9 对于氮氧化物检测单元，NO_2 可以直接测量，也可以通过转化炉为 NO 后一并测量，但不允许只监测烟气中的 NO。NO_2 转换为 NO 的效率应满足 HJ 76 的要求。

9.2.4.10 通过环保部门现场验收和联网验收的 CEMS，才可纳入固定污染源监控系统，并与环保等部门的监控中心联网。

9.2.5 废水处理系统：

9.2.5.1 废水处理设施的设计应满足 GB 8978、地方排放标准及环境影响评价报告书及批复文件的要求。制造厂家按照技术性能要求设计，且符合 DL/T 5046 的要求。

9.2.5.2 废水处理设施的设计及选型参照 HJ 2015、DL/T 5046 中的相关规定执行。含油污水处理设施按照 HJ 580 中的相关规定设计。

9.2.5.3 设计应按照火力发电厂水务管理要求执行，充分考虑分类使用或梯级使用，提高废水的重复利用率，减少废水排放量。设计规模应按照规划容量和分期建设情况确定。

9.2.5.4 脱硫废水应单独处理，回收利用。其他废水均应处理至达到回用标准后重复利用。废水处理系统的排出口宜设置在线监测仪表和人工监测取样点。

9.2.5.5 废水处理系统宜设计自动控制系统。

9.2.5.6 厂区道路、煤场、灰渣库、石膏库等区域冲洗水应收集处理，循环利用，防止进入雨水排放系统。

9.2.6 烟囱防腐：

9.2.6.1 无论脱硫系统是否设置 GGH，均应考虑烟囱防腐设计。不设置 GGH 的湿烟囱顶部宜考虑防止冬季结冰的措施。

9.2.6.2 现役烟囱防腐改造前，应进行烟囱结构安全评估和防腐方案论证。

9.2.6.3 防腐材料应有抗酸性、抗渗性、耐磨性和强的黏接性，且具有自重轻、吸水性低的特性。

9.2.6.4 防腐材料（镍基合金-钢复合板、钛合金-钢复合板、无机内衬发泡玻璃砖、有机内衬发泡陶瓷砖、黏结剂、底层涂料等）的性能要求参照 DL/Z 1262 中的相关规定执行。

9.2.7 工业固废：

9.2.7.1 一般工业固废贮存、处置污染物控制的选址、设计及管理应符合 GB 18599 的规定。

9.2.7.2 煤场、贮灰（渣、石膏）场、石灰石料场的设计应按照国家标准要求采取相应防止扬尘和防渗措施，并满足环境影响评价报告及批复文件的要求。

9.2.7.3 危险废弃物：

a）固体废弃物应根据《国家危险废物名录》（2016 年）判定是否属于危险废弃物，无法判定的废弃物应按照 GB 5085 中的相关规定进行鉴定。

b）危险废弃物的收集、贮存、运输、标识等应按照 GB 18597、HJ 2025 中的相关规定执行。

c）烟气脱硝废弃催化剂应按照环办函〔2014〕990 号执行。

9.2.8 厂界噪声：

9.2.8.1 应按照环境影响评价报告书及批复文件、环保部门的要求，进行防噪、降噪的设计。

9.2.8.2 降低厂界噪声的重点：冷却水塔、锅炉风机和露天布置的其他转动设备。

9.2.8.3 冷却水塔声屏障设计时，声屏障的高度、位置的设置除考虑声学效果外，还应考虑对冷却水塔进风的影响，声屏障的高度原则上以隔断声源到达受声点的直达声波，并使绕射声的衰减量达到降噪标准为最低限度。

9.3 制造安装阶段

9.3.1 除尘器：

9.3.1.1 建设单位应按照 DL/T 586 的要求，对除尘器的主要设备安排人员到制造厂进行质量监造，电除尘器的制造应符合 DL/T 514、HJ 2028 的规定。

9.3.1.2 电除尘器的主要零部件（包括底梁、立柱、大梁、阳极板、阴极线、阴极框架）应符合 JB/T 5910、JB/T 5911 及相关国家标准的规定，检验合格的零部件方可出厂。

9.3.1.3 袋式除尘器和电袋复合除尘器的制造至少满足 HJ 2020 的规定，滤袋应符合 DL/T 1175 及 HJ/T 327 的规定，特殊性要求可执行除尘行业技术规范。

9.3.1.4 钢结构件所有的焊缝应符合 DL/T 678 的规定，所用材料及紧固件按国家标准或行业标准验收。

9.3.1.5 所有出厂的设备、容器、管道内部不允许有泥沙、杂物和缺陷，设备表面应涂刷防护漆，管端应密封。设备及零部件到达现场，验收合格后应按照 DL/T 855 及制造厂说明书要求妥善保管。

9.3.1.6 安装前，复检各零部件，合格后方可安装。施工单位应按照国家标准、施工图及制造厂提供的安装图样进行安装质量检验，制造厂派驻工地代表负责安装质量监督，并协助解决安装中的问题；监理单位和建设单位应按照程序组织复检、停工待检、隐蔽工程验收等全过程质量管理。

9.3.2 脱硫设备：

9.3.2.1 建设单位应按照 DL/T 586 的要求对脱硫系统主要设备进行监造，确定必要的设备、部件监造清单，合理安排人员到制造厂进行质量监造，确保制造过程质量控制符合国家标准、行业标准及技术文件要求。

9.3.2.2 脱硫系统设备、部件的材质耐磨性、抗腐蚀性应符合 HJ/T 179 等相关标准，应确保与接触介质的理化特性相匹配甚至略高，检验合格的设备、部件方可出厂。

9.3.2.3 钢结构件所有的焊缝应符合 DL/T 678 的规定，所用材料及紧固件按国家标准及行业标准验收。

9.3.2.4 所有出厂的设备、容器、管道内部不允许有泥沙、杂物和缺陷，设备表面应涂刷防护漆，管端应密封。设备及零部件到达现场，验收合格后应按照 DL/T 855 及制造厂说明书要求妥善保管。

9.3.2.5 脱硫设备的安装按照 DL/T 5417 中规定及制造厂安装说明书执行。

9.3.2.6 湿法脱硫吸收塔的施工按照 DL/T 5418 的规定执行。

9.3.2.7 监理单位、工程公司和建设单位应按照程序组织复检、停工待检、隐蔽工程验收等全过程质量管理。安装前，复检各零部件，合格后方可安装；施工单位应按照国家标准、施工图及制造厂提供的安装图样进行安装质量检验，有防腐内衬的容器、管道要进行电火花检测等防腐性能复检，复检合格方可使用；现场进行的内衬防腐施工应执行监理旁站，工程公司和建设单位技术人员应严格执行停工待检、隐蔽工程等全过程质量验收。

9.3.3 脱硝设备：

9.3.3.1 建设单位应按照 DL/T 586 的要求对脱硝系统主要设备进行监造，确定必要的设备、部件监造清单，合理安排人员到制造厂进行质量监造，确保制造过程质量控制符合国家标准、行业标准及技术文件要求。

9.3.3.2 建设单位应按照 GB/T 31587、GB/T 31584 中对催化剂的生产进行监造。

9.3.3.3 脱硝设备中压力容器制造应按照 GB 150 中的相关规定执行。

9.3.3.4 钢结构件所有的焊缝应符合 DL/T 678 的规定，所用材料及紧固件按国家标准及行业标准验收，符合设计规定方可使用。

9.3.3.5 所有出厂的设备、容器、管道内部不允许有泥沙、杂物和缺陷，设备表面应涂刷防护漆，管端应密封。设备及零部件到达现场，验收合格后应按照 DL/T 855 及制造厂说明书要求妥善保管。

9.3.3.6 氨系统管道和尿素溶液管道的安装质量标准和检验方法（水压试验、气密性试验）应符合 GB 50235 中的相关规定。

9.3.3.7 压力容器的安装质量标准和检验方法（水压试验、气密性试验）应符合 GB 150.1～GB 150.4 中的相关规定。

9.3.3.8 脱硝设备的安装质量标准及验收检验方法参照 DL/T 5047、DL/T 5257 中有关规定及制造厂安装说明书执行。

9.3.3.9 监理单位、工程公司和建设单位应按照程序组织复检、停工待检、隐蔽工程验收等全过程质量管理及验收。安装前，复检各零部件、材料等，合格后方可使用、安装；施工单位应按照国家标准、施工图及制造厂提供的安装图样进行安装质量检验，复检合格方可使用。

9.3.3.10 催化剂层的安装方案应方便催化剂的检修、维护与换装。建设单位应根据实际运行情况，对催化剂试块进行性能测试，其化学寿命和运行寿命应满足脱硝的要求。

9.3.4 废水处理设备：

9.3.4.1 建设单位应按照 DL/T 586 的要求对废水系统主要设备进行监造，确定必要的设备、部件监造清单，合理安排人员到制造厂进行质量监造，确保制造过程质量控制符合国家标准、行业标准及技术文件要求。

9.3.4.2 废水处理系统设备、部件选用材质的耐磨性、抗腐蚀性应符合 DL/T 5046 等相关标准要求，应确保与接触介质的理化特性相匹配甚至略高，检验合格的设备、部件方可出厂。

9.3.4.3 钢结构件所有的焊缝应符合 DL/T 678 的规定，所用材料及紧固件按国家标准及行业标准验收，符合设计规定方可使用。金属管道施工及验收按照 GB 50235 的规定执行。

9.3.4.4 所有出厂的设备、容器、管道内部不允许有泥沙、杂物和缺陷，设备表面应涂刷防护漆，管端应密封。设备及零部件到达现场，验收合格后应按照 DL/T 855 及制造厂说明书要求妥善保管。

9.3.4.5 废水处理设备的安装按照相关标准及制造厂安装说明书执行。

9.3.4.6 监理单位、工程公司和建设单位应按照程序组织复检、停工待检、隐蔽工程验收等全过程质量管理。安装前，复检各零部件，合格后方可使用、安装；施工单位应按照国家标准、施工图及制造厂提供的安装图样进行安装质量检验，有防腐内衬的容器、管道要进行电火花检测等防腐性能复检，复检合格方可使用；现场进行的内衬防腐施工应执行监理旁站，工程公司和建设单位技术人员应严格执行停工待检、隐蔽工程等全过程质量验收。

9.3.5 烟气排放连续监测系统（CEMS）：

9.3.5.1 按照设计图纸和说明书的要求，进行电源分配箱、机柜、机柜内部件、仪表风扇等的安装。

9.3.5.2 通风扇的安装、标气瓶的安装和摆放，平台与分析仪机房间电缆、气管、电伴热管的连接应符合 HJ 75、HJ 76 的相关要求。

9.3.5.3 检查实际配品配件和部件与验货单是否相符，所有配品配件、部件和机柜的外观是否符合要求。

9.3.5.4 按照安装图纸，烟气测量单元应安装在正确的烟气测孔位置。

9.3.6 烟囱：

9.3.6.1 施工单位应按照相关标准、施工图及材料厂商提供的施工工艺、方法、步骤进行质量控制。

9.3.6.2 金属内衬防腐施工及焊接质量验收，无机内衬防腐及有机内衬防腐施工规范及检验均按照 DL/T 1262 中的相关规定执行。

9.3.6.3 进行内衬防腐施工应执行监理旁站，监理单位、工程公司和建设单位应按照程序组织停工待检、隐蔽工程验收等全过程质量监督管理。监督烟囱内部防腐施工涂层均匀，厚度符合设计和技术协议要求，涂层无孔隙、开裂、气泡和空洞等。

9.4 调试验收阶段

9.4.1 除尘器：

9.4.1.1 电除尘器的调试按照 DL/T 461、DL/T 852、HJ 2028 及调试大纲、调试方案中的相关规定执行；除尘器的调试监督主要内容包括：冷态空载升压试验、冷态气流分布试验、低压控制回路、阴阳极、槽板振打机构、灰斗料位计及出灰系统、所有加热器、各控制系统的报警和跳闸功能、冷态空载、热态负荷整机、湿式电除尘工艺水系统、湿式电除尘电场投水前后的伏安特性曲线等；袋式除尘器在投运前应进行预涂灰，预涂灰完成后不得清灰，直至除尘器正式投入运行。

9.4.1.2　在设计工况下，除尘器除尘效率、压力损失、漏风率、出口烟尘浓度达到设计保证值。

9.4.1.3　电除尘器的整流变压器、电抗器油温升不超过 80℃，无异常声音；高压整流变压器运行电压电流应在正常范围。

9.4.1.4　检查电除尘器振打系统、灰斗料位计、灰斗加热系统及出灰系统，应运行正常。

9.4.1.5　若除尘器前设置低温或低低温省煤器，按运行规程要求控制好凝结水流量和除尘器入口烟温。

9.4.1.6　袋式除尘器运行要监视压力损失和清灰效果，监视进口烟气温度，当烟气温度达到设定的高温或低温限值时应发出报警，并立即采取应急措施。

9.4.1.7　袋式除尘器喷吹系统检查：检查空气压缩机电流、排气压力、储气罐压力及稳压气包喷气压力。

9.4.1.8　湿式除尘器试运行：检查各加热系统工作电流正常；检查各指示灯及报警控制板的功能良好；高压控制柜指示的一次侧电流、电压，二次侧电流、电压正常；各箱罐的液位、补给水泵、加碱泵、循环水泵运行正常，各泵运行显示流量正常；循环水过滤系统运行正常；观察电场火花率、pH 值，并在实际运行中逐步调到最佳状态，直至达到满意的除尘效率。

9.4.1.9　新投产除尘器运行 3 个月内应进行除尘器性能验收试验，性能试验报告应及时归档。

9.4.1.10　调试结束时，调试技术资料应齐全并归档。

9.4.2　脱硫系统：

9.4.2.1　调试监督范围包括：工艺水系统、压缩空气系统、烟气系统、吸收塔系统、石灰石（粉）存储及浆液制备系统、石膏脱水系统、脱硫废水处理系统、电气系统、热控系统等。

9.4.2.2　调试监督的主要内容：系统的完整性、设备的可靠性、管路的严密性、仪表的准确性、保护和自动的投入效果，不同运行工况下脱硫系统的适应性；烟气系统、SO_2 吸收系统热态运行和调试；石膏脱水、脱硫废水处理等系统带负荷试运和调试；完善 pH 值调节、引（增）压风机热态动（静）叶调整、脱水调节、液位调节等。

a） SO_2 吸收系统。根据吸收塔入口烟气流量、SO_2 浓度及石灰石浆液品质、密度变化，调节石灰石供浆量以控制吸收塔浆液 pH 值。应严格控制 pH 值符合设计范围。通过控制吸收塔石膏浆液排出量来实现吸收塔浆液密度调整，应严格控制吸收塔浆液密度符合设计范围。通过控制吸收塔废水排放量来实现吸收塔浆液氯离子含量控制，氯离子含量应控制在 20000mg/L 以下。

b）吸收剂制备系统。石灰石粉氧化钙含量、活性、细度等指标达到设计要求；石灰石给料稳定，石灰石浆液浓度合格，浆液泵运行正常；球磨机系统运行正常。

c） 工艺水系统除雾器冲洗水压力满足设计要求。

d） 石膏脱水系统。脱硫石膏品质达到设计值；石膏旋流子投入数量及入口压力正常，底流、溢流浆液密度符合设计要求；真空脱水机系统运行正常。

e） 烟气系统。增压风机运行时电流、振动、轴温正常；增压风机动静叶指示正常、进出口压力符合设计值；GGH 运行正常，出口温度符合设计要求；烟道各处膨胀节应无开裂和漏泄现象，挡板门活动正常。

f） 干法及半干法脱硫系统试运行。脱硫效率符合设计要求，出口 SO_2 浓度达到环保部门和设计要求；石灰石中氧化钙含量、活性、细度等指标达到设计要求；脱硫塔出口烟气温度满足后续除尘装置安全稳定运行要求；风机运行正常，粉仓下料顺畅。

9.4.2.3 脱硫设备在设计工况下，脱硫效率应达到设计值，脱硫系统出口排放浓度达到设计值和国家及地方环保法律法规的排放要求。

9.4.2.4 新投产脱硫设备运行 3 个月内应进行脱硫设施性能验收试验，性能试验报告应及时归档。

9.4.2.5 调试结束时，调试技术资料应齐全并归档。

9.4.3 脱硝系统：

9.4.3.1 脱硝设备调试按照 GB/T 32156、DL/T 335 及各方签订的技术文件执行。

9.4.3.2 调试监督范围：反应器系统、还原剂储存及制备系统、电气系统、热控系统等。

9.4.3.3 调试监督内容：系统的完整性、设备的可靠性、管路的严密性、仪表的准确性、保护和自动的投入效果，检验不同运行工况下脱硝系统的适应性，检验还原剂制备系统、公用系统满足脱硝装置整套运行情况。

a） SCR。SCR 脱硝设备运行按照 HJ 562 中的相关规定执行，脱硝出口 NO_x 浓度应满足 GB 13223 及地方排放标准的要求。脱硝效率、SO_2/SO_3 的转化率（一般不大于 1%）、系统压力损失等达到设计保证值。氨逃逸浓度小于 $2.3mg/m^3$，同时不应影响后续设备正常稳定运行。

b） SNCR。SNCR 脱硝设备运行按照 HJ 563 中的相关规定执行，脱硝出口 NO_x 浓度应满足 GB 13223 及地方排放标准的要求。脱硝效率等达到设计保证值。氨逃逸浓度小于 $8mg/m^3$，同时不应影响后续设备正常稳定运行，并达到环保排放标准要求。

9.4.3.4 调试期间应进行喷氨优化调整试验，脱硝出口氨逃逸浓度达到设计值。

9.4.3.5 脱硝设备运行 3 个月内，应进行脱硝设备性能试验。

9.4.3.6 调试结束时，调试技术资料应齐全并归档。

9.4.4 废水处理系统：

9.4.4.1 废水处理系统调试应执行国家标准、行业标准及各方签订的技术文件。废水处理设施的调试应按照 DL/T 5046、HJ 2015、DL/T 1076 中的相关规定执行。

9.4.4.2 外排废水中污染物的排放应满足 GB 8978 及地方排放标准和总量要求，出口水质应达到设计要求，废水处理系统产生的污泥应按照环保部门有关规定进行处理。

9.4.4.3 调试监督范围：工业废水、脱硫废水、含煤废水、含油废水及生活污水处理设施及回用等系统。

a）工业废水处理设施。主要设备（废水收集池及空气搅拌装置、废水提升泵、混凝剂、助凝剂配药、计量、加药设备、混凝和絮凝设备、气浮装置、泥渣浓缩装置）和附属设备应正常投运；加药计量泵运转状态良好，按照处理水质进行药量的调整。废水提升泵出力、扬程达到额定值；混凝澄清效果良好，排出水浊度达到设计值。气浮设备溶气罐压力一般控制在 0.25MPa～0.4MPa；泥浆脱水系统正常投运。反冲洗泵可满足反冲洗强度要求，可使滤料达到设计膨胀率。

b）脱硫废水处理设施。脱硫废水监测项目参照 DL/T 997 中的相关规定执行；pH 调节箱、有机硫加药混合箱、絮凝箱内搅拌机正常投运，搅拌强度达到设计值。混凝、絮凝效果良好，泥浆脱水系统正常投运，泥水分离效果良好，加药计量泵运行良好。

c）含煤废水处理设施。含煤废水处理设施正常投入运行，处理后的废水重复利用。

d）含油废水处理设施。含油废水处理设施正常投入运行，经过油水分离器处理后回收废油中含水率小于 5%，出口排水含油量不超过 10mg/L。油水分离器排放的沉淀物应考虑防火措施。含油废水处理过程中产生的污油、油渣应妥善处置，须交于有资质的单位处理。

e）生活污水处理设施。生活污水处理系统正常投入运行；一、二级生物处理单元污水中应含有足够的溶解氧（DO），采用空气压缩机不间断供气，确保水中溶氧量含量符合设计值。

9.4.4.4 在线监测 pH、流量等表计指示正确，定期进行校准和比对。

9.4.4.5 废水外排监测的主要项目、监测周期参照 DL/T 414 中的相关规定执行，详见表 9-1；外排废水的监测方法按照 DL/T 414 规定执行。日常具体监测项目及监测周期可以根据排水的性质、火电企业的实际情况、当地环保部门要求及相关地方标准增减。

表 9-1 外排废水的主要监测项目、监测周期

监测项目	工业废水	灰场废水	生活污水	脱硫废水	备注
pH 值	1 次/旬	1 次/旬		1 次/旬	
悬浮物	1 次/旬	1 次/旬	1 次/月	1 次/季	
COD	1 次/旬	1 次/旬	1 次/月	1 次/季	
石油类	1 次/月	1 次/季			
氟化物	1 次/月	1 次/月		1 次/月	
总砷	1 次/月	1 次/月		1 次/季	
硫化物	1 次/月			1 次/季	

续表

监测项目	工业废水	灰场废水	生活污水	脱硫废水	备注
挥发酚	1次/年	1次/年			
氨氮		1次/月	1次/月		
BOD_5			1次/季		
动植物油			1次/月		
水温		1次/月		1次/月	
排水量	1次/月	1次/月	1次/月		
总铅				1次/季度	
总汞				1次/季度	
总镉				1次/季度	
总铬				1次/季度	
总镍				1次/季度	
总锌				1次/季度	

9.4.4.6 调试结束时，调试技术资料应齐全并归档。

9.4.5 烟气排放连续监测系统（CEMS）：

9.4.5.1 CEMS调试和验收应符合HJ 75、HJ 76的要求。CEMS 的技术验收由参比方法验收和联网验收两部分组成。参比方法测点的验收检测项目及考核指标见表 9-2，联网验收检测项目及考核指标见表9-3。

表9-2 参比方法验收检测项目及考核指标

检测项目	考核指标及准确度
颗粒物	当参比方法测定烟气中颗粒物排放浓度： ≤50mg/m^{3}时，绝对误差为±15mg/m^3； >50mg/m^{3}且≤100mg/m^{3}时，相对误差为±25%； >100mg/m^{3}且≤200mg/m^{3}时，相对误差为±20%； >200mg/m^{3}时，相对误差±15%
气态污染物	当参比方法测定烟气中SO_2和NO_x排放浓度： ≤20μmol/mol时，绝对误差为±6μmol/mol； >20μmol/mol且≤250μmol/mol时，相对误差为±20%； >250μmol/mol时，相对准确度小于或等于15%
流速	流速>10m/s时，相对误差为±10%； 流速≤10m/s时，相对误差为±12%
烟温	绝对误差为±3℃

表 9-3　联网验收检测项目及考核指标

检测项目	考核指标
通信稳定性	（1）现场机在线率为 90%以上； （2）正常情况，掉线后应在 5min 之内重新上线； （3）单台数据采集传输仪每日掉线次数在 5 次以内； （4）报文传输稳定性在 99%以上，当出现报文错误或丢失时，启动纠错逻辑要求重新发送报文
数据传输安全性	（1）对所传输的数据应按照 HJ/T 212 中规定的加密处理传输，保证数据传输的安全性。 （2）服务器端对请求连接的客户端进行身份验证
通信协议正确性	现场机和上位机的通信协议应符合 HJ/T212 中的规定，正确率 100%
数据传输正确性	系统稳定运行 1 个星期后，对数据进行检查，对比接收的数据和现场的数据要完全一致，抽查数据正确率 100%
联网稳定性	系统稳定运行 1 个月，不出现除通信稳定性、通信协议正确性、数据传输正确性以外的其他联网问题

9.4.5.2　CEMS 应进行通电前检查，避免造成设备损坏。

9.4.5.3　CEMS 真空泵、蠕动泵正常转动，基本无声音；分析仪正常显示，能够进行检测界面；流量计升降灵活、针阀能调节排气量；机柜排气扇、照明灯正常工作；门控开关正常。

9.4.5.4　采样保温管符合安装要求，加热温度控制在 140℃～180℃。

9.4.6　调试验收监督其他要求：

9.4.6.1　火电建设项目主体工程完工后，其配套建设的环保设施必须与主体工程同时投入运行。建设单位需向环保主管部门提出申请，经批准后方可进行调试及试运。

9.4.6.2　建设单位在整套启动和试运行之前，应取得排污许可证。

9.4.6.3　审查调试人员的资质，审核调试单位编制的调试大纲。

9.4.6.4　建设单位环保监督人员应参与环保设施的分部和整套调试工作，检查调试方案的实施，保证各项指标达到设计值，并对环保设施调试结果进行验收签字。

9.4.6.5　环保装置 168h 试运前，应监督 168h 试运的启动条件和通过 168h 试运的必备条件是否达到规定的要求。

9.4.6.6　噪声敏感地区不宜在夜间进行锅炉吹管，吹管时应采取降噪措施。

9.4.6.7　按照 DL/T 5403 和工程施工质量检验及评定的相关规定，监督检查脱硫脱硝除尘等设施及烟气排放连续监测系统的调试记录和调试报告。

9.4.6.8　对照环境影响评价报告书及其批复文件，检查设计说明书中各项污染防治措施的落实情况。

9.4.6.9　建设项目主体工程竣工后，建设单位应按照环境保护主管部门制定的竣工环境保护验收技术规范自行组织开展建设项目竣工环境保护验收，并编制建设项目竣工环境保护验收监测报告。建设单位可自行编制或委托具备相关资质的机构，对建设项目环境保护设施落实情况进行调查，开展相关环境监测，编制竣工环境保护验收监测报告。

9.4.6.10　符合下列竣工环境保护验收条件的建设项目，环境保护设施方可通过验收：

a）建设前期环境保护审查、审批手续完备，技术资料与环境保护档案资料齐全。

b）环境保护设施及其他措施等已按批准的环境影响报告书（表）和设计文件的要求建成或者落实，环境保护设施经查验、记载合格，其防治污染能力适应主体工程的需要。

c）具备环境保护设施正常运转的条件。

d）污染物排放符合环境影响报告书（表）和设计文件中提出的标准及核定的污染物排放总量控制指标的要求。

e）各项生态保护措施按环境影响报告书（表）规定的要求落实，建设项目建设过程中受到破坏并可恢复的环境已按规定采取了恢复措施。

f）环境影响报告书（表）提出需对环境保护敏感点进行环境影响验证，对清洁生产进行指标考核，对施工期环境保护措施落实情况进行工程环境监理的，已按规定要求完成。

g）环境影响报告书（表）要求建设单位采取措施削减其他设施污染物排放，或要求建设项目所在地地方政府或者有关部门采取“区域削减”措施满足污染物排放总量控制要求的，其相应措施得到落实。

9.4.6.11　验收组应由项目法人、设计单位、施工单位、环境监理单位、环境监测单位、环境影响报告书（表）编制单位、变更环境影响报告书（表）编制单位、验收调查（监测）报告编制单位代表，以及不少于5名行业专家组成。建设单位应对验收意见中提出的环保问题进行整改。环境保护设施未经验收或者验收不合格的，建设项目主体工程不得投入生产或者使用。

9.4.6.12　建设单位应通过网站以及报纸、媒体平台，向社会及时公布建设项目环境保护设施和环境保护措施落实情况、竣工环境保护验收情况，并接受社会监督。在施工建设期间应主动公开下列信息：主要环境保护设施实施情况；施工期环境保护措施落实情况；施工期环境监测情况及监测结果。

在投入生产或者使用前应主动公开下列信息：各项环境保护设施落实情况；环境保护措施落实情况；环境监测和监理报告；突发环境事件应急预案及备案情况；竣工环境保护验收调查（监测）报告；竣工环境保护企业自行验收意见。

9.4.6.13　建设项目环境保护设施运行产生了不符合环境影响报告书（表）的，企业应按照《建设项目环境影响后评价管理办法》（试行）要求，组织开展环境影响后评价，后评价报告应对外公开，并接受环境保护主管部门的监督管理。

9.4.6.14　厂界工频电场、磁场。新建机组投产三个月内，检测厂界工频电磁场。如果升压站或输出线路有变动时，应再测量一次。测量方法按照DL/T 334、DL/T 988中的相关规定执行。

9.4.6.15　贮灰（渣、石膏）场应定期进行洒水、及时碾压。

9.4.6.16　储煤场、储灰（渣、石膏）场、石灰石料场粉尘及氨区氨的无组织排放监测按照HJ/T 55的规定执行。

9.4.6.17 储煤场、储灰（渣、石膏）场、石灰石料场的颗粒物无组织排放监测分析方法按照GB/T 15432中的相关规定执行；氨区氨的无组织排放监测分析方法按照GB/T 14679中的相关规定执行。

9.4.6.18 厂区及厂外运送灰、渣、石膏、石灰石、煤等道路无积尘，车辆经过无明显扬尘。定期冲洗厂区道路，冲洗水应收集，不能进入雨水井。

9.4.6.19 厂区、储灰（渣、石膏）场的地下水水质监督：

a）测点设在厂区、储灰（渣、石膏）场的地下水质监控井，具体测点参照本厂项目环评中监测计划规定的监测点位。

b）按照GB/T 14848的规定，根据测量数据的变化，判断厂区、储灰（渣、石膏）场对地下水水质的影响，以便及时采取措施。

9.4.6.20 新建机组投产三个月内，应进行厂界噪声检测，排放限值及测量方法按照GB 12348中的相关规定执行，监测频次按照HJ 820中的相关规定执行。

9.4.6.21 一般废弃物：

a）可回收废弃物应委托有相关资质回收公司进行回收处理、再利用。

b）不可回收的废弃物如生活垃圾等应送至垃圾转运站或处理场，由环卫部门进行统一处理。

9.4.6.22 危险废弃物：

a）危险废物应按照环保部门要求对种类、数量、储存、处置等进行申报、备案。

b）审查危险废弃物处置单位的资质，委托有资质的单位对危险废弃物进行处置，并到有关部门办理相关手续。

9.4.6.23 燃煤中硫分、灰分：

a）入厂煤中硫分、灰分每批测量一次，入炉煤硫分、灰分每班测量一次。

b）煤中硫分测量方法按照GB/T 214中的相关规定执行。煤中灰分测量方法按照GB/T 212中的相关规定执行。

10 继电保护技术监督

10.1 设计阶段

10.1.1 继电保护设计基本要求：

继电保护设计中，保护原理、保护装置及保护回路的设计应符合 GB/T 14285、DL/T 5506、DL/T 5136、《防止电力生产事故的二十五项重点要求》等相关要求。

10.1.2 继电保护装置设计监督重点：

10.1.2.1 采用双重化配置的两套保护装置应安装在各自保护柜内，并应充分考虑运行和检修时的安全性。

10.1.2.2 有关断路器（220kV 及以上）的选型应与保护双重化配置相适应，必须具备双跳闸线圈机构。

10.1.2.3 纵联保护装置应优先采用光纤通道。

10.1.2.4 宜将被保护设备或线路的主保护（包括纵、横联保护等）及后备保护综合在一整套装置内，共用直流电源输入回路及交流电压互感器和电流互感器的二次回路。该装置应能反应被保护设备或线路的各种故障及异常状态，并动作于跳闸或给出信号。

10.1.2.5 对仅配置一套主保护的设备，应采用主保护与后备保护相互独立的装置。

10.1.2.6 保护装置应尽可能根据输入的电流、电压量，自行判别系统运行状态的变化，减少外接相关的输入信号来执行其应完成的功能。

10.1.2.7 对适用于 110kV 及以上电压线路的保护装置，应具有测量故障点距离的功能。故障测距的精度要求为：对金属性短路误差不大于线路全长的±3%。

10.1.2.8 对适用于 220kV 及以上电压线路的保护装置，应满足：除具有全线速动的纵联保护功能外，还应至少具有三段式相间、接地距离保护，反时限或定时限零序方向电流保护的后备保护功能；对有监视的保护通道，在系统正常情况下，通道发生故障或出现异常情况时，应发出告警信号；能适用于弱电源情况；在交流失压情况下，应具有在失压情况下自动投入的后备保护功能，并允许不保证选择性。

10.1.2.9 保护装置应具有在线自动检测功能，包括保护硬件损坏、功能失效和二次回路异常运行状态的自动检测。

10.1.2.10 除出口继电器外，装置内的任一元件损坏时，装置不应误动作跳闸，自动检测回路应能发出告警或装置异常信号，并给出有关信息指明损坏元件的所在部位，在最不利情况下应能将故障定位至模块（插件）。

10.1.2.11 保护装置的定值应满足保护功能的要求，应尽可能做到简单、易整定；用于旁路保护或其他定值经常需要改变时，宜设置多套（一般不少于 8 套）可切换的定值。

10.1.2.12 保护装置必须具有故障记录功能，以记录保护的动作过程，为分析保护动作行为提供详细、全面的数据信息，但不要求代替专用的故障录波器。

10.1.2.13 保护装置故障记录的应满足以下要求：

a） 记录内容应为故障时的输入模拟量和开关量、输出开关量、动作元件、动作时间、返回时间、相别。

b） 应能保证发生故障时不丢失故障记录信息。

c） 应能保证在装置直流电源消失时，不丢失已记录信息。

d） 保护装置应以时间顺序记录的方式记录正常运行的操作信息，如开关变位、开入量输入变位、压板切换、定值修改、定值区切换等，记录应保证充足的容量。

e） 保护装置应能输出装置的自检信息及故障记录，后者应包括时间、动作事件报告、动作采样值数据报告、开入、开出和内部状态信息、定值报告等。装置应具有数字/图形输出功能及通用的输出接口。

10.1.2.14 时钟和时钟同步：保护装置应设硬件时钟电路，装置失去直流电源时，硬件时钟应能正常工作；保护装置应配置与外部授时源的对时接口。

10.1.2.15 保护装置应配置能与自动化系统相连的通信接口，通信协议符合 DL/T 667 继电保护设备信息接口配套标准。并宜提供必要的功能软件，如通信及维护软件、定值整定辅助软件、故障记录分析软件、调试辅助软件等。

10.1.2.16 保护装置应具有独立的 DC/DC 变换器供内部回路使用的电源，拉、合装置直流电源或直流电压缓慢下降及上升时，装置不应误动作。直流消失时，应有输出触点以启动告警信号。直流电源恢复（包括缓慢恢复）时，变换器应能自启动。

10.1.2.17 保护装置不应要求其交、直流输入回路外接抗干扰元件来满足有关电磁兼容标准的要求。

10.1.2.18 保护装置的软件应设有安全防护措施，防止程序出现不符合要求的更改。

10.1.2.19 使用于 220kV 及以上电压的电力设备非电量保护应相对独立，并具有独立的跳闸出口回路。

10.1.2.20 继电器和保护装置的直流工作电压，应保证在外部电源为 80%～115%额定电压条件下可靠工作。

10.1.2.21 跳闸出口应能自保持，直至断路器断开。自保持宜由断路器的操作回路来实现。

10.1.2.22 自动化系统通信的数字式保护装置应能送出或接收以下类型的信息：装置的识别信息、安装位置信息；开关量输入（例如断路器位置、保护投入压板等）；异常信号（包括装置本身的异常和外部回路的异常）；故障信息（故障记录、内部逻辑量的事件顺序记录）；模拟量测量值；装置的定值及定值区号；自动化系统的有关控制信息和断路器跳合闸命令、时钟对时命令等。

10.1.3 直流电源、直流熔断器、直流断路器及相关回路设计阶段的监督重点：

10.1.3.1 继电保护的直流电源，电压纹波系数不应大于 2%，最低电压不低于额定电压的 85%，最高电压不高于额定电压的 110%。

10.1.3.2 选用充电、浮充电装置，应满足稳压精度优于 0.5%、稳流精度优于 1%、输出电压纹波系数不大于 0.5%的技术要求。

10.1.3.3 对装置的直流熔断器或自动开关及相关回路配置的基本要求不应出现寄生回路，并增强保护功能的冗余度。

10.1.3.4　装置电源的直流熔断器或自动开关的配置应满足如下要求：

a）采用近后备原则，装置双重化配置时，两套装置应有不同的电源供电，并分别设有专用或自动开关。

b）由一套装置控制多组断路器（例如母线保护、变压器差动保护、发电机差动保护、各种双断路器接线方式的线路保护等）时，保护装置与每一断路器的操作回路应分别由专用的直流熔断器或自动开关供电。

c）有两组跳闸线圈的断路器，其每一跳闸回路应分别由专用的直流熔断器或自动开关供电。

d）单断路器接线的线路保护装置可与断路器操作回路合用直流熔断器或自动开关，也可分别使用独立的直流熔断器或自动开关。

e）采用远后备原则配置保护时，其所有保护装置以及断路器操作回路等，可仅由一组直流熔断器或自动开关供电。

10.1.3.5　信号回路应由专用的自动开关供电，不得与其他回路混用。

10.1.3.6　由不同熔断器或自动开关供电的两套保护装置的直流逻辑回路间不允许有任何电的联系。

10.1.3.7　直流系统的电缆应采用阻燃电缆，两组蓄电池的电缆应分别铺设在各自独立的通道内，尽量避免与交流电缆并排铺设，在穿越电缆竖井时，两组蓄电池电缆应加穿金属套管。

10.1.3.8　每一套独立的保护装置应设有直流电源消失的报警回路。

10.1.3.9　保护装置直流空气开关、交流空气开关应与上一级开关及总路空气开关保持级差关系，防止由于下一级电源故障时，扩大失电元件范围。

10.1.3.10　当直流断路器和熔断器串级作为保护电器时，宜按下列配合：

a）熔断器装设在直流断路器上一级时，熔断器额定电流应为直流断路器额定电流的 2 倍及以上。

b）直流断路器装设在熔断器上一级时，直流断路器额定电流应为熔断器额定电流的 4 倍及以上。

10.1.3.11　直流系统的馈出线应采用辐射状供电方式，不应采用环状供电方式。

10.1.4　二次回路及设备设计阶段的监督：

10.1.4.1　二次回路设计应满足以下要求：

a）二次回路的工作电压不宜超过 250V，最高不应超过 500V。

b）互感器二次回路连接的负荷，不应超过继电保护工作准确等级所规定的负荷范围。

c）应采用铜芯的控制电缆和绝缘导线。在绝缘可能受到油浸蚀的地方，应采用耐油绝缘导线。

d）按机械强度要求，控制电缆或绝缘导线的芯线最小截面，强电控制回路，不应小于$1.5mm^2$，屏、柜内导线的芯线截面不应小于 $1.0mm^2$；弱电控制回路，不应小于 $0.5mm^2$。

e）电缆芯线截面的选择还应符合下列要求：应使电流回路中电流互感器的工作准确等级符合继电保护的要求。无可靠依据时，可按断路器的断流容量确定最大短路电流；电压回路全部继电保护动作时，电压互感器到继电保护屏的电缆压降不应超过额定电压的3%；操作回路在最大负荷下，电源引出端到断路器分、合闸线圈的电压降，不应超过额定电压的10%。

10.1.4.2　在同一根电缆中不宜有不同安装单元的电缆芯。对双重化保护的电流回路、电压回路、直流电源回路、双跳闸线圈的控制回路等，两套系统不应合用一根多芯电缆。

10.1.4.3　保护和控制设备的直流电源、交流电流、电压及信号引入回路应采用屏蔽电缆。继电保护及相关设备的端子排，宜按照功能进行分区、分段布置，正电源和负电源之间、跳（合）闸引出直流回路之间等应至少采用一个空端子隔开。

10.1.4.4　电厂重要设备和线路的继电保护和自动装置，应有经常监视操作电源的装置。各断路器的跳闸回路、重要设备和线路的断路器合闸回路以及装有自动重合装置的断路器合闸回路，应装设回路完整性的监视装置。监视装置可发出光信号或声光信号，或通过自动化系统向远方传送信号。

10.1.4.5　在有振动的地方，应采取防止导线接头松脱和继电器、装置误动作的措施。

10.1.4.6　屏、柜和柜内设备的前面和后面，应有必要的标志。

10.1.4.7　气体继电器至保护柜的电缆应减少中间转接环节，若有转接柜则要做好防水、防尘及防小动物等防护措施。

10.1.4.8　保护用电流互感器的要求准确性能应符合DL/T 866的有关规定：

a）保护用电流互感器应选择具有适当特征和参数的互感器，同一组差动保护不应同时使用P级和TP级电流互感器。

b）TPY级电流互感器不宜用于断路器失灵保护。

c）TPX级电流互感器不宜用于线路重合闸。

d）300MW～1000MW级发电机变压器组差动保护用电流互感器宜采用TPY级电流互感器。

e）100MW～200MW级发电机变压器组保护用电流互感器宜采用P级电流互感器，也可以采用PR级电流互感器。

f）100MW以下发电机变压器组保护用电流互感器宜采用P级电流互感器。

g）330kV～1000kV系统线路保护、高压侧为330kV～1000kV主变压器、联络变压器及1000kV调压补偿变压器差动保护用电流互感器宜采用TPY级互感器。

h）110kV～220kV系统保护用电流互感器宜采用P级互感器，也可采用PR级互感器。

i）差动保护用TA的相关特性应一致。

10.1.4.9　故障录波系统应接保护级电流互感器的二次回路，接入母线保护和主变压器差动保护的二次绕组不得再接入其他负载。

10.1.4.10　保护用电压互感器应满足以下要求：

a）保护用电压互感器应能在电力系统故障时将一次电压准确传变至二次侧，传变误差及暂态响应符合 DL/T 866 的有关规定。

b） 电磁式电压互感器应避免出现铁磁谐振。

c） 电压互感器的二次输出额定容量及实际负荷应在保证互感器准确等级的范围内。

d） 双断路器接线按近后备原则配备的两套主保护，应分别接入电压互感器的不同二次绕组。

e） 对双母线接线按近后备原则配置的两套主保护，可以合用电压互感器的同一二次绕组。

f） 在电压互感器二次回路中，除开口三角绕组和另有规定者（例如自动调整励磁装置）外，应装设自动开关或熔断器。接有距离保护时，宜装设自动开关。

10.1.4.11 互感器的安全接地应满足以下要求：

a） 电流互感器的二次回路必须有且只能有一点接地，一般在端子箱经端子排接地。但对于有几组电流互感器连接在一起的保护装置，如母线差动保护、各种双断路器主接线的保护等，则应在保护屏上经端子排接地；由几组电流互感器二次组合的电流回路，应在有直接电气连接处一点接地。

b） 电压互感器的二次回路只允许有一点接地，接地点宜设在控制室内。独立的、与其他互感器无电联系的电压互感器也可在开关场实现一点接地。为保证接地可靠，各电压互感器的中性线不得接有可能断开的开关或熔断器等。

c） 已在控制室一点接地的电压互感器二次绕组，必要时，可在开关场将二次绕组中性点经放电间隙或氧化锌阀片接地。

d） 两根开关场引出线中的 N 线必须分开，不得共用。

10.1.4.12 断路器及隔离开关二次回路应满足以下要求：

a） 断路器应尽量附有防止跳跃的回路。采用串联自保持时，接入跳合闸回路的自保持线圈，其动作电流不应大于额定跳合闸电流的 50%，线圈压降小于额定值的 5%。

b） 断路器应有足够数量的、接触可靠的辅助触点供保护装置使用。辅助触点与主触头的动作时间差不大于 10ms。

c） 隔离开关应有足够数量的、接触可靠的辅助触点供保护装置使用。

d） 断路器及隔离开关的辅助触点不足时不允许用重动继电器扩充接点，以防重动继电器由于其所在直流母线失电，误动造成系统误判导致断路器的误动作。

10.1.4.13 二次回路抗电磁干扰应满足以下要求：

a） 发电厂继电保护装置应满足国家及电力行业有关电磁兼容标准，并通过相关部门检测。

b） 控制电缆应具有必要的屏蔽措施并妥善接地。

c） 在电缆敷设时，应充分利用自然屏蔽物的屏蔽作用。必要时，可与保护用电缆平行设置专用屏蔽线；屏蔽电缆的屏蔽层应在开关场和控制室内两端接地。

d） 在控制室内屏蔽层宜在保护屏上接于屏柜内的接地铜排；在开关场屏蔽层应在与高压设备有一定距离的端子箱接地。

e）互感器每相二次回路经两芯屏蔽电缆从高压箱体引至端子箱，该电缆屏蔽层在高压箱体和端子箱两端接地。

f）传送音频信号应采用屏蔽双绞线，其屏蔽层应在两端接地。

g）传送数字信号的保护与通信设备间的距离大于 50m 时，应采用光缆。对于低频、低电平模拟信号的电缆，如热电偶用电缆，屏蔽层必须在最不平衡端或电路本身接地处一点接地。对于双层屏蔽电缆，内屏蔽应一端接地，外屏蔽应两端接地。

h）电缆及导线的布线应符合下列要求：交流和直流回路不应合用同一根电缆；强电和弱电回路不应合用一根电缆；保护用电缆与电力电缆不应同层敷设；交流电流和交流电压不应合用同一根电缆；双重化配置的保护设备不应合用同一根电缆。

i）保护用电缆敷设路径，尽可能避开高压母线及高频暂态电流的入地点，如避雷器和避雷针的接地点、并联电容器、电容式电压互感器、结合电容及电容式套管等设备，与保护连接的同一回路应在同一根电缆中走线。

10.1.4.14　根据升压站和一次设备安装的实际情况，宜敷设与发电厂主接地网紧密连接的等电位接地网。等电位接地网应满足 DL/T 5136 的有关规定，满足以下要求：

a）应在主控室、保护室、敷设二次电缆的沟道、开关场的就地端子箱及保护用结合滤波器等处，使用截面不小于100mm^{2}的铜排（缆）敷设与主接地网紧密连接的等电位接地网。

b）在主控室、保护室柜屏下层的电缆室内，按柜屏布置的方向敷设 100mm^2 的专用铜排（缆），将该专用铜排（缆）首末端连接，形成保护室内的等电位接地网。保护室内的等电位网与厂主地网只能存在唯一的接地点，连接位置宜选在保护室外部电缆入口处。为保证连接可靠，连接线必须用至少 4 根以上、截面不小于 50mm^2 的铜缆（排）构成共同接地点。

c）静态保护和控制装置的屏（柜）下部应设有截面不小于100mm^{2}的接地铜排。屏（柜）内装置的接地端子应用截面不小于 4mm^2 的多股铜线和接地铜排相连。接地铜排应用截面不小于 50mm^2 的铜缆与保护室内的等电位接地网相连。

d）沿二次电缆的沟道敷设截面不少于 100mm^2 的铜排（缆），构建室外的等电位接地网。

e）分散布置的保护就地站、通信室与集控室之间，应使用截面不少于 100mm^2 的、紧密与厂、站主接地网相连接的铜排（缆）将保护就地站与集控室的等电位接地网可靠连接。

f）开关场的就地端子箱内应设置截面不少于100mm^2 的铜排，并使用截面不少于100mm^2 的铜缆与电缆沟道内的等电位接地网连接。

g）由开关场的变压器、断路器、隔离开关和电流、电压互感器等设备至开关场就地端子箱之间的二次电缆应经金属管从一次设备的接线盒（箱）引至电缆沟，并将金属管的上端与上述设备的底座和金属外壳良好焊接，下端就近与主接地网良好焊接。上述二次电缆的屏蔽层在就地端子箱处单端使用截面不小于 4mm^2 多股铜质软导线可靠连接至等电位接地网的铜排上，在一次设备的接线盒（箱）处不接地。

10.1.4.15　保护输入回路和电源回路应根据具体情况采用必要的减缓电磁干扰措施：

a） 保护的输入、输出回路应使用空触点、光耦或隔离变压器隔离。

b） 直流电压在110V及以上的中间继电器应在线圈端子上并联电容或反向二极管作为消弧回路，在电容及二极管上都必须串入数百欧的低值电阻，以防止电容或二极管短路时将中间继电器线圈短接。二极管反向击穿电压不宜低于 1000V。

10.2　设备选型阶段

10.2.1　继电保护设备选型的基本要求：

继电保护设备选型应符合 GB/T 14285、DL/T 684、《防止电力生产事故的二十五项重点要求》等相关要求。

10.2.2　继电保护设备选型配置阶段监督重点：

10.2.2.1　重要设备的继电保护应采用双重化配置。继电保护双重化配置基本要求如下：

a） 两套保护装置的交流电压、交流电流应分别取自电压互感器和电流互感器互相独立的绕组，其保护范围应交叉重叠，避免死区。

b） 两套保护装置的直流电源应取自不同蓄电池组供电的直流母线段。

c） 两套保护装置的跳闸回路应分别作用于断路器的两个跳闸线圈。

d） 两套保护装置与其他保护、设备配合的回路应遵循相互独立的原则。

e） 两套保护装置之间不应有电气联系。

f） 线路纵联保护的通道（含光纤、微波、载波等通道及加工设备和供电电源等）、远方跳闸及就地判别装置应遵循相互独立的原则按双重化配置。

10.2.2.2　220kV 及以上电压等级线路保护应按双重化配置，保护装置应采用不同生产厂家、不同原理的产品。

10.2.2.3　100MW 及以上容量发电机变压器组，除非电气量保护以外，应按双重化原则配置数字式保护。对于 600MW 及以上发电机变压器组应装设双重化的电气量保护，对非电气量保护应根据主设备配套情况，有条件的也可进行双重化配置。大型发电机组和重要火电企业的启动备用变压器保护宜采用双重化配置。每套保护均应含有完整的主、后备保护，能反映被保护设备的各种故障及异常状态，并能作用于跳闸或给出信号。

10.2.2.4　200MW 及以上容量发电机定子接地保护宜将基波零序保护与三次谐波电压保护的出口分开，基波零序保护投跳闸；也可使用注入式定子接地保护，其高阻动作投信号，低阻延时动作投跳闸。

10.2.2.5　200MW 及以上容量发电机变压器组应配置专用故障录波器。

10.2.2.6　300MW 及以上容量发电机应装设启停机保护及断路器断口闪络保护（并网开关采用 GCB 的除外）。

10.2.2.7　对变压器油温、绕组温度及油箱内压力升高超过允许值和冷却系统故障，应装设动作于跳闸或信号的装置。

10.2.2.8　对于 200MW 及以上大型发电机应配置励磁回路接地保护（转子接地保护）。

10.2.2.9　220kV 及以上电压分相操作的断路器应配有三相不一致（非全相）保护回路。三相不一致保护动作时间应为 0.5s～4.0s 可调，以躲开单相重合闸动作周期。

10.2.2.10　制定保护配置方案时，对两种故障同时出现的稀有情况可仅保证切除故障。

10.2.2.11　在各类保护装置接于电流互感器二次绕组时，应考虑既要消除保护死区，同时又要尽可能减轻电流互感器本身故障时所产生的影响。

10.2.2.12　当采用远后备方式时，在短路电流水平低且对电网不致造成影响的情况下，如果为了满足相邻线路保护区末端短路时的灵敏性要求，将使保护过分复杂或在技术上难以实现时，可以缩小后备保护作用的范围。必要时，可加设近后备保护（主要针对 110kV 及以下电压等级保护）。

10.2.2.13　电力设备或线路的保护装置，除预先规定的以外，都不应因系统振荡引起误动作。

10.2.2.14　使用于 220kV 及以上电网的线路保护，其振荡闭锁应满足如下要求：

a）系统发生全相或非全相振荡，保护装置不应误动作跳闸。

b）系统在全相或非全相振荡过程中，被保护线路如发生各种类型的不对称故障，保护装置应有选择性地动作跳闸，纵联保护仍应快速动作。

c）系统在全相振荡过程中发生三相故障，故障线路的保护装置应可靠动作跳闸，并允许带短延时。

10.2.2.15　有独立选相跳闸功能的线路保护装置发出的跳闸命令，应能直接传送至相关断路器的分相跳闸执行回路。

10.2.2.16　使用于单相重合闸线路的保护装置，应具有在单相跳闸后至重合前的两相运行过程中，健全相再故障时快速动作三相跳闸的保护功能。

10.2.2.17　技术上无特殊要求及无特殊情况时，保护装置中的零序电流方向元件应采用自产零序电压，不应接入电压互感器的开口三角电压。

10.2.2.18　保护装置在电压互感器二次回路一相、两相或三相同时断线、失压时，应发告警信号，并闭锁可能误动作的保护。

10.2.2.19　保护装置在电流互感器二次回路不正常或断线时，应发告警信号，除母线保护外，允许跳闸。

10.2.2.20　继电保护装置应优先选用原理成熟、技术先进、质量可靠，能满足可靠性、选择性、灵敏性和速动性要求，并在行业内有成功运行经验的产品。涉网设备选型及配置应征求电网调度机构意见，并满足调度机构相关管理规定及反事故措施的有关要求。

10.2.2.21　对于发电机外部相间短路，自并励（无串联变压器）发电机，宜采用带电流记忆（保持）的低压过电流保护，保护装置宜配置在发电机中性点侧。对于 100MW 及以上的汽轮发电机，宜装设过电压、过负荷、过励磁、逆功率、失磁、失步、频率异常、励磁回路接地、其他故障和异常运行的保护。发电机励磁绕组过负荷保护应与励磁调节器过励磁限制相配合。300MW 及以上容量的发电机宜装设零功率保护。

10.2.2.22 应按规定要求装设变频器启动的电动机保护：

a）安装在变频器后的电动机保护装置应适应电动机工作频率范围 10Hz～70Hz 之间连续变化，并能适用于变频启动和工频启动两种不同的启动方式。

b）变频运行的电动机差动保护配置的 TA 应能在保护装置工作频率范围内具有良好的线性度，满足 10%误差曲线。

c）具备变频/工频自动切换运行方式的电动机应设置总电源断路器，保护整定值按常规直接启动电动机保护整定；在变频器进线端单独设置断路器，保护整定值按变压器保护整定，以保护变频器的移相隔离变压器；在工频旁路单独设置旁路断路器，旁路断路器应配置相应的电动机保护。

d）变频器应有防止误操作功能。应配置变压器超温、通风系统故障、控制系统故障及过流、过载、过热、短路、缺相、电压不平衡、电流不平衡保护。

10.2.2.23 厂用电切换装置宜单独配置。厂用电源的正常切换宜采用手动并联切换。厂用电动机应根据工艺要求装设必要的联锁及自动装置，并根据运行方式的需要，可投入或解除。125MW 及以上机组当断路器具有快速合闸性能（固有合闸时间小于 5 个周波）时，宜采用快速串联断电切换方式；当采用慢速切换时，在备用电源自动投入的启动回路中宜增加低电压（母线残压）闭锁。

10.2.2.24 为防止发电机非同期并列，微机自动准同期装置应安装独立的同期检定闭锁继电器，将同期闭锁继电器常闭辅助触点串接入发电机主断路器的合闸回路中。

10.2.2.25 火力发电厂应配置功率因数角测量装置。上传的信息应包括机端三相电压、三相电流，发电机内电势相量、发电机转速脉冲量，励磁系统和调速系统相关参数。

10.3 设备监造阶段

10.3.1 对继电保护装置制造阶段重大节点的制造质量进行监督，主要包括：

10.3.1.1 检查设备技术文件（包括设备参数、设备技术资料、设备出厂试验报告、设备运行软件和应用软件的备份），是否符合设计要求。

10.3.1.2 按照 GB 50150、GB/T 50976、GB/T 14285、GB/T 17261、DL/T 995 以及合同规定进行出厂试验报告检查，掌握继电保护设备出厂试验情况，发现问题，提交意见报告。

10.3.1.3 继电保护装置制造阶段重点检查项目：

a）检查继电保护装置各项型式试验已按要求完成。

b）检查各继电保护装置软件版本、程序校验码是否满足现场要求。

c）继电保护装置二次回路绝缘检查。

d）继电保护装置的采样精度检查及开入、开出量检查。

e）继电保护装置的逻辑功能检查。

10.3.1.4 继电保护装置动模试验应按 GB/T 26864 的规定执行。

10.4 施工安装阶段

10.4.1 继电保护设备安装应满足 GB 50171、GB 50172、GB/T 50976、DL/T 5294 和

DL/T 5295 等的有关规定。

10.4.2 应严格按照国家、行业相关标准、规范和集团公司及电网调度机构有关规程、管理制度的要求，组织进行设备安装各阶段的技术监督工作，保证质量合格并形成完整的技术资料。

10.4.3 继电保护设备到达现场后，应参加现场开箱验收，并应符合下列要求：

10.4.3.1 包装及密封良好。

10.4.3.2 开箱检查型号、规格符合设计要求，设备无损伤，附件、备件齐全。

10.4.3.3 产品的技术文件齐全（包含合格证、出厂试验报告、装箱清单、图纸、说明书等）。

10.4.3.4 外观检查合格。

10.4.4 检查装置的原理接线图（设计图）及与之相符合的二次回路安装图、电缆敷设图、电缆编号图、断路器操动机构图、二次回路分线箱图及 TA、TV 端子箱图等全部图纸以及成套保护、自动装置的原理和技术说明书及断路器操动机构说明书，TA、TV 的出厂试验报告等资料齐全。

10.4.5 继电保护设备机箱按 GB/T 2887 和 GB/T 9361 规定要求构成良好的电磁屏蔽体，并有可靠的接地措施。

10.4.6 检查继电保护设备在安装过程中落实二十五项反措执行情况，按照反措要求与现场实际情况相对比进行检查，并提出整改方案，督促整改。

10.4.7 对继电保护二次回路安装过程进行监督检查重点：

10.4.7.1 检查各组 TA、TV 接地点是否满足要求，且只有一点接地。

10.4.7.2 检查交流电流和交流电压二次回路、交流和直流二次回路、强电和弱电二次回路，均应使用各自独立的电缆，保护用电缆与动力电缆不应同层敷设。

10.4.7.3 检查所有二次电缆均应使用屏蔽电缆，电缆屏蔽层应在电缆两端可靠接地。

10.4.7.4 检查在主控室、保护室、敷设二次电缆的沟道、开关场的就地端子箱等部位敷设与主接地网紧密连接的等电位接地网。静态保护和控制装置的屏柜下部应设有截面不小于 $100mm^2$ 的接地铜排。屏柜上装置的接地端子应用截面不小于 $4mm^2$ 的多股铜线和接地铜排相连。接地铜排应用截面不小于 $50mm^2$ 的铜排（缆）与柜下的等电位接地网相连。

10.4.7.5 检查电流互感器的备用绕组应在端子箱可靠短接并接地，电压互感器的备用绕组应有防止短路的措施，电流互感器的备用绕组应有防止开路的措施。

10.4.7.6 检查电流回路的电缆芯线，其截面面积不应小于$2.5mm^2$，并满足电流互感器对负载的要求；检查强电回路控制电缆或绝缘导线的芯线截面面积不应小于 $1.5mm^2$，屏柜内导线的芯线截面面积不应小于$1.0mm^2$；检查弱电回路芯线截面面积不应小于 $0.5mm^2$。保证接线准确性的措施应满足 GB 50171 的要求。

10.4.7.7 检查交流电压回路，当接入全部负荷时，电压互感器到继电保护和安全自动装置的电压降不应超过额定电压的 3%。应按工程最大规模考虑电压互感器的负荷增至最大的情况。

10.4.7.8　二次回路所有接线，包括对屏柜内部各部件与端子排之间的连接线的正确性和电缆、电缆芯及所有导线标号的正确性进行检查，并检查电缆清册记录的正确性。

10.4.7.9　检查对双重化配置保护的电流回路、电压回路、直流电源回路、双跳闸线圈的控制回路等，两套系统不应合用一根多芯电缆。

10.4.7.10　应核对所有二次设备及电缆型号与设计相符。直流二次回路应无寄生回路。

10.4.7.11　检查交流电压回路应采用从电压并列屏敷设电缆至保护屏的方式。

10.4.7.12　检查接入交流电源 220V 或 380V 的端子应与其他回路端子采取有效隔离措施，并有明显标识。

10.4.7.13　检查正、负电源之间以及经常带电的正电源与合闸或跳闸回路之间，应有空端子隔开。

10.4.7.14　检查来自电压互感器二次绕组的 4 根引入线和互感器剩余电压绕组的 2 根或 3 根升压站引入线应分开，不应共用电缆。

10.4.7.15　控制电缆应选用多芯电缆，尽量减少电缆根数。芯线截面面积不大于 $4mm^2$ 的电缆应留有备用芯。

10.4.7.16　检查保护用电缆敷设路径应合理规划。电容式电压互感器二次电缆在沿一次设备底座敷设的路段应紧靠接地引下线。

10.4.7.17　检查导线接入接线端子应牢固可靠，并应符合下列要求：

a）每个端子接入的导线应在两侧均匀分布，一个连接点上接入导线宜为 1 根，不应超过 2 根。

b）对于插接式端子，不同截面的两根导线不应接在同一端子上。

c）对于螺栓连接端子，当接两根导线时，中间应加平垫片。

d）电流回路端子的一个连接点不应压 2 根导线，也不应将 2 根导线压在一个压接头再接至一个端子。

e）大电流的电源线不应与低频的信号线捆扎在一起。

f）打印机的电源线不应与继电保护和自动化设备的信号线布置在同一电缆束中。

10.4.8　继电保护屏、柜安装过程监督检查重点：

10.4.8.1　保护柜门应开关灵活、上锁方便。前后门及边门应采用截面面积不小于 $4mm^2$ 的多股铜线，并与屏体可靠连接。保护屏的两个边门不应拆除。

10.4.8.2　保护屏上各压板、把手、按钮应安装端正、牢固，并应符合下列要求：

a）穿过保护屏的压板导电杆应有绝缘套，并与屏孔保持足够的安全距离；压板在拧紧后不应接地。

b）压板紧固螺丝和紧线螺丝应紧固。

c）压板应接触良好，相邻压板间应有足够的安全距离，切换时不应碰及相邻的压板。

d）对于一端带电的切换压板，在压板断开的情况下，应使活动端不带电。

e）端子箱、户外接线盒和户外柜应封闭良好，应有防火、防水、防潮、防尘、防小动物进入和防止风吹开箱门的措施。

10.4.8.3 屏柜上的电器元件应符合下列要求：

a）电器元件质量良好，型号、规格应符合设计要求，外观完好，附件齐全，排列整齐，固定牢固，密封良好。

b）各电器应能单独拆装更换，更换时不影响其他电器及导线束的固定。

c）发热元件宜安装在散热良好的地方，两个发热元件之间的连线应采用耐热导线或裸铜线套瓷管。

d）熔断器的规格、断路器的参数应符合设计及级配要求。

e）压板应接触良好，相邻压板间应有足够的安全距离，切换时不应碰及相邻的压板。

f）信号回路的声、光、电信号等应正确，工作应可靠。

g）带有照明的盘、柜，照明应完好。

10.5 调试验收阶段

10.5.1 继电保护调试阶段监督的基本规定：

10.5.1.1 继电保护系统调试工作应按照调试合同，GB 50171、GB 50172、GB/T 7261、DL/T 995、DL/T 5294、DL/T 5295 等标准，设计和设备技术文件要求，集团公司的相关规定以及经审批的调试、试验措施进行。

10.5.1.2 继电保护设备调试共分为单体调试阶段、分系统调试阶段和整套启动调试三个阶段，需对三个阶段调试工作进行全过程的监督。

10.5.1.3 在调试阶段对继电保护系统单体、分系统调试措施和整套启动措施审查，发现问题及时提出建议和措施。

10.5.1.4 重点关注继电保护装置单体调试记录、调试方案、系统条件检查确认表、整组传动试验记录、TA 二次通流试验记录、TV 二次通压试验记录、调试验评表、验收签证、调试报告、安全技术交底等调试文件包是否资料齐全。

10.5.1.5 检查继电保护调试项目是否按 DL/T 995、GB/T 7261、DL/T 5294 等的相关规定执行，检查试验项目是否存在漏项或不满足反措要求的项目。重点检查是否进行断路器防跳试验、是否进行非电量保护装置中间继电器动作功率和动作时间测试、是否进行保护级 TA 10%误差曲线校核等试验项目。

10.5.2 对继电保护设备调试，应先进行如下的准备工作：

10.5.2.1 了解设备的一次接线及投入运行后可能出现的运行方式和设备投入运行的方案，该方案应包括投入初期的临时继电保护方式。

10.5.2.2 调试前应确认相关资料齐全准确。资料包括：装置的原理接线图（设计图）及与之相符合的二次回路安装图，电缆敷设图，电缆编号图，断路器操动机构图，电流、电压互感器端子箱图及二次回路分线箱图等全部图纸，以及成套保护装置的技术说明及开关操动机构说明，电流、电压互感器的出厂试验报告等。

10.5.2.3 根据设计图纸，到现场核对所有装置的安装位置是否正确，电流互感器的安装位置是否合适，有无保护死区等，确认所使用的电流、电压互感器的变比值是否与现场实际情况相符合。

10.5.2.4　调试开始前应认真核对继电保护定值通知书的内容，并核对所给的定值是否齐全。

10.5.2.5　做好各种传动试验验收记录表及所需的仪器、仪表、工具等准备工作。

10.5.2.6　根据调试范围完成相关的调试措施等各种文件的编写、审核、批准工作，包括但不限于：

a）启动电源及厂用电源系统受电调试方案。

b）高压输电线路及升压变电站调试方案。

c）励磁系统调试方案。

d）发电机变压器组保护及自动装置调试方案。

e）厂用电源系统保护及自动装置调试方案。

f）保安电源系统调试方案。

g）直流电源系统调试方案。

h）不停电电源系统调试方案。

i）发电机同期系统调试方案。

j）高压厂用电快切系统调试方案。

k）电气整套启动调试方案。

10.5.3　继电保护装置单体调试阶段监督工作重点：

10.5.3.1　继电保护设备的外观和绝缘检查。

10.5.3.2　全部继电保护装置接线正确，图纸应符合实际。

10.5.3.3　人机界面及各操作系统试验检查、稳压电源性能试验与检查、打印系统试验检查应符合规定。

10.5.3.4　继电保护设备通道采样线性度试验及采样值打印、正确性分析，电气设备及线路有关实测参数完整正确，核对电流互感器变比及伏安特性，其二次负载满足误差要求。

10.5.3.5　继电保护设备保护动作特性、定值及动作逻辑试验检查，继电保护装置的保护定值整定计算，装置定值符合整定值通知单要求，检验项目及试验数据结果符合 DL/T 995 规定。

10.5.3.6　继电保护设备出口、压板及信号回路的试验与检查。

10.5.4　继电保护和自动装置分系统调试阶段监督工作重点：

10.5.4.1　发电机变压器组、线路、母线保护系统调试监督重点：

a）检验发电机变压器组、线路、母线保护至故障录波器、DCS、远动等设备的信号回路，模拟各类保护动作后，接至 DCS、故障录波器、远动的相应信号应正确。

b）核查各差动保护所用 TA 极性是否正确。

c）在保护带开关传动试验时应分别模拟主保护和后备保护动作，进行保护带开关传动试验。

d）检查保护装置相关开入量时应实际进行模拟传动试验。

e）应进行 TA 二次回路通流试验、TV 二次回路通压试验，以确保交流回路的正确性。

f) 保护装置带开关传动试验，跳开关跳圈 I 时断开跳圈 II 操作电源，跳开关跳圈 II 时断开跳圈 I 操作电源；两个操作电源都送上进行双跳闸线圈极性检查。

10.5.4.2 发电机变压器组（发电机）同期系统调试监督重点：

a) 检查微机自动准同期装置应安装独立的同期鉴定闭锁继电器，且该继电器的出口回路必须串接在自动准同期装置出口合闸的回路当中。

b) 检查同期逻辑是否满足要求。

c) 带开关整组传动试验时应根据同期装置实测的开关合闸时间，对同期装置的导前时间定值进行校核。

d) 需进行发电机变压器组带母线零起升压试验，对同期系统电压进行定相，以确保同期系统电压二次回路的正确性。

10.5.4.3 高压厂用电源快切系统调试监督重点：

a) 根据设计院出具的图纸结合快切装置出厂的原理图，检查整个装置与 DCS 的控制和信号回路，到工作分支和备用分支的电流回路、电压回路、控制和信号回路，到厂用系统母线 TV 柜的电压回路、信号回路，到发电机变压器组保护的二次回路等。

b) 装置带开关整组传动，试验结束后将系统恢复至试验前状态。

c) 需在机组倒送厂用电前完成快切整组带开关传动试验。

10.5.4.4 故障录波系统监督重点：

a) 根据建设单位提供的定值单，依次对模拟量启动进行测试。

b) 整组试验一般安排在所有二次回路检查结束后，从开关量的源头进行模拟，同时在故障录波器观察录波器启动报文，是否与设计院的设计相一致。

10.5.4.5 继电保护设备分系统调试阶段主要试验项目：

a) 线路保护试验项目：保护装置整定值与软件版本校核、本侧保护整组试验、线路保护带开关传动试验、两侧保护联调试验、保护装置带负荷试验等。

b) 母线保护试验项目：保护装置整定值与软件版本校核、母线差动保护试验、失灵保护测试、母联充电保护测试、带开关整组传动试验等。

c) 发电机变压器组保护试验项目：保护装置整定值与软件版本校核、发电机变压器组保护通流通压试验、发电机变压器组一次通流试验、带开关整组传动试验、保护装置带负荷检查等。

d) 高压厂用电保护试验项目：高压厂用电动机、变压器保护联锁试验、TA 通流试验、保护带开关传动试验、保护相量检查试验等。

10.5.5 继电保护设备整套启动调试阶段监督工作重点：

10.5.5.1 机组整套启动阶段的主要调试项目：

a) 发电机变压器组短路试验。

b) 发电机空载试验及励磁系统空载性能试验。

c) 发电机变压器组零起升压试验。

d）发电机自动假同期试验及自动准同期并网试验。

e）厂用电快切试验。

f）发电机变压器组带负荷检查（重点检查差动保护电流，定子接地电压及带方向性保护相位等）。

g）励磁系统负载性能试验。

10.5.5.2 继电保护设备并网前工作监督重点：

a）测量转子绕组交流阻抗时，将发电机转子绕组同励磁系统回路完全断开，并采取安全措施保证给转子绕组加入的试验电源不会影响到励磁回路的其他设备。

b）短路试验时需考虑设置相关临时定值（如修改发电机过电压保护定值），发电机变压器组保护跳闸出口压板仅投跳灭磁开关。出口开关宜断开控制回路电源，防止开关误分闸。

c）检查假同期试验时并网开关合闸时应为假同期电压录波包络线最低点。同期装置的增速、减速、增磁和减磁回路均应试验。导前时间更改后假同期录波应再重复试验，确认修改正确。

d）并网前，注意恢复并网断路器至DEH、励磁调节器临时措施，DCS后台强制点应由热工专业取消。

10.5.5.3 继电保护设备带负荷试运行工作监督重点：

a）带负荷后注意发电机变压器组保护中功率型保护的方向性、涉网保护的方向性检查。

b）测量不同负荷下电流互感器二次回路相位、差动保护差流和中性线电流。

c）机组负荷满足试验条件时，进行高压厂用电源带负荷手动切换试验和事故快速切换试验，切换前做好事故预想。

d）记录不同负荷下三次谐波比率值。

10.5.5.4 继电保护设备满负荷阶段工作监督重点：

a）记录电气专业满负荷试运行主要参数。

b）统计电气专业试运行技术指标。

c）记录满负荷下三次谐波比率值，并对定子接地保护定值进行校核。

10.5.6 对调试阶段继电保护设备技术指标进行监督检查重点：

10.5.6.1 在调试阶段，现场检查机组各种保护功能，经过整组试验，动作正确。

10.5.6.2 在整套启动试运过程中，确认保护装置的整定值、保护功能的实际投退情况，确认正确投入，投入率达100%。

10.5.6.3 在调试阶段，验收调试单位的试验，检查所有保护校验记录和试验报告，保护装置校验完成率达100%。

10.5.7 对于继电保护定值整定管理的监督重点：

10.5.7.1 继电保护定值整定管理的基本要求：进行整定计算时应遵循GB/T 14285、DL/T 684、DL/T 1502等相关技术规程，选择具有相关资质的单位进行整定，并按系统年度阻抗及时校核有关保护定值。在整定计算中需注意与汽轮机超速保护、励磁系统过励、低励、V/Hz 限制保护和厂用电系统的整定配合关系。

10.5.7.2　继电保护定值整定工作监督要点：

a）在整定计算大型机组高频、低频、过压和欠压保护时应分别根据发电机组在并网前、后的不同运行工况和制造厂提供的发电机组的特性曲线进行。

b）在整定计算发电机变压器组的过励磁保护时应全面考虑主变压器及高压厂用变压器的过励磁能力，并按调节器过励限制首先动作，其次是按发电机变压器组过励磁保护动作，然后按发电机转子过负荷动作的阶梯关系进行。

c）励磁调节器中的低励限制应与失磁保护协调配合，遵循低励限制灵敏度高于失磁保护的原则，低励限制线应与静稳极限边界配合，且留有一定裕度。

d）整定计算发电机定子接地保护时应根据发电机在带不同负荷的运行工况下实测基波零序电压和三次谐波电压的实测值数据进行整定。

e）整定计算发电机变压器组负序电流保护应根据制造厂提供的对称过负荷和负序电流的 A 值进行。

f）整定计算发电机、变压器的差动保护时，在保护正确、可靠动作的前提下，不宜整定过于灵敏，以避免不正确动作。

g）发电机组失磁保护中静稳极限阻抗应基于系统最小运行方式的电抗值进行校核。

10.5.7.3　继电保护定值管理监督要点：

a）继电保护装置定值变更，应按定值通知单要求执行，并在规定日期前完成。如根据一次系统运行方式的变化，需要变更运行中保护装置的整定值时，应在定值通知单上说明。

b）电网调度机构下发的继电保护定值，火电企业继电保护专业人员应做好定值的核对与执行；涉网设备保护定值变更后，由现场运行人员与电网调度人员按调度运行规程核对无误后方可投入运行。

c）做好保护调试管理工作，现场调试完成后要进行三核对：核对检验报告与定值单一致、核对定值单与设备设定值一致、核对设备参数设定值符合现场实际。

d）对定值通知单的控制字宜给出具体数值。

e）属于厂内管理的定值，应参照涉网的管理程序制定厂内保护定值整定及管理的相关制度，以明确厂内定值的计算、审核、批准及执行各环节程序。

f）继电保护装置定值通知单及有关版本通知单应设专人管理，登记在册，定期监督检查。

10.5.8　验收阶段必须做到“新建工程投入时，全部已安装的继电保护和自动装置应同时投入”，以保证新建工程的安全投产。

10.5.9　新安装的继电保护装置投运前，应以订货合同、技术协议、设计图样和技术说明书及有关验收规范等规定为依据进行调试，并按定值通知单进行整定。检验整定完毕，并经验收合格后方允许投入运行。

10.5.10　新安装的保护装置竣工后，其验收主要项目如下：

10.5.10.1　电气设备及线路有关实测参数完整正确。

10.5.10.2 全部保护装置竣工图纸符合实际。

10.5.10.3 装置定值符合整定通知单要求。

10.5.10.4 检验项目及结果符合检验规程的规定。

10.5.10.5 核对电流互感器变比及伏安特性，TA 10%（5%）误差曲线，其二次负荷满足误差要求。

10.5.10.6 检查屏前、后的设备整齐、完好，回路绝缘良好，标志齐全、正确。

10.5.10.7 检查二次电缆绝缘良好，标号齐全、正确。

10.5.10.8 继电保护装置向量测试报告齐全。

10.5.10.9 检查互感器极性、变比及其回路接线正确性，判断方向、差动、距离等保护装置有关元件及接线的正确性。

10.5.10.10 调试单位提供的继电保护装置调试报告齐全。

10.5.11 当发生下列情况时，应对发生问题的单位发出继电保护技术监督告警单：

10.5.11.1 机组投产时，继电保护装置不能同期全部投产。

10.5.11.2 在检查、抽查过程中发现继电保护及安全自动装置以及所属二次回路存在较严重的安全隐患。

10.5.11.3 继电保护及安全自动装置整定计算错误，并下达至现场执行。

10.5.11.4 不及时执行继电保护反事故措施。

10.5.11.5 故障录波器无法正常投运。

10.5.11.6 未按有关规定进行保护选型，致使未经鉴定或不合格产品入网运行。

10.5.11.7 技术监督重点项目或重要调试项目未做。

11　汽轮机及旋转设备技术监督

11.1　设计选型阶段

11.1.1　汽轮机设备的设计、选型技术监督应执行的标准和规范：GB 50660、GB/T 5578中的规定；汽轮机本体范围内的汽水管道设计应执行DL/T 5054中的规定，必要时还应与制造厂协商确定；管道支吊架的材料、设计应执行GB/T 17116中的规定，同时还应符合各类管道有关的国家现行规范的要求；汽轮机辅助系统及设备主要包括油系统、给水系统、凝结水系统、疏放水设施、凝汽器及其辅助设施、循环水系统等，这些系统的设计应满足GB 50660、DL/T 892的要求；汽轮机疏水系统设计应执行DL/T 834，必要时还应结合机组的具体情况和运行、启动方式，做进一步优化；工业循环水冷却设施的类型选择，应根据生产工艺对循环水的水量、水温、水文和供水系统的运行方式等方面的使用要求，经技术经济比较后确定，可以参照GB/T 50102中的相关规定执行；汽轮机设备、管道及其附件的保温、油漆的设计应符合DL/T 5072的相关规定。凡未经国家、省级鉴定的新型保温材料，不得在保温设计中使用；设计应执行所签订的合同、技术协议。

11.1.2　汽轮机设计选型阶段，应对汽轮机主机设备性能提出明确要求：

11.1.2.1　汽轮机的设计寿命（不包括易损件）不低于30年，在其寿命期内能承受允许的各种工况，总的寿命消耗不应超过75%。

11.1.2.2　汽轮机及所有附属设备应是成熟的、先进的，并具有制造类似容量机组、运行成功的经验，不得使用试验性的设计和部件。

11.1.2.3　机组的设计应充分考虑到可能意外发生的超速、进冷汽、冷水、着火和突然振动。

11.1.2.4　转子的第一临界转速至少应为其最大连续转速120%。

11.1.2.5　整个机组应进行完整的扭振分析，其共振频率至少应低于操作转速10%或高于脱扣转速10%。

11.1.2.6　所使用的材料应是全新的，所有承压部件均为钢制，所有承压部件不得进行补焊，主要补焊焊缝焊后需热处理。

11.1.3　汽轮机设计选型阶段，应对转子及叶片性能提出的要求：

11.1.3.1　叶片的设计应是成熟高效的，叶片在允许的频率变化范围内不致产生共振，同时保持较高的通流效率。

11.1.3.2　低压末级及次末级叶片应具有必要的防水蚀措施。

11.1.3.3　叶片组应有防止围带断裂的措施。

11.1.3.4　发电机与汽轮机连接的靠背轮螺栓能承受因电力系统故障发生振荡或扭振的机械应力而不发生折断或变形。

11.1.4　汽轮机设计选型阶段，应对汽缸性能提出的要求：

11.1.4.1　汽缸的设计应能使汽轮机在启动、带负荷、连续稳定运行及冷却过程中，因温度梯度造成的变形最小，能始终保持正确的同心度。

11.1.4.2　汽缸进汽部分及喷嘴室设计能确保运行稳定、振动小。

11.1.4.3　汽缸上的压力、温度测点必须齐全，位置正确，符合运行、维护、集中控制和试验的要求。

11.1.4.4　汽缸端部汽封及隔板汽封有适当的弹性和推挡间隙，当转子与汽封偶有少许碰触时，可不致损伤转子或导致大轴弯曲。

11.1.4.5　汽缸必须具有足够的强度和刚度，确保在任何运行工况下都不得发生跑偏、变形等现象。

11.1.5　汽轮机设计选型阶段，应对轴承及轴承座性能提出的要求：

11.1.5.1　主轴承的形式应确保不出现油膜振荡，各轴承的设计失稳转速应避开额定转速25%以上，并具有良好的抗干扰能力。

11.1.5.2　轴承箱结构必须有足够的强度及刚度，在任何运行工况下均不得发生变形及前倾等现象。台板与轴承箱之间应采用润滑好且不易失效的材料。

11.1.6　汽轮机设计选型阶段，应对主汽门、调速汽门性能提出的要求：

11.1.6.1　主汽门、调速汽门应严密不漏，其强度和严密性应能承受在主蒸汽管道上设计压力的水压试验。

11.1.6.2　主汽门、调速汽门能在汽机运行中进行活动试验，还具备检修后能够进行单独开闭试验的性能，要求主汽门及调速汽门的关闭时间符合 DL/T 711 要求。

11.1.7　汽轮机设计选型阶段，应提供成熟的供油系统，满足机组在启动、停机、正常运行和事故工况下，汽轮发电机组所有轴承的用油。

11.1.8　汽轮机设计选型阶段，应对盘车装置性能提出的要求：

11.1.8.1　盘车装置应是自动啮合型的，能使汽轮发电机组转子从静止状态转动起来，投入时不应发生撞击。

11.1.8.2　盘车装置的设计应能做到自动退出而不发生撞击，且不再自行投入。

11.1.9　轴封供汽系统是自动的并具有汽封压力、温度自动调整控制功能，具有防止汽轮机进水、进冷气等损坏汽轮机的措施。

11.1.10　疏水系统的设计应能排出所有设备包括管道和阀门内的凝结水，系统还应能够使停用设备、管道、阀门保持在运行温度状态。

11.1.11　应对发电设备的设计审查阶段进行技术监督与管理，实行技术负责人责任制，该阶段各发电企业应明确汽轮机技术监督专责人。在设计阶段应对设计方案、供货厂家设计方案、图纸、设计单位设计资料（包括软硬件、布置、选材等）和原理图纸进行审查。

11.1.11.1　初步设计阶段：初步设计的任务是确定工程的主要设计原则、各工艺系统方案、工程设计标准及工程投资概算，为工程辅机设备、主要材料、工程施工招标及施工图设计提供依据。

a）开展工程初步设计前，应监督初步设计原则编制。初步设计原则应包括工程建设条件概况描述；主机选型，炉、机、电参数选择原则。

b）新设备、新材料必须经权威部门鉴定并出具鉴定意见后方可应用；初步设计文件应阐述新设备、新材料技术上的先进性、经济上的合理性、安全上的可靠性以及在其他工程应用情况和在本工程应用的可能性。

c）汽轮机组及其辅助设备初步设计时应考虑机组常用出力工况，低压缸末级叶片长度、通流设计、轴系设置、备用设备冗余、供热抽汽设计等应充分预估机组投产后实际情况，在保证机组安全可靠的基础上提升设备运行经济性。

11.1.11.2 施工图设计阶段：施工图设计的任务是根据初步设计阶段审定的主要设计原则、工艺系统、设计方案及主要辅机选型意见，进行详细的工程设计和详图设计，为工程采购、施工和安装提供依据。应监督工程施工图设计，其应满足以下相关文件和资料的规定：工程设计合同文件；主体工程和配套工程初步设计审查意见；经批复的工程初步设计文件；设备厂家提供的设备技术参数及设计基础资料；材料厂家提供的材料技术参数；工程勘测、工程测量等设计基础资料。

a）应监督工程施工图设计程序，其应按下列程序进行：设计单位编制施工图交付进度计划，项目公司组织施工图交付进度计划评审，设计单位进行司令图设计，二级单位组织司令图设计评审，设计单位进行施工图设计，项目公司组织施工图交底（会审）。

b）应监督工程施工图交付进度，施工图设计图纸交付进度应满足工程施工进度的要求，有利于现场安全文明施工管理，有利于工程现场协调组织，施工图设计图纸应按以下顺序交付：先提供总体设计，后提供局部设计；先提供土建设计，后提供安装设计；先提供地下设计，后提供地上设计；先提供关键路径工程设计，后提供其他路径工程设计。

c）应监督施工图设计的完整性、准确性和及时性，当设计基础资料与初步设计阶段不符，需改变系统设计或方案设计时，应按照设计变更管理权限和程序履行报批手续。

11.1.11.3 设计优化阶段：设计优化工作应贯穿项目设计的全过程。初步设计和司令图设计是设计优化的重要阶段，工艺流程、系统配置、设备裕度和备用是设计优化的重点内容。工程设计鼓励在标准化、模块化设计的基础上优化。

a）应监督优化设计方案，设计招标时，应结合工程特点，要求投标设计院有重点、有针对性地开展专题方案优化，专题方案应满足设计深度要求，设计评标时，应充分考虑选择综合投标方案最优的设计单位承担工程设计。

b）应监督优化设计工程量，施工图设计应根据批准的初步设计及设备、材料招标情况、施工图勘测资料进一步开展设计优化工作。

c）应监督优化设计及时性，项目实施过程中，如发现可以降低工程投资的好方案，应及时进行设计优化。

11.1.11.4 设计变更管理阶段：

a）应监督设计变更规范性，工程设计变更应按规定的程序和权限报批，按权限审批的设计变更作为调整执行概算的依据。

b）应监督设计变更合规性，设计变更按照审批权限履行报批程序。

c）应监督设计变更依据，设计变更申请应附变更理由、主要依据、技术条件和投资增减，设计变更如涉及其他项目相应修改时，应同时进行综合研究，统一提出设计变更申请。

d）应监督设计变更通知单，依据设计变更批准后，设计单位应提出规范的设计变更通知单，设计变更通知单应由设计单位按规定的权限审签，设计变更通知单发放范围应与原设计图纸发放范围一致，工程竣工时，设计变更文件应作为工程竣工资料一起移交。

11.1.11.5　竣工图设计阶段：竣工图是工程建设移交生产时的真实反映。竣工图设计的任务是将工程建设过程中发生的设计变更，如实、准确地反映到工程设计图纸中，形成完整的工程设计文件。应监督竣工图设计的真实性、完整性。

11.2　设备监造阶段

11.2.1　汽轮机设备监造技术监督应执行的标准和规范：DL/T 586；设备供货合同、设备监造合同中规定的国内通用标准；制造厂的企业标准、相关设备合同与技术协议等。

11.2.2　火力发电企业在监造阶段应设置汽轮机专业技术监督专责人，在监造阶段从技术管理和技术实施两个方面进行监督。

11.2.3　设备的监造，应派监造人员常驻制造厂进行监造，监造人员应有丰富的专业工作经验。监造人员可委托监造单位派遣，受专业技术监督专责人监督管理。如果委托监造单位，项目单位则应依法通过招标选择监造单位，并签订监造合同，合同中明确承担的监造项目、内容和责任。监造单位与制造厂不得有隶属关系和利害关系。

11.2.4　设备监造阶段应对主机、主要辅机及其他关键设备进行监造。监造工作主要包括以下内容：

11.2.4.1　核实制造厂及主要分包商的资质情况、生产能力和质量管理体系是否符合设备供货合同的要求。

11.2.4.2　查验制造厂生产设备状况、操作规程和有关生产人员、质检人员的上岗资格、设备制造和装配场所环境情况。

11.2.4.3　查验主要原材料、外购配套件、毛坯铸锻件等质量证明文件及检验报告。

11.2.4.4　核查设备设计文件、产品技术标准、质量计划、排产计划、分包合同、重大工艺装备、重大检验与试验装备和设施状态能否满足设备合同的要求。

11.2.4.5　见证主要部件的加工、组装和试验过程及主要分包件、外协加工件的关键控制点。

11.2.4.6　巡视日常生产过程，严格按照合同要求进行设备整体出厂前的质量验收，杜绝发生需返厂处理的质量问题。

11.2.4.7　及时归档监造工作的有关资料、记录等文件，按时报送设备监造工作总结。

11.2.5　设备的监造方式分为停工待检、现场签证、文件见证三种。停工待检项目，需有监造人员参加检验并签证后，才能转入下道工序。现场签证项目，制造厂在进行试验或检验前规定的时间内通知监造人员参加工序检验或试验，必要时监造人员可进行抽检或复测，核定各部分检测、试验数据，然后进行现场见证签证。制造厂应在完成检验或试验后提交记录或报告。文件见证项目，制造厂提交的原材料报告和证书，以及制造记录和报告，在完成检验或试验后，监造人员应认真查阅、核实制造生产的原始记录、图纸技术文件、工序质量检验、试验记录、见证监检点检验单是否正确合格。

11.2.6　国内设备监造的重要项目、停工待检点的监检或重大设备出厂前检验，由监造单位按设备监造计划派有关人员和聘请的专家组成专检小组赴制造厂进行监造检验。

11.2.7　国外设备的监造按监造计划表进行，合同中规定派人赴现场进行见证的项目及其监造的时间、地点。由制造厂提前与项目单位联系，项目单位派出监造专检小组，按协议中监造内容赴制造厂进行文件核查、见证监造，并按要求填写监造见证书。

11.2.8　汽轮机制造监造阶段，应对汽缸及喷嘴室监检项目提出的要求：

11.2.8.1　应开展铸件材质理化性能检验，核对汽缸及喷嘴编号要与实物一致，依据制造厂家技术条件的要求核对汽缸及喷嘴的化学成分及机械性能。监检结果应符合编号与实物一致，汽缸及喷嘴的化学成分及机械性能应符合针对汽缸及喷嘴材质的技术要求。

11.2.8.2　应开展喷嘴室清洁度检查，喷嘴室应清洁、光滑无毛刺，内部无焊瘤、焊渣等，符合验标要求。

11.2.8.3　应检测汽缸各安装槽（或凸肩）结构尺寸和轴向定位尺寸测量记录，应依据制造厂家汽缸精加工图及汽缸装配图检查各个尺寸，符合厂家图纸设计要求。

11.2.8.4　应开展汽缸水压试验，查看汽缸材质、制造单号等，检验汽缸水压试验，试验压力及保压时间符合图纸要求，应保证汽缸密封性好，在保压时间内无泄压、漏水现象。

11.2.9　汽轮机制造监造阶段，应对隔板套监检项目提出的要求：

11.2.9.1　应开展铸件材质理化性能检验，核对隔板套编号要与实物一致，依据制造厂家技术条件的要求核对隔板套的化学成分及机械性能。监检结果应符合编号与实物一致，汽缸及喷嘴的化学成分及机械性能应符合针对汽缸及喷嘴材质的技术要求。

11.2.9.2　应检查隔板套各安装槽（或凸肩）结构尺寸和轴向定位尺寸测量记录，依据制造厂家隔板套（持环）精加工图及隔板套（持环）装配图检查各个尺寸，应符合厂家图纸设计要求。

11.2.10　汽轮机制造监造阶段，应对隔板监检项目提出的要求：

11.2.10.1　应开展铸件材质理化性能检验，核对隔板编号要与实物一致，依据制造厂家技术条件的要求核对隔板的化学成分及机械性能。监检结果应符合编号与实物一致，隔板的化学成分及机械性能符合针对隔板材质的技术要求。

11.2.10.2　依据《隔板装焊图》对汽道高度及喉部宽度测量和出口面积测量进行抽检。

11.2.11　汽轮机制造监造阶段，应对转子监检项目提出的要求：

11.2.11.1　应依据核对制造厂转子残余应力技术要求对转子锻件残余应力开展测试。

11.2.11.2　应依据核对制造厂转子脆性转变温度技术要求对转子锻件脆性转变温度开展测试。

11.2.11.3　应依据核对制造厂转子锻件热稳定性技术要求对转子锻件脆性转变温度开展测试。

11.2.11.4　应依据核对制造厂转子锻件热稳定性技术要求对转子锻件热稳定性开展测试。

11.2.11.5　应开展转子精加工后端面及径向跳动检测（主要包括轴颈、联轴器、推力盘、各级轮缘等），应根据图纸要求，在对应的点上支好百分表，然后盘动转子监测跳动值。一般将整个圆周需等分为 16 个点来测量跳动值。

11.2.11.6　应依据《转子精加工图》及《转子装配图》对各级叶根槽结构尺寸及其轴向定位尺寸检测其记录。

11.2.12　汽轮机制造监造阶段，应对转子装配监检项目提出的要求。

11.2.12.1　应参照低压转子动叶精加工图检查低压转子动叶装配称重量记录。

11.2.12.2　应依据制造厂《汽轮机主要零部件（转子部分）加工装配技术条件》对动叶装配外观质量开展检查。

11.2.12.3　应依据制造厂动叶片静频测量技术要求对调频动叶片成组后静频测量记录进行检查。

11.2.12.4　应开展转子高速动平衡和超速试验，检验转子在临界转速、工作转速、超速转速时调阀端及电动机端的振动速度。

11.2.12.5　应依据制造厂《低压转子末级动叶》《低压转子次末级动叶》的图纸检查末级、次末级动叶片动频测量记录。

11.2.13　汽轮机制造监造阶段，应对油动机监检项目提出的要求：

11.2.13.1　应对壳体、套筒、活塞、滑阀检查，保证内部清洁干净、无铸砂、铁屑等杂物。

11.2.13.2　应对油道、油口、油孔检查，保证位置、数量、尺寸正确、畅通。

11.2.13.3　保证滑阀在套筒内移动灵活无卡。

11.2.13.4　保证活塞环轴向总间隙在 0.04mm～0.08mm 范围内。

11.2.13.5　保证活塞杆与套筒径向总间隙在 0.10mm～0.20mm 范围内。

11.2.13.6　保证活塞与油缸底部间隙在 6.4mm±1.5mm 范围内。

11.2.13.7　对伺服阀进行检查，保证滑阀灵活无卡。

11.2.13.8　对卸荷阀、溢流阀进行检查，保证滑阀灵活无卡，行程符合厂家要求，调节丝杆不卡涩，行程符合厂家要求。

11.2.13.9　检查连杆连接，保证膨胀间隙符合厂家要求，动作灵活无卡涩。

11.2.13.10　检查活塞行程使其符合厂家要求。

11.3　施工安装阶段

11.3.1　汽轮机设备及系统安装技术监督应执行的标准和规范：GB 50108、DL 5190.3、DL 5190.5；施工质量检验及评定执行 GB 50208、DL/T 5210.3、《火力发电工程质量监督检查大纲》；所签订的工程施工、安装合同。

11.3.2　发电企业在基建安装阶段应设置汽轮机专业技术监督专责人，在汽轮机安装阶段从技术管理和技术实施两个方面进行监督。

11.3.2.1　对承担安装工程单位的资质进行监督审查，主要包括：

a）营业执照、资质等级、劳动部门颁发的安全施工合格证书。

b）质量管理/职业安全健康/环境管理体系认证证书。

c）完成相似工程的经验及其履行情况和现在正在履行的合同情况。

d）拟分包的主要工程项目及拟承担分包项目的承包方情况。

11.3.2.2 对施工组织进行监督审查，主要包括：

a）汽轮机专业施工组织设计。

b）主要施工方案。

c）工程投入的主要物资、施工机械设备情况及主要施工机械进场计划。

d）汽轮机施工管理组织人员配备。

e）确保工程质量的技术组织措施。

f）确保安全（文明）施工的技术组织措施。

g）汽轮机专业施工进度网络图表。

11.3.2.3 设备安装应按严格按施工图纸进行施工，按照施工图纸和合同要求完成内部三级验收，并配合和接受业主、监理工程师及总包进行的监督检查和四级验收。检查验收需遵照如下图纸、文件：

a）经会审签证的施工图纸。

b）批准签证的设计变更。

c）设备制造厂家提供的图纸和技术文件。

d）合同中有关质量条款。

11.3.3 汽轮机本体监督：

11.3.3.1 汽轮机基座、台板和垫铁的检查包括：

a）建筑交付安装记录签证齐全。

b）基础沉降均匀，沉降观测记录完整。

c）垫铁的布设符合图纸要求，台板与垫铁及每叠垫铁间接触及间隙符合规范，检查验收记录完整。

11.3.3.2 汽缸、轴承座及滑销系统的检查包括：

a）汽缸、轴承座与台板间隙符合规范，记录完整。

b）汽缸喷嘴室、调阀汽室隐蔽签证记录完整。

c）各轴承座进行的检漏试验、签证记录完整。

d）汽缸、轴承座水平、扬度符合设计要求，记录完整。

e）滑销、猫爪间隙符合制造厂要求，记录完整。

f）汽缸法兰结合面间隙符合规范规定，记录完整。

g）汽缸负荷分配记录符合制造厂要求。

h）监督检查低压缸与凝汽器或直接空冷排汽装置的连接，验收签证记录完整。

11.3.3.3 轴承和油挡的检查包括：

a）轴瓦接触（重点监督检查轴瓦乌金接触、垫铁接触）符合规范规定，记录完整。

b）推力瓦乌金接触及推力间隙符合规范，记录完整。

c）轴承座与轴瓦油挡间隙符合图纸要求，记录完整。

11.3.3.4 汽轮机转子的检查包括：

a）转子轴径椭圆度和不柱度记录符合规范规定。

b）转子弯曲符合厂家要求。

c）全实缸状态下测量转子轴径扬度符合制造厂要求，记录完整。

d）转子推力盘端面瓢偏记录符合规范规定。

e）转子联轴器外缘径向晃度及端面瓢偏符合规范，记录完整。

f）转子对汽封（或油挡）洼窝中心记录符合制造厂要求或规范规定。

g）全实缸状态下测量转子联轴器找中心数值符合制造厂要求，记录完整。

h）转子就位后复测转子缸外轴向定位值，记录完整。

11.3.3.5 通流部分的检查包括：

a）静叶持环或隔板安装符合规范规定，记录完整。

b）全实缸状态下测量轴封及通流间隙符合制造厂要求，记录完整。

c）全实缸状态下做转子推拉试验，推拉值符合厂家图纸要求，记录完整。

d）新安装机组首次扣盖前，应对调频叶片的固有频率进行测定，并鉴定其频率分散率和频率避开率。

11.3.6 调节保安及油系统监督：

油管道阀门安装应符合设备安装手册以及二十五项反措中的相关规定；新汽轮机油的验收应严格执行 GB/T 7596 的相关规定；对于套装油管路，应在制造、运输、储存和安装过程中严格控制油系统的清洁度；油循环冲洗应包括厂家供货油管道、非厂家供货管道、设备及设备附属管道，其冲洗方法可参照厂家技术文件或相关标准；新装或扩建机组的润滑油系统（含套装回油管）、顶轴油系统等管道宜采用不锈钢材质。

11.3.6.1 抗燃油系统安装监督应包括：

a）抗燃油系统的安装必须保证管道强度和管道洁净度，做好管材及焊材选用，严格控制安装工艺，同时确保管材及管系吹扫清洗合格。

b）抗燃油系统管道安装时，其焊口必须全氩弧焊接、100%射线探伤。

c）采用插接式焊接时，必须保证焊接强度，预留插接管的膨胀余量，防止膨胀 余量不够对焊缝造成额外应力。

d）管子对接时要考虑到奥氏体钢的热膨胀系数较大的问题，防止多个焊口膨胀积累，对管系及焊口带来附加应力，可以通过调整配管长度来抵消焊口的膨胀积累。

e）必须采用性能可靠的活接、丝头、密封圈、连接件，严格安装工艺管理，防止强行对口，防止活接、丝头紧固不到位，防止损伤密封面、密封线、密封圈，防止管道膨胀受阻、振动摩擦、热体烤灼、腐蚀氧化等不正常现象。

f）抗燃油的监督应执行 DL/T 571 的相关规定。

11.3.6.2 油系统安装完毕质量验收时，检查下列隐蔽签证和报告：

a）各油箱封闭签证。

b）冷油器严密性试验签证。

c）润滑油和密封油冲洗前、后检查签证。

d）抗燃油系统冲洗前、后检查签证。

e）抗燃油、润滑油和密封油系统冲洗后由有资质的第三方检验机构出具的合格的油质化验报告。

f）抗燃油管道的防震措施。

11.3.7 发电机本体部分的安装监督：

11.3.7.1 发电机本体部分的安装监督应执行 GB 50170 的相关规定；定子槽楔应无裂纹、凸出及松动现象。

11.3.7.2 每根槽楔的空响长度符合制造厂工艺规范要求，端部槽楔必须嵌紧；槽楔下采用波纹板时，应按产品要求进行检查。

11.3.7.3 进入定子堂内工作，应保持清洁，严谨遗留物件，不得损伤绕组端部和铁芯。转子上的紧固件应紧牢，平衡块不得增减或变位，平衡螺丝应锁牢，氢内冷转子应按制造厂规定进行通风检查，转子严密性试验，检查结果应符合制造厂的规定。

11.3.7.4 风扇叶片应安装牢固，无破损、裂纹及焊口开裂。穿转子时，应使用专用工具，不得碰伤定子绕组和铁芯。

11.3.7.5 凸极式电动机的磁极绕组绝缘应完好，磁极应稳固，磁极间撑块和连接线应牢固。电动机的空气间隙和磁场中心应符合产品的要求。

11.3.7.6 安装端盖前，电动机内部应无杂物和遗留物，冷却介质及气封通道应通畅。安装后，端盖接合处应紧密。采用端盖轴承的电动机，端盖接合面应采用 10mm×0.05mm 塞尺检查，塞入深度不得超过 10mm。

11.3.8 旋转设备监督：

11.3.8.1 重要旋转设备安装完毕质量验收时，应监督检查下列施工技术记录：

a）各旋转设备基础及预埋件检查记录。

b）台板安装记录。

c）轴承各部间隙测量记录。

d）推力轴承间隙、接触检查记录。

e）轴瓦垫块及轴瓦与轴颈接触检查记录。

f）各旋转设备联轴器找中心记录。

11.3.8.2 旋转设备安装完毕质量验收时，监督检查下列隐蔽签证：

a）二次灌浆前检查签证。

b）各旋转设备轴承座封闭签证。

c）汽动给水泵驱动汽轮机扣盖签证。

11.3.9 其他设备及系统监督：

11.3.9.1 凝汽器（或空冷排汽装置）和低压缸排汽室喉部的焊接，应严格监视汽轮机本体和采取措施控制焊接变形，将因焊接引起的垂直位移保持在允许的范围之内。

11.3.9.2 高、低压加热器和除氧器在制造厂监造时水压试验合格签证书可作为现场水压试验的依据，安装时不宜再做水压试验，不利于后期防腐处理。

11.3.9.3 汽轮机设备及系统的保温应按 DL/T 5704 及 GB/T 4272 的规定执行。所有管道、汽缸保温应使用良好的保温材料，如硅酸铝纤维毡等，严禁含石棉制品，安装后应做好成品保护。

11.3.9.4 安装完毕质量验收时，检查下列隐蔽签证：

a）凝汽器穿管前检查签证。

b）凝汽器与汽缸连接前检查签证。

c）凝汽器灌水试验签证。

d）凝汽器汽侧、水侧封闭签证。

e）空冷系统严密性试验签证。

f）空冷装置汽侧封闭签证。

g）空冷装置风道检查签证。

h）抽气设备封闭签证。

i）除氧器封闭签证。

j）热交换器水压试验签证。

11.4 调试阶段

11.4.1 汽轮机调试及性能验收试验技术监督应执行的标准和规范：汽轮机调试应执行 DL/T 863、DL/T 5294、DL/T 5437 的有关规定；所签订的项目调试、性能验收试验合同。

11.4.2 发电企业在基建调试及性能验收试验阶段应设置汽轮机专业技术监督专责人，从技术管理和技术实施两个方面进行监督。

11.4.2.1 调试资质的监督审查应包括：

a）承担汽轮机启动调试的主体调试单位必须具备相应的资质。

b）汽轮机启动调试的专业负责人由具有汽轮机调试经验的专业调试技术人员担任。

c）汽轮机调试人员在调试工作中应具备指导、监督、处理和分析问题、编写防范措施和技术总结的能力。

11.4.2.2 调试单位宜及早参与设备选型、设计审查、设计联络会等有关工作。

11.4.2.3 调试单位主要工作内容：

a）编制工程“调试大纲”中规定的汽轮机部分的“调试措施（方案）”，明确汽轮机调试项目、调试步骤、试验方案及工作职责，并制定相应的调试工作计划与质量、职业健康安全和环境管理措施，汽轮机整套启动调试措施（方案）及甩负荷试验方案必须经过建设、监理、总包等单位的会审并需经过试运指挥部的批准后方能实施。

b）向参与调试的其他单位进行“调试措施安全技术交底”。

c）参加设备系统的验收及启动条件的检查。

d）进行分系统调试与汽轮机整套启动调试，并完成全过程的调试记录。

e）按汽轮机启动调整试运质量检验及评定要求，对调试项目的各项质量指标进行检查验收与评定签证，经验收合格后移交试生产。

f）汽轮机启动调试工作完成后，调试单位应编写“调试报告”，调试报告应对调试过程中出现的问题进行分析，并提出指导机组运行的建议。

11.4.3 调试过程主要监督内容：

11.4.3.1 分系统试运应具备的条件：

a）相应的建筑和安装工程已完成，并验收合格。

b）试运需要的建筑和安装工程的记录等资料齐全。

c）一般应具备设计要求的正式电源、汽（气）源和水源。

d）组织、人员落实到位，分部试运计划、分案和措施已审批、交底。

11.4.3.2 分部试运项目试运合格后，施工、调试、总包、监理、业主和生产单位均应签字确认。分系统试运的记录和报告，应由调试方负责整理、提供，符合质量体系的要求。

11.4.3.3 闭式冷却水系统调试内容：

a）DCS（或 PLC）操作控制功能实现及联锁保护投用。

b）稳压水箱排放冲洗至水质澄清。

c）闭式冷却水泵试运转及采取临时措施进行系统母管和冷却器循环冲洗，系统母管和冷却器循环冲洗 2h 后，停泵放水（泵必须断电），重复循环冲洗至水质清洁、无杂物。

d）系统中各附属机械设备的冷却水在投用前应进行管道排放冲洗。

e）停机（应急）冷却水泵启动调试。

f）冷却器投运，各附属机械及设备的冷却水投用，稳压水箱自动补水。

g）闭式冷却水泵联锁保护动态校验。

h）完成调试记录及调试质量验收评定签证。

11.4.3.4 开式冷却水系统调试内容：

a）开式冷却水泵试运转；电动滤水器（旋转滤网）调试；开式冷却水泵联锁试验。

b）DCS（或 PLC）操作控制功能实现及联锁保护投用。

c）对开式冷却水系统管道及冷却器进行冲洗。

d）完成调试记录及调试质量验收评定签证。

11.4.3.5 凝结水泵及凝结水系统调试内容：

a）DCS 操作控制功能实现及联锁保护投用。

b）凝结水输送泵试运转（再循环运行方式）。

c）凝结水输送系统试运及系统冲洗，达到系统水质清洁、无杂物。

d）凝结水泵试运转（再循环运行方式），泵连续试运转时间为 8h。

e）凝结水系统试运及系统冲洗，达到系统水质清洁、无杂物。

f）应完成的自动调整：除氧器水位自动控制动态调整；凝结水泵最小流量调整；凝汽器水位调整；凝结水精处理装置旁路阀调整；凝结水箱自动补水调节装置调整。

g）电气联锁保护调试。

h）完成调试记录及调试质量验收评定签证。

11.4.3.6　胶球清洗系统调试内容：

a）DCS（或 PLC）操作控制功能实现及联锁保护投用。

b）胶球清洗装置程控调试，达到合格收球率；收球网检查及调整；胶球清洗泵试运转；胶球清洗装置调试；胶球清洗装置收球率测试。

c）完成调试记录及调试质量验收评定签证。

11.4.3.7　循环水泵及循环水系统调试内容：

a）DCS（或 PLC）操作控制功能实现及联锁保护投用。

b）循环水泵试运转及系统投运。

c）循环水泵试运转及系统试运调整。

d）循环水泵及系统报警信号、联锁保护校验。

e）循环水泵停运。

f）冲洗水泵及旋转滤网试运转。

g）旋转滤网、冲洗水泵试运转及系统调试，系统冲洗。

h）冷水塔投运，水池自动补水系统调试。

i）冷水塔淋水槽、填料检查及淋水均布调整。

j）冷水塔风试运转，风机润滑油油站及油系统投运调整。

k）电动机试转，风机试运转。

l）完成调试记录及调试质量验收评定签证。

11.4.3.8　电动给水泵进口管静压冲洗调试内容：

a）DCS（或 PLC）操作控制功能实现及联锁保护投用。

b）电动给水泵进口管静压冲洗。

c）电动给水泵试运转及润滑油、工作油系统调整。

d）辅助油泵试运转及润滑油系统调整。

e）电动给水泵的监测设备、仪表和联锁保护静态试验。

f）电动机带耦合器试运转。

g）前置泵试运转（通过电动给水泵再循环）。

h）电动给水泵组试运转（再循环）。

i）润滑油、工作油系统调整及联锁保护校验。

j）电动给水泵停运。

k）除氧给水系统试运。

l）管道系统冲洗。

m）除氧器水冲洗及清理。

n）除氧器安全门动作检验，除氧器水位、压力联锁保护校验，除氧器投运及停止。

o）除氧给水系统报警信号、联锁保护校验。

p）完成调试记录及调试质量验收评定签证。

11.4.3.9　主机润滑油、顶轴油系统及盘车装置调试内容：

a）DCS（或 PLC）操作控制功能实现及联锁保护投用。

b） 交流、直流辅助油泵试运转。

c） 确认油系统管道（包括顶轴油管道）冲洗验收合格，并且油箱清理后已换上合格的润滑油，汽轮机润滑油质量标准见GB/T 7596。

d） 润滑油系统、顶轴油系统及盘车装置的监仪表和联锁保护等静态校验合格。

e） 润滑油泵及系统调试：油箱低油位跳闸校验，交流辅助油泵启动及系统油压调整。

f） 流辅助油泵启动，交流辅助油泵、直流辅助油泵自启动联锁校验。

g） 顶轴油系统调试：顶轴油泵试转及出口压力调整，顶轴油压分配调整及轴颈顶起高度调整。

h） 盘车装置调试：盘车装置投运，盘车装置自动投用和停用联锁校验。

i） 联锁保护项目调试：润滑油压达Ⅰ值低油压，联动交流润滑油泵自启动；润滑油压达Ⅱ值低油压，联运直流润滑油泵（事故油泵）自启动，同时机组跳闸停机；润滑油压达Ⅲ值低油压，联动盘车停止。

j） 完成调试记录及调试质量验收评定签证。

11.4.3.10 润滑油净化系统调试内容：

a） 系统操作控制功能实现及联锁保护投用。

b） 润滑油输送泵试运转及管道冲洗。

c） 油净化装置投用：真空室真空泵试运转及管道冲洗，加热器投入调整，装置脱水、脱色、除酸、除杂质调整。

d） 油净化装置停用。

e） 净化油质化验。

f） 完成调试记录整理及调试质量检验评定签证。

11.4.3.11 汽轮机调节保安系统及控制油系统调试内容：

a） DEH操作控制功能实现及联锁保护投用。

b） 安全油系统调整。

c） 油泵出口溢流阀调整。

d） 高压蓄能器调整。

e） 低压蓄能器调整。

f） 联锁保护调整：油箱油位保护，按制油（调节油）油泵启动条件、跳泵条件调整。

g） 高、中压主汽阀和调节汽阀油动机位移调整。

h） 高、中压主汽阀和调节汽阀油动机关闭时间静态测定。

i） 调节保安系统静态调整。

j） 完成调试记录及调试质量检验评定签证。

11.4.3.12 汽动给水泵汽轮机润滑油系统及调节保安系统调试内容：

a） 润滑油系统调整。

b） 给水泵汽轮机控制油系统调整。

c） 主汽阀、调节汽阀油动机调整及关闭时间测定。

d）盘车装置调整。

e）当用辅助蒸汽汽源启动调试汽动给水泵汽轮机时，可进行给水泵汽轮机危急遮断器充油试验及机械超速试验。

f）汽动给水泵汽轮机跳闸保护模拟试验及给水泵汽轮控制动态模拟试验。

g）MEH 操作控制功能实现及联锁保护校验。

h）完成调试记录及调试质量检验评定签证。

11.4.3.13　高、低压旁路系统调试内容：

a）DCS（或 PLC）操作控制功能实现及联锁保护投用。

b）高、低压旁路管道蒸汽吹扫（在锅炉蒸汽吹管阶段中，配合吹扫高、低压旁路管道）。

c）高压旁路减温水管道水冲洗。

d）低压旁路减温水管道冲洗。

e）旁路控制装置油系统油冲洗。

f）高、低压旁路功能调整。

g）完成调试记录及调试质量检验评定签证。

11.4.3.14　辅助蒸汽系统调试内容：

a）辅助蒸汽母管管道蒸汽吹管（用辅助锅炉汽源或外来汽源经减温减压装置后进行冲管）。

b）减温减压装置调整。

c）辅助蒸汽母管蒸汽吹管。

d）辅助蒸汽母管安全阀整定。

e）用辅助蒸汽母管汽源吹扫除氧器加热用蒸汽管；给水泵汽轮机调试用蒸汽管。

f）用辅助蒸汽母管汽源吹扫汽轮机轴封蒸汽管；发电机定子水箱加热蒸管；化学水处理加热蒸汽管；采暖加热蒸汽管。

g）用辅助蒸汽母管汽源吹扫暖风器加热蒸汽管；空气预热器辅助吹灰蒸汽管；锅炉燃油雾化蒸汽管；锅炉防冻用蒸汽管。

h）用辅助蒸汽母管汽源吹扫抽汽至辅助蒸汽母管管道（在锅炉蒸汽冲管后阶段，通过临时管排放进行冲管）。

i）完成调试记录及调试质量检验评定签证。

11.4.3.15　抽汽回热系统调试内容：

a）抽汽逆止门调整及防进水联锁保护校验。

b）加热器联锁保护检验及投用。

c）低压加热器解除联锁开启危急疏水阀，待水质合格后恢复联锁，再切回到逐级自流至凝汽器。

d）高压加热器解除联锁开启危急疏水阀，在机组带负荷约 30%时微开加热器进汽阀对加热器进行暖管，当温度稳定后再开大加热器进汽阀直到开足，待水质合格后恢复联锁，切到逐级自流至除氧器。

e）加热器汽侧投运应按低压到高压的顺序进行。

f）完成调试记录及调试质量检验评定签证。

11.4.3.16 真空系统调试内容：

a）真空系统灌水严密性检查，灌水要求应按制造厂的规定。

b）真空泵试运转：电动机试转，泵组试运转。

c）真空泵联锁保护校验。

d）真空系统试拉真空。

e）完成调试记录和调试质量检验评定签证。

11.4.3.17 轴封系统调试内容：

a）辅助蒸汽至轴封系统的蒸汽供汽管用辅助蒸汽进行吹管。

b）冷再热蒸汽至轴封系统的蒸汽供汽管在锅炉蒸汽吹管阶段进行吹扫。

c）主蒸汽至轴封系统的蒸汽供汽管用主蒸汽进行吹扫。

d）轴封系统减温水管道水冲洗。启动凝结水泵，用除盐水冲洗管道直到冲洗水质清洁为止。

e）轴封系统蒸汽供汽减温装置调整。

f）轴封系统蒸汽供汽减压装置调整及安全门校验。

g）轴封蒸汽压力调整装置调整。

h）轴封冷却器投运及轴冷风机试运转调整。

i）轴封系统投用。

j）完成调试记录和调试质量检验评定签证。

11.4.3.18 分部试运项目试运合格后，施工、调试、总包、监理、业主和生产单位均应签字确认。分系统试运的记录和报告，应由调试方负责整理、提供，符合质量体系的要求。

11.4.4 整套启动试运过程主要监督内容：

11.4.4.1 整套启动试运应具备的条件：

a）试运现场条件满足要求，各项分部试运完成。

b）组织机构健全，职责分明。

c）人员配备齐全，生产准备工作就绪。

d）技术文件准备充分，符合要求。

e）已接受电力建设工程质量监督站的监督检查，达到“质检大纲”的工作要求。

11.4.4.2 整套启动前需完成以下调试工作的确认：

a）汽轮机各辅机及辅助系统的分系统试运已经完成，并经验收合格，与设备和系统有关的联锁保护及调节功能完善，就地仪表指示正确、变送器及开关 CRT 显示正确。设备及分系统主要有：闭式水系统，凝补水系统，压缩空气系统，循环水系统，开式水系统，凝结水系统，给水系统，真空系统，辅助蒸汽及轴封系统，汽轮机、给水泵汽轮机润滑油系统、油净化系统，汽轮机、给水泵汽轮机控制油系统，顶轴油和盘车装置，发电机氢气、密封油、定冷水系统，抽汽回热系统，主蒸汽及再热蒸汽系统，高、低压旁路系统，蒸汽管道及汽轮机本体疏水系统，调节保安等系统。

b） 汽轮机DEH及给水泵汽轮机MEH系统静态调试工作已完成。

c） 主机联锁保护试验已完成，报警项目已完成。

d） 发电机整体气密性试验结束，并验收合格。

e） 与启动有关的锅炉、化水、电气等专业的调试工作已完成，并已办理签证。

f） 汽轮发电机组安装工作已全部结束并验收签证，具备启动条件。

g） 热工SCS、DAS、TSI、CCS的调试已完成主要工作，可投入运行并能满足机组启动要求。

h） SOE功能完备、大屏报警必须项目齐全、手操盘和操作台按钮功能正常。

i） 除盐水制备已满足要求，各水箱、油箱储备已满足要求。

j） 管道和设备需保温的已保温良好，设备和阀门操作台和爬梯已搭建好，设备和阀门已挂牌并固定，管道标识、防腐油漆已刷完。

k） 现场清理干净，照明、消防等安全措施已落实。

l） 主辅机抗燃油、润滑油油质合格。

11.4.4.3　整套启动调试内容：

整套启动试运按空负荷调试、带负荷调试和满负荷试运三个阶段进行，进入满负荷试运前，应按照《火力发电建设工程机组调试技术规范》中的要求完成所有的调试项目试项目。

11.4.4.4　空负荷阶段调试过程主要内容：

a） 不同工况下启动试验及启动参数调整。

b） 汽轮机冲转升速至额定转速。

c） 检查主、再热蒸汽系统暖管充分且无积水，各辅助设备及系统运行正常。

d） 冲转蒸汽过热度检查，保证蒸汽品质合格。

e） 确认所有汽轮机防进水保护疏水阀处于全开状态。

f） 记录重要参数的初始值，如缸胀、差胀、转子偏心、转速、轴振、瓦振、本体金属温度、轴承金属温度和回油温度等。

g） 汽缸膨胀试验所需仪表已安装，并派专人记录，滑销系统已润滑，能自由滑动。

h） 汽轮机挂闸试验，检查就地挂闸手柄、超速试验手柄位置正确。

i） 汽轮机冲转，盘车装置脱扣正常。

j） 汽轮机低转速摩擦检查试验。

k） 汽轮机高转速暖机试验。

l） 汽轮机升至额定转速，全面检查。

11.4.4.5　启动过程中主机技术标准的控制：

a） 高、中压内、外缸上、下温差不超过制造厂规定的限值。

b） 高、中、低压缸胀差在制造厂规定范围内，并具有一定的裕度。

c） 通过临界转速时轴振动不大于250μm。

d） 轴向位移应符合制造厂规定的范围。

e）推力轴承金属温度符合设计要求。

f）汽轮机、发电机轴承金属温度不大于95℃。

g）高压缸排汽温度不大于390℃。

h）低压缸排汽温度应符合设计要求。

i）凝器真空达到规定要求。

11.4.4.6 汽轮机跳闸保护试验，按以下要求进行：

a）为保证汽机的安全运行，机组首次冲转达到3000r/min时，应进行主机远方、就地跳闸试验。

b）危急保安器注油试验，额定转速下应进行两次，动作油压是否正常。

c）ETS通道及保护试验。

11.4.4.7 完成润滑油压力调整试验。

11.4.4.8 完成主汽门、调速汽门关闭时间测试，执行DL/T 711的要求。

11.4.4.9 主汽门、调速汽门严密性试验，按以下要求进行：

a）通过试验，确认汽轮机的高、中压主汽门和高、中压调门严密性符合设计要求，能满足机组安全、稳定运行的需要。

b）原则应在额定汽压、正常真空和机组空负荷运行时进行汽门严密性试验，主汽压力达不到额定汽压但符合机组安全运行要求时（不应小于50%P_0），亦可进行试验，但结果需折算，机组转速下降值修正$n=1000\times P/P_0$（P、P_0分别表示试验时主蒸汽压力与额定主蒸汽压力）。

c）主汽门严密性试验合格，方可进行调门严密性试验。

11.4.4.10 汽轮机超速试验，按以下要求进行：

a）汽轮机冷态启动时，试验前汽轮机带10%～25%额定负荷运行4h以上，并此间保持蒸汽参数稳定，随后减负荷解列，汽轮机稳定在额定转速。若制造厂另有试验说明，可按制造厂的要求不带负荷直接进行超速试验。

b）机械超速保护试验应与电气附加超速保护试验分别进行。

c）机械超速保护试验危急保安器动作转速值应设定为额定转速的109%～111%，每个飞锤或飞环应试验两次，两次动作转速之差不大于0.6%，当机组为初次时，应进行三次试验，第三次动作转速与前两次动作转速平均值之差不大于1%额定转速。

d）电气附加超速保护动作试验，同上步骤。一般动作整定值比危急机械超速的危急保安器动作转速高1%～2%，最高不得大于客定转速的114%。当电气附加超速保护装置动作时，超速指示灯应亮。

e）对于OPC超速限制保护装置试验，装置整定值为103%～105%。

f）对于只设有电气超速保护装置（不设机械超速保护装置）的汽轮机机组，其电气超速试验的动作转速值及试验步骤与机械超速试验要求相同。

11.4.4.11 汽轮机惰走试验，按以下要求进行：

a）不破坏真空惰走试验，记录惰走时间，绘制惰走曲线。

b）破坏真空惰走试验，记录惰走时间，绘制惰走曲线。

11.4.4.12 带负荷阶段调试过程主要内容：

a）机组并网带负荷，带初参数暖机检查，检查缸体疏水。

b）高、低压加热器冲洗、投入，加热器水位核定。

c）机组升负荷，辅汽、除氧器加热、给水泵汽轮机汽源切换。

d）汽轮机轴系振动监测试验。

11.4.4.13 带负荷运行过程中汽轮机重要控制项目：

a）额定负荷工况的轴振动或轴承振动。

b）轴承进油温度。

c）推力轴承、支持轴承及发电机轴承金属温度。

d）汽缸膨胀。

e）轴向位移。

f）高压缸、中压缸、低压缸胀差。

g）主蒸汽、再热蒸汽压力和温度。

h）高、中压内、外缸上、下温差。

i）凝汽器压力。

j）高压缸排汽温度。

k）低压缸排汽温度。

l）升负荷速率。

11.4.4.14 真空系统严密性试验，试验应符合下列要求：

a）机组负荷应稳定在80%额定负荷以上，真空度满足试验要求，真空平均下降值应符合现行行业标准DL/T 5295、DL/T 1290的要求。

b）空冷机组试验应选择在天气状况平稳时进行。

c）试验期间，监视真空变化情况，记录真空、排汽温度。

11.4.4.15 主汽门、调节汽门活动试验，按以下要求进行：

a）机组负荷在50%～75%额定负荷区间进行汽门活动试验。

b）先进行主汽门松动试验，再安排调门活动试验。

11.4.4.16 甩负荷试验，试验要求如下：

a）新投产机组应进行甩负荷试验，按现行行业标准DL/T 1270进行。

b）甩50%负荷时，最高飞升转速不应超过5%。如机组在第一级试验中转速动态超调量大于5%，则不得立即进行第二级试验。组织试验人员查找问题原因，在此基础上提出解决方案，应再次进行50%甩负荷试验，测试结果合格后方可进行100%甩负荷试验。

c）甩负荷试验期间，严密监视机组转速、振动、轴向位移、高排温度、抽汽止回门的开关、高中压调门的动作次数、给水泵汽轮机、机组真空、汽包水位、炉膛负压、主蒸汽压力等运行状况。

d）做好锅炉MFT、主汽温突降、高压缸排汽温度超限、锅炉超压、高压旁路、低压旁路无法正常开启等事故预想。

11.4.4.17 带满负荷试验。通过连续满负荷运行，检验机组运行的稳定性；确认主、辅机系统完善，设备运行情况良好，参数符合设计要求，能满足机组连续运行需要。

11.4.4.18 汽轮机满负荷试运标准：

a）连续运行时间要求，300MW 及 300MW 以上机组的满负荷试运连续运行时间不少于 168h。

b）按预定负荷曲线连续稳定带负荷。

c）连续平均负荷率要求，300MW 及 300MW 以上机组的连续平均负荷率不小于85%为合格，不小于 90%为优良。

d）连续满负荷率要求，300MW 及 300MW 以上机组（执行 168h 满负荷试运）的连续满负荷时间不小于 72h 为合格，不小于 96h 为优良。

e）热控自动投入率要求，300MW 及 300MW 以上机组的热控自动投入率不小于80%为合格，不小于 90%为优良。

f）保护装置投入率要求，300MW 及 300MW 以上机组的保护装置投入率 100%。

11.5 性能验收阶段

11.5.1 性能验收试验应由发电企业组织，由有资质的第三方单位负责，试验人员应有相应的资质证书，设备供货方、发电企业、设计和安装等单位配合。承担试验的单位应根据签订的合同，贯彻质量管理保证体系、检测/校准实验室认证、计量认证等，以促进试验质量不断提高。汽轮机热力性能验收试验应按照合同签订时指定的国际、国家、行业标准进行，以验证供货方提供的保证值。试验大纲/方案由承担性能验收试验的单位编写，与发电企业、设备供货方讨论后确定。试运结束后半年试生产期间内应完成相关性能试验，半年后的老化修正应经发电企业同意。

11.5.2 性能验收试验对于汽轮机主机及其系统而言，主要包括：汽轮机额定出力试验、汽轮机最大出力试验、汽轮机热耗率试验、汽轮发电机组轴系振动试验、噪声测试。

11.5.3 如合同中签订了其他辅助设备和附属机械性能验收试验，则采用相应的国际、国家、行业试验标准执行。

12 锅炉技术监督

12.1 设计选型阶段

12.1.1 应对锅炉及辅助设备的设计选型阶段进行技术监督与管理，实行技术负责人责任制，该阶段各发电企业应明确锅炉技术监督专责人。

12.1.2 锅炉设计选型技术监督包括设计审查、设备选型等监督工作。

12.1.3 设计应执行所签订的合同、技术协议。

12.1.4 初步设计完成后，建设单位应组织包括建设单位、发电企业、设计单位、调试单位、监理单位、技术监督服务单位等进行设计审查。

12.1.5 设计审查应对锅炉本体及系统、锅炉辅机及系统、输煤系统等各系统的工艺设计是否满足安全生产、经济合理、技术水平和环境保护的要求提出意见和建议，设计单位应根据评审结果对设计内容进行优化。

12.1.6 当采用新工艺、新方法、新技术或对原有设计做重要改动时，应根据工程具体条件通过论证比较后决定。

12.1.7 锅炉本体及系统：

12.1.7.1 锅炉设计、选型应执行 GB 50660、DL/T 831、DL/T 5240 等规定；对循环流化床锅炉，同时应执行 DL/T 1600 的规定；对燃气-蒸汽联合循环机组余热锅炉，同时应执行 GB/T 30577 的规定。

12.1.7.2 应根据煤矿供煤实际情况和近、远期供煤煤质的变化趋势确定锅炉的设计和校核煤种。锅炉设备的形式必须适应燃用煤种的煤质特性及现行规定中的煤质允许变化范围，并分析锅炉投运后煤质可能的变化幅度。

12.1.7.3 锅炉设计选型应与实际煤质特性相适应。根据不同的煤质，选用不同的炉型，如 π 形炉、塔式炉等；选用不同的燃烧方式，如对冲方式、四角切圆、W 型火焰布置等。新型炉型设计时应对现役机组进行充分调研，合理选取设计参数。

12.1.7.4 炉膛设计选型、燃烧器形式或布置方式，相关辅机设备设计选型、系统设计等应充分考虑能满足机组深度调峰、大气污染物排放控制要求、防受热面结焦沾污特性、防烟气和高温腐蚀、受热面防磨防爆等要求。

12.1.7.5 设计煤种为碱金属含量高、沾污性较强煤种时，水平烟道受热面管排间距应合理选择，并适当增加吹灰装置；当燃用含硫、钠、钒等低熔点氧化物成分高的煤时，要防止发生高温腐蚀；在可能发生高温腐蚀的部位，可增加高铬不锈钢的使用量或采用高温受热面金属镀膜等方式，提高材料的安全性。

12.1.7.6 锅炉侧管道、集箱及受热面管子用金属材料的选用应符合 GB 5310、DL/T 715 等的规定。受热面管子选材时，应充分调研同类型在役锅炉受热面管材实际抗高温蒸汽氧化性能，合理选择材质等级。锅炉各级过热器、再热器受热面使用材料的强度应合格，材料的允许使用温度应高于计算壁温并留有 15℃以上的裕度，还需要考虑抗蒸汽氧化裕量，且应装设足够的壁温监视测点。

12.1.7.7 燃烧器形式和布置方式应符合 NB/T 10127 的有关规定。对于切圆燃烧方式的锅炉，应合理设计理想切圆直径；对冲燃烧方式的锅炉燃烧器布置应合理，应关注侧墙水冷壁高温腐蚀的问题，并在设计时采取措施，提高侧墙水冷壁处的氧气浓度。

12.1.7.8 对于超（超）临界大容量锅炉机组，应对炉膛内特别是燃烧器区热负荷的均匀性提出更高要求，防止由于应力集中而导致受热面泄漏。燃烧器的布置不宜太集中，防止燃烧器区域热负荷过高。

12.1.7.9 燃用煤种适宜时，宜采用等离子点火、少油点火等节油点火技术。少油点火系统设计应执行 DL/T 1316 的有关规定，等离子体点火系统设计应执行 DL/T 1127 的有关规定。

12.1.7.10 循环流化床锅炉紧急补水系统的设置根据锅炉厂要求确定，带外置换热器的循环流化床锅炉应配置紧急补给水系统。

12.1.7.11 锅炉侧汽水管道的设计应按照 DL/T 5054 中的相关规定执行，管道设计应根据系统和布置条件进行，做到布置合理、安装维修方便。

12.1.7.12 过热蒸汽系统应设有喷水减温装置，过热蒸汽减温喷水能力应为设计最大喷水量的 1.5 倍。再热蒸汽系统应通过设置摆动燃烧器或尾部烟气挡板调节，当燃烧器处于水平（烟气挡板处于中间）位置时，再热汽温应能达到额定值；采用摆动燃烧器调温时，应从设计上保证在热态运行时能正常摆动。

12.1.7.13 锅炉二次风箱、水平烟道、脱硝入口等部位在设计时应考虑防积灰措施；锅炉尾部应有防止对流受热面及烟道积灰的措施，避免因积灰引起局部烟速升高，加重受热面局部磨损。

12.1.7.14 炉顶一次密封设计可采用塑膜防漏也称膨胀柔性密封技术，并使水冷壁、过热器、再热器及包墙悬吊管能自由膨胀。过热器、再热器管排穿顶棚处可采用热套筒式密封结构，各吊杆穿顶护板处可采用筒形填料密封。

12.1.8 锅炉辅机及系统：

12.1.8.1 锅炉制粉系统设计应满足 GB 50660、DL/T 5145、DL/T 5203 等的有关规定；对燃气-蒸汽联合循环机组余热锅炉，同时应执行 DL/T 5174 中的相关规定。

12.1.8.2 给煤机应根据制粉系统的布置、锅炉负荷需要、给煤量调节性能、运行可靠性并结合计量要求选择。给煤机宜具有低电压穿越的功能。

12.1.8.3 磨煤机及制粉系统选型应符合 DL/T 466 等标准要求。

12.1.8.4 中速磨煤机直吹式制粉系统应保证磨煤机入口风量测量的准确性，宜在弯头处布置合理的导流板，可在冷热风混合处设置混匀装置。对于大型火力发电机组，宜在磨煤机出口设置煤粉分配器，以保证一次风管粉量分配均匀。

12.1.8.5 制粉系统（全部烧无烟煤除外）应有防爆和灭火措施。对煤粉仓、磨煤机，应设有通惰化介质和灭火介质的措施。

12.1.8.6 锅炉一次风机、送风机、引风机按照 GB 50660、DL/T 468 等标准进行选择，风机选型时风量和风压不应选择过大富余量，应考虑单侧风机运行、另一侧风机检修时可靠的隔离措施。

12.1.8.7 新建电厂应优先采用脱硫增压风机与引风机合并方案，对于与增压风机合一的高压头引风机，宜结合对炉膛防爆保护的要求来考虑。对轴流式风机应具备预防喘振、失速的保护措施。

12.1.8.8 空气预热器设计时应保证换热面积足够，并预留一定空间。设计时应考虑脱硝系统投运、煤质变差等因素引起的堵灰问题，应选择防堵性能较好的换热元件形式和材料。回转式气预热器应设有可靠的停转报警装置、完善的水冲洗系统、消防系统及吹灰系统。

12.1.8.9 烟风、煤粉管道的设计应执行 DL/T 5121 中的相关规定。送风、制粉管道和烟道中易磨损的弯管和零件（包括烟风道内的支撑件、导流板等），宜采用防磨措施，并应降低阻力增加值，避免煤粉、飞灰沉积。

12.1.8.10 锅炉除灰渣系统的设计应执行 GB 50660、DL/T 5142 等的有关规定。

12.1.8.11 循环流化床锅炉滚筒冷渣机的设计应执行 DL/T 1594 等的有关规定，循环流化床锅炉风机的设计应执行 DL/T 1596 等的有关规定，循环流化床锅炉煤制备系统应执行 DL/T 1744 的有关规定。

12.1.8.12 石子煤输送系统应根据石子煤量、输送距离、布置和机组台数等条件合理选用。

12.1.9 输煤系统：

12.1.9.1 输煤系统的设计应执行 GB 50660、DL/T 5187.1、DL/T 5187.2、DL/T 5203 等相关规定。

12.1.9.2 贮煤设施型式及设计容量应综合厂外运输方式、运距、气象条件、煤种等因素确定。

12.1.9.3 燃料设计中应考虑配煤掺烧的要求，若燃煤较杂，有配（混）煤要求时，宜选用筒仓。当筒仓作为配煤设施或贮存褐煤、高挥发分烟煤时，应设置防爆、通风、温度监测、可燃气体检测、惰性气体保护等装置。

12.1.9.4 对黏性大、有悬挂结拱倾向的煤，在筒仓和原煤仓的出口段宜采用内衬不锈钢板，光滑阻燃型耐磨材料或不锈钢复合钢板，宜装设预防和破除堵塞的装置。

12.1.9.5 输煤系统煤尘防治设计应按照 DL/T 5187.2 的相关规定执行。运煤系统建筑、煤仓间等应有可靠捕灰、抑尘装置，并设置水冲洗装置。

12.1.10 锅炉及辅机性能试验的试验方案和测孔的布置方案，需在设计、施工阶段，提前考虑，确保在水压试验前提供，经相关单位审核后，将性能试验的测点和安装等要求应纳入施工图设计和设备订货清册。

12.2 设备监造阶段

12.2.1 锅炉监造监督应执行的标准和规范：DL/T 586、DL/T 612、依法签订的设备供货合同和技术协议、制造厂的企业标准、设备监造合同中规定的国内通用标准、监造单位出具的监造大纲等。

12.2.2 设备的监造，应派监造人员常驻制造厂进行监造，监造人员应有丰富的专业工作经验。

12.2.3 火力发电企业在监造阶段应设置锅炉专业技术监督专责人。

12.2.4 监造人员可委托监造单位派遣，受专业技术监督专责人监督管理。如果委托监造单位，项目单位则应依法通过招标选择监造单位，并签订监造合同，合同中明确承担的监造项目、内容和责任。监造单位与制造厂不得有隶属关系和利害关系。

12.2.5 设备监造阶段应对主机、主要辅机及其他关键设备进行监造。监造工作主要包括以下内容：

12.2.5.1 核实制造厂及主要分包商的资质情况、生产能力和质量管理体系是否符合设备供货合同的要求。

12.2.5.2 查验制造厂生产设备状况、操作规程和有关生产人员、质检人员的上岗资格、设备制造和装配场所环境情况。

12.2.5.3 应及时编制监造大纲和监造细则，明确防止锅炉受热面泄漏等重点监造项目、监督程序及质量标准。

12.2.5.4 应对设备监造服务所涉及的过程进行持续的策划、组织、监视、控制、报告，并采取必要的纠正措施。

12.2.5.5 应监督设备制造质量计划的执行情况、工序质量的管理情况、质量问题的处理情况。应识别设备制造过程易产生泄漏的关键工序过程，确定监督检查的重点和方法。

12.2.5.6 对锅炉制造单位分包的重要部件，监造人员应监造到分包厂家，并对分包厂家的管理、制造和业绩进行检查和评估。

12.2.5.7 负责设备质量见证项目表内容的见证，设备质量见证合格后，填写设备质量见证单。

12.2.5.8 在设备制造过程中，除实时进行质量见证外，还应以日常巡检的方式跟踪被监造设备的质量状况及设备制造单位的质保体系运行状况。

12.2.5.9 在设备制造过程中发现质量问题应立即与制造单位有关方面联系解决，较大问题应立即向项目公司报告。

12.2.5.10 巡视日常生产过程，严格按照合同要求进行设备整体出厂前的质量验收，杜绝发生需返厂处理的质量问题。

12.2.5.11 及时归档监造工作的有关资料、记录等文件，按时报送设备监造工作总结。

12.2.6 设备的监造方式分为停工待检、现场签证、文件见证三种。

12.2.6.1 停工待检项目：需有监造人员参加检验并签证后，才能转入下道工序。

12.2.6.2 现场签证项目：制造厂在进行试验或检验前规定的时间内通知监造人员参加工序检验或试验，必要时监造人员可进行抽检或复测，核定各部分检测、试验数据，然后进行现场见证签证。制造厂应在完成检验或试验后提交记录或报告。

12.2.6.3 文件见证项目，制造厂提交的原材料报告和证书以及制造记录和报告，在完成检验或试验后，监造人员应认真查阅、核实制造生产的原始记录、图纸技术文件、工序质量检验、试验记录、见证监检点检验单是否正确合格。

12.2.7 设备监造的重要项目、停工待检点的监检或重大设备出厂前检验，由监造单位按设备监造计划派有关人员和聘请的专家组成专检小组赴制造厂进行监造检验。

12.3 施工安装阶段

12.3.1 发电企业在施工安装阶段应设置锅炉专业技术监督专责。

12.3.1.1 对承担安装工程单位的资质进行监督审查，主要包括：

a） 营业执照、资质等级、劳动部门颁发的安全施工合格证书

b） 质量管理/职业安全健康/环境管理体系认证证书。

c） 完成相似工程的经验及其履行情况和现在正在履行的合同情况。

d） 拟分包的主要工程项目及拟承担分包项目的承包方情况。

12.3.1.2 对施工组织进行监督审查，主要包括：

a） 锅炉专业施工组织设计。

b） 主要施工方案。

c） 工程投入的主要物资、施工机械设备情况及主要施工机械进场计划。

d） 锅炉施工管理组织人员配备。

e） 确保工程质量的技术组织措施。

f） 确保安全、文明、环保施工的技术组织措施。

g） 锅炉专业施工进度网络图表。

12.3.1.3 对承担监理工作的人员进行监督审查，主要包括：

a） 总监理工程师、专业监理工程师、监理员岗位证书。

b） 总监理工程师同时担任多项委托监理项目的情况。

12.3.2 电力建设工程监理应执行 DL/T 5434 中的相关规定。监理单位应编写并提交监理规划、监理实施细则。监理规划的编制应针对电力建设工程项目的实际情况编写。监理实施细则编制应结合电力建设工程的专业特点，具有可操作性。

12.3.3 锅炉施工安装阶段依据 DL 5190.2、DL 5190.3、DL 5190.5、DL/T 438、DL/T 869、DL/T 5210.2 等标准、制造厂提供的安装指导书、图纸、设备及系统的设计修改签证等文件，以及与安装单位签订的工程施工、安装合同，对锅炉本体及辅机、输煤系统的安装实施监督。

12.3.4 设备入厂验收

a） 锅炉设备应符合技术协议要求，设备或部套入厂时设备制造及供货单位应提供质量证明书。

b） 锅炉用材料入厂验收应符合 JB/T 3375 的相关规定。

c） 设备在安装前应按照设备技术文件和 DL/T 855 的要求做好保管工作。

12.3.5 锅炉本体及附属系统

12.3.5.1 锅炉金属构架：

a） 锅炉开始安装前应根据验收记录进行基础复查，基础应符合设计和 GB 50204 的规定。基础划线允许偏差、垫铁的尺寸及安装要求应符合 DL 5190.2 相关要求。

b） 锅炉钢构架组合件的允许偏差应符合 DL 5190.2 相关要求。

c） 使用高强度大六角头螺栓和扭剪型高强度螺栓时，应按照 GB 50205 的规定安

装、验收。

d） 构架吊装后应复查立柱垂直度、主梁挠曲值和各部位的主要尺寸，应符合 DL 5190.2 相关要求。

e） 锅炉大板梁在承重前、水压试验前、水压试验上水后、水压试验完成放水后、锅炉点火启动前应测量其垂直挠度，测量数据应符合厂家设计要求。

f） 锅炉钢架吊装过程中，应按设计要求及时安装沉降观测点。

12.3.5.2 锅炉受热面：

a） 受热面安装前应根据供货清单、装箱单和图纸进行全面清点，注意检查表面有无裂纹、撞伤、龟裂、压扁、砂眼和分层等缺陷，合金钢材质的部件在组合安装前必须进行材质复查。

b） 受热面搬运、存放过程中应防止设备变形、碰撞损坏，密封盖脱落应及时封堵或包覆。

c） 受热面管通球试验应符合 DL 5190.2 相关规定。

d） 受热面管子在安装过程中应保持内部洁净，不得掉入任何杂物。受热面管子或联箱上布置的节流装置应保证通畅并采用内窥镜检查。

e） 检查联箱内清洁度，确认无异物方可封闭，并确认是否已办理隐蔽工程签证。

f） 汽包、汽水分离器、联箱吊装必须在锅炉构架找正和固定完毕后方可进行；汽包、汽水分离器、联箱安装找正时，应根据构架中心线和汽包、汽水分离器、联箱上已复核过的铳眼中心线进行测量，安装标高应以构架 LM 标高点为基准。

g） 水冷壁组合应在稳固的组合架上进行，螺旋水冷壁安装应分层找正定位，吊带应分层及时安装；过热器、再热器和省煤器等蛇形管安装时，应先将联箱找正固定。

h） 受热面组合安装偏差应符合 DL 5190.2、DL 5190.5 对各受热面（水冷壁、过热器、再热器、省煤器）组合安装允许偏差的要求。过热器、再热器应重点检查管排间距、边缘管与外墙间距是否符合要求，是否存在管子出列现象。

i） 管排与包墙过热器管屏间的膨胀间隙，应符合图纸的要求；管排防出列装置必须按设计要求进行安装，保证管排间距符合要求。

j） 受热面的防磨装置应按图纸留出接头处的膨胀间隙，且不得妨碍烟气流通。

12.3.5.3 锅炉水压试验：

a） 锅炉受热面安装完成后，应进行整体水压试验。水压试验前，应按照 DL 5190.2、DL/T 889 等标准、设计图纸、制造厂技术文件资料等对水压试验作业指导书进行审核。

b） 水压试验压力按照 DL 5190.2、锅炉安装说明书等相关规定执行。超（超）临界锅炉主汽、再热蒸汽管道水压试验宜采用制造厂提供的水压堵阀或专用临时封堵装置，并应经强度校核计算。

c） 锅炉水压试验水质和进水温度应符合设备技术文件、DL/T 889 以及本导则化学技术监督部分的规定；所用压力表计应经校验合格，其精度及刻度极限值符合

DL 5190.2 相关规定要求。

d） 水压试验过程中，升降压速率应严格执行 DL 5190.2 等标准要求。

12.3.5.4 燃烧设备：

a） 燃烧设备与水冷壁的相对位置应符合设计要求，并保证有足够的膨胀间隙，燃烧器喷出的煤粉不得冲刷周围水冷壁。

b） 与燃烧器相接的风、粉管道，不得阻碍燃烧器的热态膨胀和正常位移，接口处应严密不漏，不允许风、粉管道等的重量和轴向推力附加在燃烧器上。

c） 燃烧器的安装应符合 DL 5190.2 标准的要求。

d） 燃烧器在安装前应进行全面检查，所有喷嘴的转动部件、内外摆动机构、风门挡板的转动应灵活无卡涩。

e） 一、二次风挡板内外开度要一致，并在炉外做永久标识。

f） 燃烧器安装结束后，应全面检查各喷嘴的水平度。摆动机构的刻度指针指示为零时，各喷嘴应处于水平位置，其水平角度允许误差不大于 0.5°。

g） 燃烧器喷口标高，燃烧器间距离，旋流燃烧器一、二次风筒同心度，直流燃烧器喷口与一、二次风道间隙偏差应合乎要求。

h） 油点火装置炉外管道应采用带丝扣的金属软管连接，软管的裕量应能满足自身活动和锅炉膨胀要求等方面。点火油枪的金属软管应经 1.25 倍工作压力下的水压试验合格，金属软管的弯曲半径应大于其外径的 10 倍，接头至开始弯曲处的最小距离应大于其外径的 6 倍，油枪进退动作时金属软管不应产生扭曲变形。

i） 等离子点火装置的阴极头安装注意保护密封环，防止漏水，并保证不被损伤。

12.3.5.5 炉墙密封、金属护板和炉顶密封：

a） 炉顶密封要留有足够的膨胀间隙。

b） 顶棚管与对流管之间要严格按照图纸设计要求留出膨胀间隙，能自由膨胀，密封板开孔位置及尺寸满足图纸要求，无错焊、漏焊。

12.3.5.6 空气预热器：

a） 转子圆度、定子圆度、上下端板组装平整度、主轴垂直度等的允许偏差应符合 DL 5190.2 和设备制造厂家的要求。

b） 转子传热元件应在转子盘车合格后进行安装，传热元件装入扇形仓内不得松动，传热元件间不应有杂物堵塞；传热元件安装完毕后应做好防止杂物落入的措施。

c） 轴向、径向和周向密封的冷态密封间隙应按设备技术文件规定的数值进行调整和验收；密封间隙跟踪装置安装应符合图纸要求。

12.3.5.7 燃油系统设备及管道：

a） 燃油系统的设备、管道、阀门及管件的规格和材质应符合设计图纸要求。

b） 燃油管道的密封垫片应按设计要求严格选用。

c） 燃油系统设备及管道的接地和防静电措施应按设计要求施工。

d） 燃油系统管道安装应执行 DL 5190.2 的规定，同时还应执行 DL 5190.5 和 DL/T 869 的有关规定，应有具备相应资质的焊工施焊，燃油管道焊接应采用氩弧焊打底工艺。

e） 燃油系统安装结束后，所有管道必须经水压试验合格。

f） 燃油系统管道安装结束后应采用蒸汽吹扫。

12.3.5.8 吹灰系统、排污、取样、加热、疏放水、排汽系统及仪表、阀门等：

a） 吹灰系统的安装应按照 DL 5190.2 的规定执行，蒸汽吹灰系统管道安装时应考虑水冷壁膨胀补偿，管道应有 2/1000 以上的疏水坡度；脉冲吹灰系统可燃气管道安装，严密性试验应按 DL 5190.5 的规定执行；声波吹灰系统空气管路应进行吹扫，系统上的电磁阀、安全阀应经校验并签证。

b） 锅炉排污、疏放水管道应有不小于 0.2%的坡度，不同压力的排污、疏放水管道不应接入同一母管。

c） 排污、疏放水及汽水取样等管道具有合适的热膨胀补偿，保持管束走向整齐。

d） 水位计的安装应符合厂家图纸和 DL 5190.2 的相关要求。

e） 阀门安装位置应便于操作和检修，执行机构行程位置准确。

f） 膨胀指示器应按锅炉图纸要求安装，应安装牢固、布置合理、指示正确。水压试验前，零位应经过调整。

g） 调节阀、流量计等节流设备应在管道酸洗、冲洗、吹扫后安装。

12.3.5.9 检查烟气余热回收装置和暖风器的安装记录。

12.3.5.10 检查锅炉主要管道及支吊架的安装记录。

12.3.5.11 检查锅炉炉外高、低压管道安装记录。

12.3.6 锅炉辅机及系统

12.3.6.1 锅炉烟风管道、燃（物）料管道及附属设备：

a） 烟风道在安装前应经检查验收，其所用材料应符合设计要求。

b） 烟风道组合件焊缝长度及厚度应符合要求，组合件焊缝必须在保温前经渗油检查合格；管道和设备的法兰间应有足够厚度的密封衬垫，衬垫应安装在法兰螺栓以内并不得伸入管道和设备中，衬垫两面应涂抹密封涂料。

c） 烟风系统挡板、插板安装前检查轴封和密封面密封安好，安装后应在轴端头做好与实际位置相符的永久标识；对组合式挡板门，各挡板的开关动作应同步，开关角度应一致。

d） 锅炉烟风道安装结束后应及时清除内外杂物和临时固定件，办理隐蔽签证。

12.3.6.2 磨煤机：

a） 磨煤机的安装应符合制造厂技术文件和 DL 5190.2 的规定要求，安装过程中各类间隙、偏差、跳动值等指标应符合设备制造厂技术文件的规定。

b） 应进行磨煤机折向挡板开度或动态分离器转动灵活性检查。

12.3.6.3 风机：

a） 风机的安装应符合制造厂技术文件和 DL 5190.2 的规定要求；设备安装间隙值应符合设备技术文件的规定；离心式风机的调整挡板安装应保证各叶片的开启和关闭角度一致，开关的终端位置应符合厂家技术文件的规定，调节挡板的轴头上应有与叶片板位置一致的标记；轴流式风机动（静）叶调节装置的调节及指示应与叶片的转动角度一致，调节范围应符合设备技术文件的规定，极限位置应有限位装置。

b）采用汽轮机驱动的风机，汽轮机部分的安装应符合 DL 5190.3 的相关要求。

c）风机轴承及油站的冷却水管道的冲洗应执行 DL 5190.2 的规定要求。

d）冷油器水压试验应执行 DL 5190.2 的规定要求。

12.3.6.4 给煤机：

给煤机的安装应符合制造厂技术文件和 DL 5190.2 的规定要求，刮板给煤机、振动给煤机、全密封自动称量式皮带给煤机等各类给煤机的平整度、间隙、偏差值、振幅、密封性等技术指标应符合设备技术文件的要求，部件固定应牢固。

12.3.6.5 排渣机：

a）捞渣机的安装应符合制造厂技术文件和 DL 5190.2 的规定要求。

b）刮板捞渣机驱动装置大、小链轮的中心应重合，其偏差满足规定要求；刮板链条与机槽的最小侧间隙应符合设备技术文件规定；尾部张紧装置调节应灵活，刮板链条松紧应适度。

c）刮板捞渣机安装时所有链条销轴、螺杆、滑轨、轴承、传动部件以及减速器内，均应按设备技术文件规定加注润滑剂。

d）干式排渣机中设备部件的安装重合度、水平偏差、行程、中心偏差、平行度等指标应符合要求。

12.3.6.6 冷渣器设备：

a）冷渣器设备的安装应符合制造厂技术文件和 DL 5190.2 的规定要求。

b）滚筒冷渣器纵横中心、标高、水平度安装偏差应不大于规定要求。

c）风水联合冷渣器风帽布置时，部件编号与图纸应相符，安装方向正确，风帽安装孔中心距误差不大于 2mm；管排组装前应做一次单根水压试验或无损探伤。联箱找正固定后应先安装基准蛇形管，带基准蛇形管找正固定后再安装其余管排；边缘管与炉墙间隙应符合厂家图纸要求。

12.3.6.7 除尘装置：除尘器的安装应符合制造厂技术文件和 DL 5190.2 的规定要求，检查的重点内容详见本导则环保技术监督部分。

12.3.7 输煤系统

12.3.7.1 输煤系统的安装应符合制造厂技术文件和 DL 5190.2 的规定要求。

12.3.7.2 胶带输煤机安装前应检查预埋件与预留孔的位置和标高是否符合设计，并经检查验收合格。托辊和胶带的规格应符合设计规定。托辊表面应光滑无毛刺，轴承应有润滑脂，转动应灵活。胶带胶面无硬化和龟裂等变质现象。

12.3.7.3 胶带输煤机构架、滚筒、拉紧装置、托架和托辊安装应符合标准要求。

12.3.7.4 落煤管、落煤斗的法兰连接处应加装密封垫。落煤管的出口中心应与下部皮带机的中心找正，头部落煤斗的中心应与上部皮带机的中心找正。

12.3.7.5 胶带的铺设和胶接工作可按胶带厂家要求执行，厂家无要求时应执行 DL

5190.2 的规定要求。

12.3.7.6 输煤系统的碎煤机、筛煤机、翻车机、斗轮堆取料机等设备的安装应满足设备制造厂、设计规定和 DL 5190.2 的规定要求。

12.3.7.7 斗轮机、翻车机高强螺栓抽样复检和紧固应满足规定要求。

12.3.7.8 输煤系统设备应使用规定牌号的滑油（脂），滑油（脂）应经化验合格。

12.3.8 保温

12.3.8.1 保温设计说明书、安装指导书、保温作业指导书应符合 DL 5190.2、制造厂相关图纸等文件的要求。特殊部位的保温应进行专门设计。

12.3.8.2 锅炉炉墙、炉衬砌筑的保温应执行 DL 5190.2 的规定。锅炉设备（不包括锅炉本体）、管道及其附件的保温、油漆的设计应符合 DL/T 5072 的规定，凡未经国家、省级鉴定的保温材料，不得在保温设计中使用。

12.3.8.3 保温施工前，应核对保温材料产品合格证等质量证明文件，并进行检验，检验项目应符合 DL 5190.2 的规定。

12.3.8.4 保温施工应无漏项，应重视引风机轴承冷却风机烟道内保温等锅炉重要或易遗漏部位的保温检查。

12.3.8.5 保温材料施工时保温层应拼接严密，同层错缝，层间压缝，不得出现直通缝。

12.3.8.6 设备及管道保温安装中，应采取有效的保护措施防止成品被污染或损坏。

12.3.9 启动锅炉及系统

启动锅炉的安装应符合制造厂技术文件和 DL 5190.2 的规定要求。

12.3.10 流化床锅炉

流化床锅炉的安装应执行 DL 5190.2 的规定，同时应执行 GB 50972 的规定。

12.3.11 燃气-蒸汽联合循环机组余热锅炉

燃机余热锅炉的安装应符合制造厂技术文件和 DL 5190.2 的规定要求。

12.3.12 安装验收

12.3.12.1 锅炉安装质量验收执行 DL 5277、DL/T 5210.2、DL/T 5210.5 等标准要求。各安装工程应分阶段由施工单位、监理单位、建设单位进行质量验收。

12.3.12.2 工程施工应先按照施工图纸和合同要求完成施工单位内部三级验收，并接受建设单位及监理工程师进行的监督检查和四级验收。检查验收需遵照如下图纸、文件：

a） 经会审签证的施工图纸和设计文件。

b） 批准签证的设计变更。

c） 设备制造厂家提供的图纸和技术文件。

d） 合同中有关质量条款。

12.3.12.3 各阶段施工质量验收应具备的签证和记录应齐全，符合 DL 5190.2 的规定。

12.4 调试阶段

12.4.1 发电企业在基建调试及性能验收试验阶段应设置锅炉专业技术监督专责人。

12.4.2 发电企业应加强对参见单位人员资质的审查，安全员、签字人员应持证上岗并在建设单位备案。

12.4.2.1　调试资质的监督审查应包括：

a）承担锅炉及其重要辅机的启动调试的主体调试单位必须具备相应的资质。

b）锅炉及其重要辅机启动调试的专业负责人由具有相关调试经验的专业调试技术人员担任。

c）锅炉调试人员在调试工作中应具备指导、监督、处理和分析问题、编写防范措施和技术总结的能力。

12.4.2.2　发电企业锅炉技术监督专责人应监督调试单位完成包括但不限于以下主要工作内容：

a）编制工程“调试大纲”中规定的锅炉部分的“调试措施（方案）”，明确锅炉调试项目、调试步骤、试验的方案及工作职责，并制定相应的调试工作计划与质量、职业健康安全和环境管理措施；锅炉整套启动调试措施（方案）及重要的分系统调试措施必须经过建设、监理等单位的会审并需经过试运指挥部的批准后方能实施；准备调试检查、记录和验收表格。

b）参加相关单机试运条件的检查确认和单体调试及单机试运结果的确认，参加单机试运后质量验收签证。

c）负责分系统试运和整套启动试运调试前的技术及安全交底，并做好交底记录。

d）负责全面检查试运机组各系统的完整性和合理性，组织分系统试运和整套启动试运条件的检查确认。

e）按合同规定组织完成分系统试运和整套启动试运中的调试项目和试验工作，参加分系统试运和整套启动试运质量签证，使与调试有关的各项指标满足达标要求。

f）在分系统试运和整套启动试运期间，协助相关单位审核和签发工作票，并对消缺时间做出合理安排。

g）按锅炉启动调整试运质量检验及评定要求，对调试项目的各项质量指标进行检查验收与评定签证，经验收合格后移交试生产。

h）锅炉启动调试工作完成后，应编写“调试报告”，调试报告应对调试过程中出现的问题进行分析，并提出指导机组运行的建议。

i）应定期组织锅炉专业现场工作会议。

j）负责对试运中的重大技术问题提出解决方案和建议。

k）考核期阶段，在生产单位的安排下，继续完成合同中未完成的调试和试验项目。

12.4.3　分部试运项目试运结束后，施工、监理、调试、建设和生产单位均应在验评资料上签字确认。

12.4.4　分系统试运的记录和报告，应有承担调试方负责整理、提供，符合质量体系及达标投产的要求。

12.4.5　生产单位应建立严密的停、送电制度及设备代保管制度；施工单位进行已代保管系统及设备的消缺工作，应严格办理工作票并经调试单位项目经理（调总）签字确认。

12.4.6 建设单位应建立缺陷整改制度，督促有关单位及时消缺并严格进行三级验收。

12.4.7 分系统试运应具备的条件：

a）相应的建筑和安装工程已完成，并验收合格，安装、验收记录齐整齐全。

b）分系统试运相关的单位设备试运完成，单体试转记录、静态检查验收记录及其签证齐全。

c）一般应具备设计要求的正式电源、汽（气）源和水源，冷却水系统和润滑油系统等经冲洗合格。

d）组织、人员落实到位，分部试运计划、方案和措施已审批、交底。

12.4.8 整套启动试运应具备的条件：

a）试运现场条件满足要求，各项分部试运完成。

b）组织机构健全，职责分明。

c）人员配备齐全，生产准备工作就绪。

d）技术文件准备充分，符合要求。

e）已接受电力建设工程质量监督站的监督检查，达到"质检大纲"的工作要求。

12.4.9 整套启动试运按空负荷调试、带负荷调试和满负荷试运三个阶段进行，进入满负荷试运前，应按照集团公司火电机组调试管理手册中的要求完成所有的调试项目，并满足相关条件（如技术指标、电网具体要求）。

12.4.10 调试阶段主要监督内容

12.4.10.1 锅炉主要辅机单体调试阶段：

a）审查主要辅机单体调试方案。

b）检查单体调试记录。

12.4.10.2 分系统调试阶段：

a）审查"锅炉尾部再次燃烧事故，锅炉炉膛爆炸事故、制粉系统爆炸和煤尘爆炸事故、锅炉满水和缺水事故、锅炉承压部件失效事故、锅炉灭火、锅炉结焦、输煤皮带着火、电厂干除灰输送系统、干排渣系统及水力输送系统的输送管道泄漏"等《防止电力生产事故的二十五项重点要求》的预防措施。

b）检查主要联锁保护试验记录。

c）检查除尘器的气流分布试验结果。

d）检查锅炉冷态通风试验结果，检查的重点内容：DCS 风量标定公式组态正确性；风量标定不少于 2 个工况，标定系数取平均值；一次风调平后应在调平装置上做好明显标记等。

e）检查锅炉空气动力场试验结果。

f）检查锅炉酸洗结果，检查的重点内容详见本导则化学技术监督部分。

g）检查锅炉蒸汽吹管临时管道的安装情况，检查的重点内容详见本导则金属技术监督部分。

h）监督锅炉蒸汽吹管质量。

i）检查锅炉安全门校验记录。

j） 检查锅炉严密性（包括风烟系统严密性，汽水系统严密性）记录。

k） 检查启动锅炉系统运行情况。

l） 检查压缩空气设备及系统程控运行情况。

m）检查除灰除渣系统程控运行情况。

n） 检查输煤系统程控运行情况。

o） 流化床锅炉的检查内容详见 DL/T 304。

p） 余热锅炉的检查内容详见 DL/T 1698。

12.4.10.3 机组整套启动调试阶段：

a） 对联锁保护投入情况进行整体检查。

b） 对点火及助燃系统运行状况进行监督检查。

c） 对锅炉辅助系统及吹灰器系统投入情况进行监督检查。

d） 对受热面金属温度控制进行监督检查。

e） 对主要调试方案及试验进行监督检查。

f） 审查锅炉及辅助系统反事故技术措施的落实情况。

g） 对除灰除渣系统的投入情况进行监督审查。

h） 对输煤系统的投入情况进行监督审查。

i） 对除尘器及其辅助系统的投入情况进行监督审查。

j） 根据有关技术规程规范和技术指标，对全过程中所有试验、所有记录进行监督，对发现的问题提出整改处理建议。

k） 编写锅炉设备整体启动调试阶段技术监督报告。

12.5 性能验收阶段

12.5.1 性能验收试验应由发电企业组织，由有资质的第三方单位负责，试验人员应有相应的资质证书，设备供货方、发电企业、设计和安装等单位配合。承担试验的单位应根据签订的合同，贯彻质量管理保证体系、检测/校准实验室认证、计量认证等，以促进试验质量不断提高。

12.5.2 锅炉性能验收试验应按照合同签订时指定的国际、国家、行业标准进行，以验证供货方提供的保证值。试验大纲/方案由承担性能验收试验的单位编写，与发电企业、设备供货方讨论后确定。试运结束后半年试生产期间内应完成相关性能试验，锅炉热效率的修正曲线应经发电企业同意。

12.5.3 常规电站锅炉主要的性能试验项目一般包括：锅炉热效率试验、锅炉最大出力试验、锅炉额定出力试验、锅炉切除稳燃措施最低出力试验、制粉系统出力试验、磨煤机单耗试验、空气预热器漏风率试验、炉侧散热测试、炉侧噪声测试；循环流化床锅炉性能试验的试验项目参照 DL/T 964，联合循环余热锅炉的性能试验的试验项目参照 DL/T 1427。

12.5.4 如合同中签订了其他辅助设备和附属机械性能验收试验，则采用相应的国际/国家/行业试验标准执行。

12.5.5 性能验收阶段主要监督内容：

a） 参加锅炉侧性能试验方案审查和讨论。

b） 对性能试验期间锅炉主要参数的控制进行监督。

c） 对性能试验期间锅炉主要受热面的金属壁温情况进行监督。

d） 检查性能试验期间锅炉及辅助系统反事故技术措施的落实情况。

e） 检查锅炉在各种工况下主要参数的正确性和合理性。

f） 检查各项性能试验过程是否按照相关导则标准严格执行。

g） 检查性能试验项目是否实现“集团公司火电工程达标投产考核办法”所要求的性能试验技术指标全面覆盖。

h） 检查性能试验报告中的试验结论，是否计算正确，修正方法是否合理。

i） 编写锅炉侧性能试验监督报告，对可能遗留问题提出整改处理意见。

13 电能质量技术监督

13.1 设计选型阶段

13.1.1 合理规划电源接入点，受端系统应具有多个方向的多条受电通道，电源点应合理分散接入，每个独立输电通道的输送能力不宜超过受端系统最大负荷的10%～15%，并保证失去任一通道时不影响电网频率稳定和受端系统可靠供电。

13.1.2 为防止频率异常时发生电网崩溃事故，发电机组在设计选型时应具有必要的频率异常运行能力，指标应符合DL/T 1040的要求。

13.1.3 在电厂规划设计时，应对无功电源及无功补偿设备、调压设备、自动电压控制系统等进行合理规划与设计。电厂应具有灵活的无功电压调整能力与检修、事故备用容量，满足电网分（电压）层和分（供电）区平衡要求。

13.1.4 应对容性和感性无功补偿容量、分组及选型，调压设备的容量及选型，自动电压控制系统的选型及控制策略等进行合理规划与设计，以满足调压要求。

13.1.5 新建发电机组应具备满负荷时，功率因数在0.85（滞相）～0.95（进相）全范围内运行的能力。

13.1.6 对于发电机、母线、变压器高低压侧均宜配置齐全准确的无功表计、电压表计，以便于无功、电压的监测和管理。

13.1.7 在新建工程的设计中，应根据调度部门的要求，安装自动低频减负荷等保证电网安全稳定运行的自动装置。

13.1.8 应具备自动发电控制和自动电压控制功能，参与电网闭环自动发电控制和电压自动调节。

13.2 施工安装阶段

13.2.1 电能质量监测、控制措施必须与主体工程同步实施，并保证电能质量监测、治理装置的安全、稳定、连续运行。

13.2.2 施工单位应严格遵照有关规程的规定和设计要求，对无功补偿设备、调压设备、自动电压控制系统等进行安装。

13.3 调试验收阶段

13.3.1 新建机组调试期间应注意考核一次调频功能。发电机组参与一次调频的响应滞后时间应小于3s，参与一次调频的稳定时间应小于1min。发电机组一次调频死区、转速不等率、最大负荷限幅、响应行为等应符合DL/T 1040的要求。试验结束后应将试验报告报调度部门。

13.3.2 开展自动发电控制和自动电压控制装置的性能试验，试验结果应满足相关技术条件。

13.3.3 电力设备如发电机、变压器、变频设备等调试投运时应进行谐波测量，了解和掌握投运后的谐波水平，检验谐波对主设备、继电保护、电能计量的影响，确保投运后系统和设备的安全、经济运行。

13.3.4　应按电网公司要求进行发电机进相能力试验，根据试验结果整定励磁系统低励限制相关参数。

13.3.5　应按照设计要求，对无功补偿设备、调压设备、自动电压控制系统等进行验收，验收合格后方可并网运行。

13.3.6　并网发电机组一次调频系统的参数应按照电网运行的要求进行整定，一次调频系统应按照电网有关规定投入运行。

13.3.7　并网发电机组应按照调度部门下达的电压曲线、无功功率和调压要求开展调压工作，控制发电机无功功率和母线电压。

13.3.8　各级变压器的额定变压比、调压方式、调压范围及每档调压值应满足调整无功的要求。

13.3.9　应实现母线电压、上网功率因数的实时监控，应进行电压合格率的统计、分析和考核。

13.3.10　发电机组频率异常保护应符合 DL/T 1309 的要求。

13.3.11　正常情况下发电机组不应运行在额定负荷以上，且应满足以下要求：

13.3.11.1　单元制汽轮发电机组在滑压状态运行时，必须保证调节汽门有部分节流，使其具有额定容量 3%以上的调频能力。

13.3.11.2　AGC 机组工作在负荷控制方式时，机组的调整应考虑频率约束。当频率超过 50Hz±0.1Hz（该值根据电网要求可随时调整）时，机组不允许反调节。

14 励磁技术监督

14.1 设计阶段

14.1.1 励磁系统设计基本要求：

发电机励磁系统设计选型应按照 GB/T 7409、DL/T 843 等技术标准及反事故措施有关要求，择优选用设备成熟可靠、技术先进、运行业绩良好且经认证的第三方检测中心入网性能检测合格的产品，并符合当地电网调度要求。

14.1.2 励磁设计阶段监督要点：

14.1.2.1 发电机励磁系统设备应满足以下要求：

a）励磁设备电流电压参数与发电机转子绕组应匹配。

b）整流装置的一个桥（或者一个支路）退出运行时应能满足输出顶值电流的要求，且整流元件过流特性与快速熔断器特性相匹配。

c）发电机带额定负载运行出口三相短路和空载误强励两种情况下均能可靠灭磁。

d）整流柜直流侧短路时灭磁开关及快速熔断器分断能力应满足要求。

e）自并励静止励磁系统的励磁变压器额定容量、交流励磁系统的励磁机额定容量应满足 GB/T 7409.3、DL/T 843 的要求。

f）励磁调节器工作电源条件：交流电源电压允许偏差为额定值–15%～＋10%，频率允许偏差为额定值的–6%～＋4%；直流电压允许偏差为额定值的–20%～＋10%。

g）整流装置应设交流侧过电压保护和换相过电压保护，每个支路应有快速熔断器保护，快速熔断器动作特性应与被保护元件过流特性相配合。

h）励磁调节器采用双重化配置；无功电流补偿率的整定范围不应小于±15%；发电机空载时阶跃响应阶跃量一般为发电机额定电压的 5%，对于自并励静止励磁系统电压超调量不大于 30%，振荡次数不超过 3 次，上升时间不大于 0.5s，调节时间不超过 5s；对于交流励磁机励磁系统电压超调量不大于 40%，振荡次数不超过 3 次，上升时间不大于 0.6s，调节时间不超过 10s。

i）发电机负载时阶跃响应：阶跃量为发电机额定电压的 1%～4%，有功功率波动次数不大于 5 次，阻尼比大于 0.1，调节时间不大于 10s。

j）励磁控制系统在受到现场任何电气操作、雷电、静电及无线电收发讯机等电磁干扰时不应发生误调、失调、误动、拒动等情况。

14.1.2.2 设备厂家提供的发电机励磁系统模型应满足 GB/T 7409.2 中规定的励磁系统模型，模型及其算例应公开、可核实。

14.1.2.3 励磁系统送往集控室信号至少应包括下列各项：

a）励磁调节器双通道工作状态指示。

b）励磁调节器故障信号。

c）励磁调节器通道切换。

d）低励限制动作。

e）过励限制动作。

f）V/Hz 限制动作。

g）脉冲丢失。

h）整流回路快速熔断器熔断。

i）整流装置冷却系统故障。

j）励磁变或励磁机故障。

k）励磁调节器调节方式。

l）PSS 投退状态。

m）励磁控制回路电源消失和励磁调节器装置电源丢失信号。

n）励磁变绕组温度信号。

14.1.2.4 发电机停机灭磁逻辑设计应正确。

14.1.2.5 励磁系统设备应能经受发电机任何故障和非正常运行冲击而不损坏。

14.1.2.6 交流励磁机励磁系统顶值电压倍数不低于 2 倍，自并励静止励磁系统顶值电压倍数在发电机额定电压时不低于 2.25 倍；当励磁系统顶值电压倍数不超过 2 倍时，励磁顶值电流倍数与励磁系统顶值电压倍数相同；当励磁系统顶值电压倍数大于 2 倍时，励磁系统顶值电流倍数为两倍；励磁系统允许顶值电流持续时间不小于 10s。

14.1.2.7 励磁系统自动运行方式下，应保证发电机端电压静差率小于 1%，且稳态增益一般不应小于 200 倍。

14.1.2.8 整流装置均流系数不应小于 0.9。

14.1.2.9 励磁系统中两套励磁调节器的电压回路应相互独立，使用机端不同电压互感器的二次绕组，防止其中一个故障引起发电机误强励。

14.1.2.10 自并励励磁系统中，励磁变压器不应采用高压熔断器作为保护措施。

14.1.2.11 发电机转子一点接地保护装置原则上应安装于励磁系统柜。接入保护柜或机组故障录波器的转子正、负极采用高绝缘的电缆且不能与其他信号共用电缆。

14.2 设备选型阶段

14.2.1 励磁设备选型的基本要求：

14.2.1.1 励磁系统设备选型应符合 GB/T 7409.1～GB/T 7409.3、DL/T 843 等规程以及相关部件的技术标准要求。

14.2.2 励磁设备选型配置阶段监督要点：

14.2.2.1 励磁系统限制和保护配置应符合 DL/T 843 与发电机特性要求。

14.2.2.2 励磁装置的配置方案不应低于 GB/T 7409.3、DL/T 843 和相关反事故措施的要求。

14.2.2.3 励磁系统应配置换相过电压保护、转子过电压保护等必要的保护装置。

14.2.2.4 发电机励磁系统模型（包括 PSS 模型）应采用 GB/T 7409.2 中规定的模型，特殊模型应经动模试验检验、运行考验、仿真计算等方式予以确认。

14.2.2.5 励磁系统现场运行环境应满足励磁调节器和整流装置的运行要求。

14.2.2.6 励磁设备应按照发电机励磁系统技术标准，通过励磁设备的型式试验，并经过产品鉴定和运行考核。

14.2.2.7 励磁系统在发电机变压器高压侧发生对称或不对称短路时应能正常工作。

14.2.2.8 励磁系统的整流装置选型应满足下列要求：

a）整流装置在 *N*-1 模式下时应能满足强励及 1.1 倍额定励磁电流连续运行的要求。

b）风冷整流装置如有停风情况下的特殊运行要求，并列运行的支路数的最大连续输出电流值，应按照停风情况下的运行要求配置。

c）风冷整流装置风机的电源应配置双电源，工作电源故障时，备用电源应能自动投入。

14.2.2.9 灭磁装置选型应满足下列要求：

a）励磁系统的灭磁装置必须简单可靠，在任何需要灭磁的工况下，自动灭磁装置均能可靠灭磁。

b）励磁系统灭磁方式可采用直流侧磁场断路器分断灭磁或交流侧磁场断路器分断灭磁，也可采用逆变灭磁或封脉冲灭磁的方式。当系统配有多种灭磁环节时，要求时序配合正确、主次分明、动作迅速。

c）磁场断路器在操作电源电压额定值的 80%时应可靠合闸，在 65%时应能可靠分闸，低于 30%时应可靠不分闸。

d）灭磁电阻可以采用线性电阻，也可以采用氧化锌或碳化硅非线性电阻。任何情况下灭磁时，发电机转子过电压不应超过转子出厂工频耐压试验电压幅值的 60%，并应低于转子过电压保护动作电压。

e）灭磁回路应具有可靠措施以保证磁场断路器动作时，能成功投入灭磁电阻。建议采用电子跨接器提前投入灭磁电阻，再配合调节器逆变或功率柜封脉冲的方式，可以实现磁场断路器无弧跳闸。

14.2.2.10 励磁变压器选型应满足下列要求：

a）励磁变压器安装在户内时应采用干式变压器，安装在户外时可采用油浸自冷变压器。

b）励磁变压器高压绕组与低压绕组之间应有静电屏蔽并接地。

c）励磁变压器容量应满足强励要求，并应考虑 10%以上的裕量，抵消谐波损耗、涡流损耗、杂散损耗对励磁变容量和发热的影响。

d）励磁变压器容量应能满足发电机空载和短路试验的要求，励磁变压器低压侧应设有分接挡位。

e）励磁变压器短路阻抗的选择应使直流侧短路时短路电流小于磁场断路器和整流装置快速熔断器的最大分断电流。

f）励磁变压器绝缘等级宜采用 F 级或以上，温升按 B 级考核。

g）励磁变压器的绕组温度应具有有效的监视手段，并控制其温度在设备允许的范围之内。

14.2.2.11 交流励磁机和副励磁机选型应满足下列要求：

a） 交流励磁机应符合带整流负荷交流发电机的要求，应有较大的储备容量，在交流励磁机机端三相短路或不对称短路时不应损坏。

b） 交流励磁机的冷却系统应有必要的防尘措施，一般应采用密封式循环冷却。

c） 副励磁机应采用符合 GB/T 26680 要求的永磁式同步发电机。

d） 副励磁机负荷从空负荷到相当于励磁系统输出顶值电流时，其端电压的变化不应超过额定值的 10%。

14.2.2.12 励磁调节器应至少配置两个独立的调节通道，各通道之间相互跟踪，功能齐全，可并列运行或互为热备用。各通道具备在线检修维护能力。

14.2.2.13 励磁调节器应具备以下功能：

a） 电力系统稳定器（PSS）。

b） 无功电流补偿功能。

c） 过励（强励）限制功能。

d） 欠励限制功能。

e） V/Hz 限制功能。

f） 电压互感器断线保护功能。

g） 定子电流限制功能。

14.2.2.14 励磁调节器应配置电力系统稳定器（PSS），应具备以下功能：

a） 自动投切（发电机有功功率达到一定值）。

b） 手动投切。

c） 输出值限幅。

d） 故障时应自动退出运行。

e） 防止无功反调。

f） 提供试验用信号接口（或提供内部试验用信号源）。

14.2.2.15 励磁系统各部件温升应满足 GB/T 7409.3、DL/T 843 等规程要求。

14.3 设备制造阶段

14.3.1 对励磁系统设备制造阶段重大节点的制造质量进行监督，主要包括：

14.3.1.1 检查设备技术文件（包括设备参数、设备技术资料、设备出厂试验报告、设备运行软件和应用软件的备份）是否符合设计要求。

14.3.1.2 按照 GB 50150、GB/T 7409、DL/T 583、DL/T 843 以及合同规定进行出厂试验报告检查，掌握励磁系统出厂试验情况，发现问题，提交意见报告。

14.3.1.3 检查励磁装置各项型式试验已完成。

14.3.1.4 励磁设备制造阶段重要监督试验，主要包括：

a） 励磁系统各部件绝缘试验。

b） 励磁调节装置各单元特性测定。

c） 副励磁机负荷特性试验。

d） 励磁调节装置静态特性测定。

e） 操作、保护、限制及信号回路动作试验。

f） 励磁装置老化试验。

14.4 施工安装阶段

14.4.1 应严格按照DL/T 490标准、设计图纸和励磁厂家安装资料要求进行励磁设备安装工作，做好电气隔离、安全接地和抗干扰措施。

14.4.2 励磁变压器的安装应按GB 50148的要求进行。

14.4.3 励磁变压器安装完成后，应检查其外表及绕组、引线、铁芯、紧固件、绝缘件等完好无损。

14.4.4 励磁变压器及其附件安装后应及时进行清扫，按GB 50150的要求开展交接试验，磁场断路器、非线性电阻及过电压保护器的交接试验项目应按DL/T 1166的要求执行。

14.4.5 紧固励磁盘柜间所用的螺栓、垫圈、螺母等紧固件时应使用力矩扳手，按照制造厂规定的力矩进行紧固，并做好标记。螺栓连接紧固后应用0.05mm的塞尺检查，其塞入深度不应大于4mm。

14.4.6 励磁盘柜之间接地母排与接地网应连接良好，应采用截面积不小于50mm^{2}的接地电线或铜编织线与接地扁铁可靠连接，连接点应镀锡。

14.4.7 灭磁柜安装后应测量磁场断路器每个断口触头接触电阻，阻值不应大于出厂值的120%。应检查分、合闸线圈的直流电阻与厂家说明书一致，应测量磁场断路器的分、合闸时间。

14.4.8 电缆敷设与配线应满足下列要求：

14.4.8.1 电缆敷设应分层，其走向和排列方式应满足设计要求。屏蔽电缆不应与动力电缆敷设在一起，屏蔽电缆屏蔽层应两端接地，动力电缆接地截面积不小于16mm^2，控制电缆接地截面积不小于4mm^2。

14.4.8.2 交、直流励磁电缆敷设弯曲半径应大于20倍电缆外径，且并联使用的励磁电缆长度误差不应大于0.5%。

14.4.8.3 控制电缆与动力电缆强、弱电回路应分开走线，可能时应采用分层布置，交、直流回路应采用不同的电缆，以避免强电干扰。配线应美观、整齐，每根线芯应标明电缆编号、回路号、端子号，字迹应清晰，不易褪色和破损。

14.4.8.4 控制电缆均应采用屏蔽电缆，电缆屏蔽层应可靠接地。

14.4.9 对于在励磁小室内布置的励磁盘柜，为保证盘柜的散热性能，宜保证柜前预留至少800mm距离，柜后预留500mm距离，柜顶部预留至少1000mm距离。

14.4.10 励磁小室内应装设两部及以上空调，当一半数量的空调运行时应能达到环境温度调节要求，空调排水应接至室外。

14.4.11 励磁变压器高压侧封闭母线外壳用于各相别之间的安全接地连接应采用大截面金属板，不应采用导线连接，防止不平衡的强磁场感应电流烧毁连接线。

14.4.12 励磁调节柜和整流柜允许的使用环境条件应符合GB/T 7409.3中的相关要求。

14.5 调试验收阶段

14.5.1 励磁系统试验应执行 GB 50150、GB/T 7409、DL/T 843、DL/T 1166 以及反事故措施等相关规定。

14.5.2 检查励磁系统现场试验（主要包括交接试验和出厂试验）情况，试验单位和人员的资质应符合有关规定，试验仪器设备应在定检的有效期之内，试验内容和方法应符合相关技术标准、产品技术条件和合同的规定，技术文件应完整，试验报告应齐全、结论明确。重点检查以下内容：

14.5.2.1 励磁调节器静态试验：

a）励磁调节器开环小电流试验。

b）转子过电压保护试验。

14.5.2.2 励磁调节器动态试验：

a）发电机空载阶跃响应和负载阶跃响应品质测定。

b）调节器通道和控制方式的人工和模拟故障（电压互感器断线、工作电源故障等）的切换试验。

c）灭磁试验。

d）低励限制、过励限制、定子过流限制以及 V/Hz 限制功能和整定值检查试验。

e）电压静差率测定。

f）无功电流补偿率测定。

14.5.3 电力系统稳定器的定值设定和调整试验应由具备资质的科研单位或认可的技术监督单位按照相关行业标准进行。试验前应制定完善的技术方案和安全措施上报相关管理部门备案，试验后电力系统稳定器的传递函数及自动电压调节器（AVR）最终整定参数应书面报告调度部门。

14.5.4 新建机组投产前，应进行发电机空载和负载阶跃扰动试验，检查励磁系统动态指标是否达到标准要求。试验前应编写包括试验项目、安全措施和危险点分析等内容的试验方案并经批准。

14.5.5 在进行励磁调节器开环小电流试验时，需注意将交流进线柜母线与励磁变压器低压侧的回路断开，防止交流电压误加至励磁变压器。直流输出至转子的回路应断开，防止直流电压加至转子一次回路。

14.5.6 励磁系统涉网试验按电网调度要求委托有资质的单位进行，试验项目包括：

14.5.6.1 励磁系统顶值电压、标称响应与电压响应时间的测定。

14.5.6.2 电力系统稳定器（PSS）试验。

14.5.6.3 发电机进相试验。

14.5.6.4 调差率测试。

14.5.7 验收阶段期间，新建工程的励磁设备投产前，调试单位与建设单位必须严格执行验收、交接手续，验收的要求按 GB 50150、DL/T 843 等相关标准执行。未经验收合格的励磁设备严禁投入运行。验收主要项目如下：

14.5.7.1　检查设备技术文件（包括设备技术资料、参数、设备出厂试验报告、设备运行软件和应用软件的备份等）。

14.5.7.2　检查交接验收试验项目、试验报告和整定单，将交接试验结果与设备厂家技术资料（包括功能、参数、技术指标及出厂试验报告等）进行比较，确认有无异同。

14.5.7.3　检查励磁调节器中各相关参数的设置情况及控制方式。励磁调节器各限制器（如 V/Hz 限制、过励限制、低励限制等）应与对应的发电机变压器组保护进行合理配合，严禁保护装置动作时，励磁系统相关限制器未动作。

14.5.7.4　检查励磁系统故障跳机等逻辑。

14.5.7.5　检查是否存在影响运行的缺陷，是否存在未及时完成的试验项目，对设备是否可以投运提出意见。

14.5.8　按规定时间提交工程竣工图纸、设备有关技术资料及说明书，备品备件、专用试验设备及工器具，试验报告最迟在验收后一个月内移交。

14.5.9　当发生下列情况时，应对发生问题的单位发出励磁技术监督告警单：

14.5.9.1　发电机励磁系统性能达不到设计要求。

14.5.9.2　励磁系统限制器功能未投入运行。

14.5.9.3　PSS 不能正常投入运行。

14.5.9.4　功率柜可控硅均流系数小于 0.9。

15 燃气轮机技术监督

15.1 设计选型阶段

15.1.1 应对燃气轮机的设计审查阶段进行技术监督与管理，实行技术负责人责任制，该阶段各发电企业应明确汽轮机技术监督专责人。在设计阶段应对设计方案、供货厂家设计方案、图纸、设计单位设计资料（包括软硬件、布置、选材等）和原理图纸进行审查。

15.1.2 燃气轮机设计选型阶段，应对燃气轮机主机设备性能提出明确要求。

15.1.2.1 应评估燃气轮机在设计预定运行条件下的主要性能参数，如年平均气象参数条件下燃气轮机额定功率、气耗率、热效率或热耗率、排气流量、排气压力、排气温度，月最高平均气象参数下燃气轮机保证的连续功率，月最低平均气象参数下燃气轮机保证的连续功率。

15.1.2.2 燃气轮机选型时应综合考虑部分负荷下的机组性能和热通道部件的维护成本及寿命，特别是针对长期带部分负荷的调峰机组。

15.1.2.3 承担变动负荷（调峰）的机组，其设备及系统的性能应能满足快速反应的要求。

15.1.2.4 应根据环保排放要求提出对燃气轮机设备的环保性能，包括噪声、排放物及可能的热排放。

15.1.2.5 应给出压气机叶片清洁前燃气轮机可接受的性能下降程度及确定此程度所用的方法，如压气机出口压力或与透平排气温度相关的功率输出等。

15.1.2.6 应提供设备由于老化而产生的长期不可恢复的性能下降的预测，这种预测应基于已被证实的类似设备的经验，如提供4000h、8000h、16000h、32000h和48000h等效运行小时后，压气机质量流量、压气机效率、燃气轮机排气温度、输出功率和热耗率变化的资料。

15.1.2.7 应对燃气轮机设备的性能保证条件做出明确规定。

15.1.3 燃气轮机的选型应以燃料类型和项目相关条件为依据，电厂应向制造厂提供当地环境条件、燃料特性（化学、物理性质）、燃气轮机的工作性能/负荷范围、环保要求等详细资料。

15.1.4 电厂应就燃气轮机设备及系统向制造厂提出设计要求，并应符合 GB/T 15099.3的相关规定：

15.1.4.1 应在特定的现场条件、运行要求（温度和转速的限制、启动要求、瞬态要求、控制要求、燃料、烟气排放量、噪声）、使用要求（设计寿命、检查计划、本体设备的可维修性）、旋转设备要求（联轴器、发电机、辅助齿轮等）、罩壳等方面对燃气轮机设计提出要求。

15.1.4.2 成套与辅助设备的基本供货范围应包括燃气轮机本体、启动系统、安装系统、罩壳与消防、空气进气系统、排气系统、润滑油系统、燃料系统、清洗系统、振动监测系统、电气系统等，并考虑其他所需要的可选系统及设备。

15.1.4.3 成套设备结构件材料的选择应满足特定现场运行条件的要求，以防发生腐蚀、应力腐蚀开裂、电解腐蚀、脆性断裂等。

15.1.4.4 应对包括启动、带负荷、运行、卸载与停机、备用等阶段及报警、跳闸保护功能的控制与保护系统提出要求。

15.1.4.5 制造厂应确保燃气轮机组轴系的共振频率（转子横向、系统扭转及叶片的模态）、临界转速处在允许的范围内，应适用于规定的运行转速范围，其中包括启动转速保持点的要求。制造厂应向电厂提供所有应避开的转速一览表，并进行说明。

15.1.4.6 燃气轮机压气机的设计应满足以下要求：

a）应设计有防止喘振的措施，如防喘放气阀、进口可转导叶等。

b）制造厂应给出压气机的特性曲线以说明其喘振裕量，并提出避免喘振所需的任何运行限制。

c）压气机通流部件的设计应采取防止腐蚀的措施。

d）在被异物损坏的情况下，压气机叶片应易于更换而无须重新平衡转子。宜实现在现场更换损坏的转子叶片而不影响其他叶片，以缩短检修时间。

15.1.4.7 燃气轮机燃烧室的设计应满足以下要求：

a）应具有较宽范围的燃料适应性，制造厂应明确说明对燃料成分、热值的要求及其允许变化范围。

b）应保证燃烧稳定、出口温度场均匀分布、燃烧效率高、污染物排放低。

c）应配备干式低 NO_x 燃烧器，保证在规定运行条件下满足排放要求。

d）燃烧方式自扩散火焰燃烧向预混火焰燃烧切换的负荷应尽可能低，以降低 NO_x 生成量。

e）燃烧室和过渡段的设计应考虑所选定的燃料和维护的方便。

f）燃烧室壳体结构应保证燃料喷嘴在燃烧室内正确对中。安装在燃气通道内的燃料喷嘴组件应适当地锁定，以防止在运行时脱落。

g）采用双燃料喷嘴或其他多喷嘴结构的燃烧室，应考虑待用喷嘴和其燃料供给系统能迅速平稳切换。

h）应设计监视燃烧稳定性的装置，并具备报警功能。

i）应设计带冗余功能的燃烧室火焰检测手段，若燃烧室在安全时间内未点着火，或在运行中熄火，应切断燃料供给。

15.1.4.8 透平的设计应满足以下要求：

a）透平定子和转子叶片的设计应能避免与任何激励频率谐振的可能性，并将任何与静止零件或转动零件摩擦的影响减至最小。

b）透平转子的设计应使转子叶片能够在现场更换而无须重新平衡转子。

c）透平气缸、转子和定子叶片应能承受在透平入口最大平均设计温度时，因不利燃烧条件引起的最大不均匀温度分布。气缸和叶片应能承受与重复启停、加载和迅速的负荷变化有关的热冲击。

d）透平动叶和静叶应为耐高温材料制造，并有涂层。

e）透平应设置用于测量排气温度所需的所有仪表，应能及时识别排气温度分布中的任何不均匀程度。

15.1.4.9 气缸的设计应满足以下要求：

a）所有的承压部件应能在承受预计的压力和温度同时发生的最恶劣条件下运行。

b）所有气缸结合面应设计和制造成在其整个寿命期内保持最少的泄漏量。

c）气缸、支承和膨胀节的设计应能防止由于温度、负荷或管道应力所产生的有害变形，燃气轮机的支承应能使燃气轮机和与其相联结的设备保持正确对中。

d）气缸结构宜设计为水平中分面式，以便于维护和检查静叶、动叶。

e）气缸和管道结构应设计内窥孔或检查孔，以便于对压气机和透平叶片通道的关键部位进行外观检查。

f）整个燃气轮机气缸应设计隔热和隔音设施，应能避免被任何润滑油渗入，其结构应使其在大修和检验时容易拆除和更换。

15.1.4.10 燃气轮机转子的设计应满足以下要求：

a）应能保证转子在运行温度下短时间内可靠地承受瞬态飞升转速，直到透平遮断转速整定值。

b）应采取足够的预防措施以控制转子在停机后的热弯曲。

c）应考虑在规定的服务期内正常启动/停机、负荷变化和跳闸甩负荷的影响，其寿命损耗应小于转子设计寿命的 75%。

d）转子的设计应具有最小数量的轴承，并应安置在钢制框架上或合适的钢结构和混凝土基础上，应能承受在发电机短路或误同步情况下加之于轴的暂态扭矩的较大者。

e）制造厂应对燃气轮发电机组的横向振动和扭转振动特性进行分析。在每个扭转特征频率和任何可能的扭转激振频率之间应至少保持 10%的间隔范围。还应进行由发电机短路和误同步引起的激振响应计算，并保证扭振应力响应在安全限值内。

f）在燃气轮机所有稳态运行条件下，轴向推力应固定在一个方向并应被可调节的轴向推力轴承吸收。推力轴承应能承受转子在任何工况下作用在其上的轴向推力，并保持转子的轴向窜动量在允许范围之内。

g）转子径向轴承应能在不拆卸气缸的情况下，用转子托起装置将下半轴瓦取出。

h）转子每个轴承的轴瓦上应设置高灵敏度测温元件以监视轴瓦温度。

i）应设计轴封结构以防止燃气泄漏。在转子和静止部件之间的所有内部狭窄间隙处应设置可更换的金属密封圈。

j）应设计防止任何可能产生的轴电流损坏轴承的措施。

15.1.4.11 联轴器的设计应符合以下要求：

a）联轴器和防护罩壳应能承受被连接设备的静子或转子的相对位移。

b）联轴器不应受最大连续转速的限制，应按能承受发电机故障状态的最恶劣情况来确定传输发电机负荷的联轴器尺寸（剪切式联轴器除外）。

c）联轴器轴的连接机构应当设计并制造成能够传递至少与联轴器最大连续扭矩相

等的动力。

d）燃气轮机联轴器可选用刚性法兰式、柔性连续润滑的齿式、柔性润滑脂齿式、柔性膜片或柔性盘非润滑式。在选用联轴器前，燃气轮机、负载以及传动轴系应从扭曲、横向、轴向三个角度进行临界转速分析。

15.1.5　燃气轮机组轴系应设置转速监测和超速保护装置。燃气轮机调速系统应能维持燃气轮机在额定转速下稳定运行，甩负荷后应能将燃气轮机转速控制在超速保护动作值以下。若超速保护装置为电子式，应至少采用两套独立的传感器和回路。一般应将燃气轮发电机组的超速整定值确定为不超过额定转速的110%。

15.1.6　燃气轮机组轴系应设置转速监测和超速保护装置。燃气轮机调速系统应能维持燃气轮机在额定转速下稳定运行，甩负荷后应能将燃气轮机转速控制在超速保护动作值以下。若超速保护装置为电子式，应至少采用两套独立的传感器和回路。一般应将燃气轮发电机组的超速整定值确定为不超过额定转速的110%。

15.1.7　燃气轮机应提供振动与轴向位置的监测系统。

15.1.8　燃气轮机本体应设计必要的监视、检测测点，包括但不限于：

15.1.8.1　压气机：压气机进气压力、进气温度、排气压力、排气温度、孔探仪测孔。

15.1.8.2　燃烧室：火焰探测器、脉动压力探头、孔探仪测孔。

15.1.8.3　透平：排气压力、轮（级）间温度、排气温度、透平内筒温度、孔探仪测孔。

15.1.8.4　轴系：振动传感器、转速传感器、轴向位移传感器、轴承温度（瓦温）。

15.1.9　燃气轮发电机组或燃气．蒸汽轮机发电机组的基础，均应与周围基础分开或采取必要的隔振措施。

15.1.10　制造厂应按GB/T 15099.7的规定提供有关供货范围的技术资料、图纸。

15.2　设备监造阶段

15.2.1　燃气轮机制造监督应依据GB/T 15099.8、GB/T 15793、DL/T 586、JB/T 6224、制造厂技术标准及供货技术协议的相关规定进行，主要对燃气轮机设备供货合同、监造合同、监造报告、监造人员资质、监造质量评价等进行监督，重点对燃气轮机及其辅助设备的制造质量见证项目进行监督。

15.2.2　电厂与制造厂签订设备供货合同和与监造单位签订监造合同时，应参照DL/T 586确定燃气轮机设备的监造部件、见证项目及见证方式（H点、W点和R点），并可根据具体情况协商增减项目。

15.2.3　监造单位和监造人员应符合以下要求：

15.2.3.1　应委托具备相应资质、能力和类似机组监造经验的监造单位实施燃气轮机设备监造工作。

15.2.3.2　应确认监造单位与制造单位不得有隶属关系和利害关系。

15.2.3.3　监造单位应采取驻厂监造模式，即安排监造代表常驻设备制造厂对设备制造过程进行全方位跟踪监督。

15.2.3.4　监造人员应有丰富的专业工作经验，总监理工程师和重要岗位的监造人员应为注册设备监理工程师。

15.2.4　应在制造厂内进行冷油盘动试验。

15.2.5　应督促燃气轮机成套商及时提供完整的技术文件，包括产品设计、装配、安装、调试、使用、操作、维护的说明及备品配件清单等。按合同要求督促成套商及时提供现场安装调试指导、技术咨询、技术培训，备品配件的供应及优质的售后服务。

15.3　施工安装阶段

15.3.1　承担燃气轮机设备安装施工工程的安装单位、总包单位和监理单位应具备相应的资质，总包单位、监理单位、建设单位应分别对安装单位编制专业施工组织设计进行审查批准。

15.3.2　监理单位应编制监理计划、实施细则，并提交建设单位审批，监理计划、实施细则的编制依据、内容应符合 DL/T 5434 的相关要求。监理单位应通过文件审查、巡视、见证取样、旁站、平行检验等方法开展监理工作，并接受建设单位的监督。

15.3.3　燃气轮机安装人员应了解机组结构，熟悉安装技术要求、装配工艺和有关测量技术。制造厂应派人参加现场安装调试，并对相关人员进行指导。电厂应在安装阶段安排专人负责安装质量的监督，并对现场出现的各种问题进行协调。监理单位应组织总包单位、安装单位、制造厂现场技术代表、电厂共同完成燃气轮机设备安装说明书中规定的检查和验收程序，如安装检查记录卡。

15.3.4　燃气轮机设备及系统的安装应遵循制造厂技术文件、GB 50973、DL 5190.3、SY/T 0440、HB 7766 的相关要求，应保证安装后的设备便于操作、维护和更换。在每个安装节点后，安装单位应及时提交燃气轮机相关安装记录并建档保存，保证燃气轮机整个安装过程的可追溯性。

15.3.5　燃气轮机内件安装施工过程中，每次工作结束后，应及时对设备予以封闭。燃气轮机设备及管道最终封闭前应进行检查验收、办理隐蔽工程签证，并符合制造厂技术文件的要求。

15.3.6　燃气轮机安装过程中采取的安全施工措施应符合 DL 5009.1 的相关规定。施工安装场地应按施工组织专业设计合理布置。燃气轮机设备内件安装时，厂房应已封闭或具备防风、防雨、防火、防寒等安全防护条件，安装场地环境温度应保持在 5℃以上，当气温低于 0℃时，应采取防寒、防冻措施。

15.3.7　燃气轮机设备到达现场后，应由建设单位、监理单位、总包单位、安装单位及设备制造厂共同参加，按照装箱清单、有关合同及技术文件对设备进行验收检验，并做好验收记录。设备交货时同时交付的技术文件应与所供设备的技术性能相符合，至少应包括：

15.3.7.1　设备供货清单及设备装箱单。

15.3.7.2　设备的安装、运行、维护说明书和技术文件。

15.3.7.3　设备出厂质量证明文件、检验试验记录及缺陷处理记录。

15.3.7.4　设备装配图和部件结构图。

15.3.7.5　主要零部件材料的材质性能证明文件。

15.3.7.6　全部随箱图纸资料。

15.3.8　安装单位应在土建施工阶段提前与土建专业协调，参加预留孔洞、预埋件、燃气轮机基座、主要附属设备基础等及与安装有关的基础标高、中心线、地脚螺栓孔位置等重要几何尺寸的图纸校核、施工验收。

15.3.9　安装单位应根据施工合同、制造厂（成套商）的技术文件和图纸编写有关施工方案和作业指导书并报审。

15.3.10　燃气轮机设备的安装应在保质期内进行。在保质期内，除轴承部位应清洗、加油外，其他部件可不做解体检查。超过规定的保质期，除制造厂有明确规定不允许解体外，可做解体检查和测量。

15.3.11　燃气轮机本体的安装应严格执行制造厂规定的工序和验收标准，不得因设备供应、图纸交付、现场条件等原因更改安装程序。制造厂整套供货，现场不再组装的设备，制造厂应确保内部组件的结构和性能与其供应的技术文件相符。

15.3.12　燃气轮机进口可转导叶执行机构应按制造厂图纸尺寸要求定位其文架，并检查IGV连杆垂直度、执行机构支架的水平度。焊接执行机构支架后应对焊缝进行着色检查。在最终定位执行机构后，应打固定销。IGV执行机构安装结束后，连杆应处于脱开状态，防止调试相关控制模块期间引起的误操作。其他重要液压执行机构应严格按照制造厂技术文件和图纸要求进行安装。

15.3.13　燃气轮机设备安装前，基础施工单位应将基础交付安装，同时应提交基础施工技术资料和沉降观测记录，并应在基础上标出标高基准线、纵横中心线、沉降观测点。监理单位应组织基础（包括预埋地脚螺栓、预埋锚固板、预埋底板及预留孔洞）交接验收并复查基础中心线及承力面标高、各预埋件位置及偏差，应确保其偏差符合制造厂技术文件、GB 50973和DL/T 5210.3的要求。

15.3.14　基础交付安装时，基础混凝土强度应达到设计强度的70%以上。应在基础养护期满后，燃气轮机本体设备和发电机定子就位前、后，燃气轮机和发电机二次灌浆前，整套试运行前、后等时间节点进行沉降观测。当基础不均匀沉降导致燃气轮机的找正、找平隔日测量有明显变化时，不得进行设备安装。

15.3.15　燃气轮机就位后，首先应与基础中心线对中，随后进行燃气轮机中心高度的调整，并相对于死点定位燃气轮机的轴向位置，最后应对燃气轮机找平、找正结果进行详细记录。燃气轮机本体找平找正应符合以下规定：

15.3.15.1　燃气轮机本体标高应符合设计要求，其允许偏差宜为3mm。

15.3.15.2　燃气轮机本体纵向中心线与基础纵向中心线应对正，其允许偏差宜为2mm。

15.3.15.3　燃气轮机压气机横向中心线与基础横向中心线应对正，其允许偏差宜为2mm。

15.3.15.4　检查确认台板调整装置应均已受力。

15.3.16　透平支承装置安装尺寸应符合设计要求，支承装置与台板应接触严密，四周间隙检查应小于0.03mm。

15.3.17　压气机、透平叶片检查应符合以下规定：

15.3.17.1 压气机、透平叶片表面应光洁平滑、无裂纹、无变形。

15.3.17.2 压气机、透平动叶叶顶间隙值应符合设计要求，并应与制造厂总装记录相符。

15.3.18 燃气轮机进口可转导叶装置的安装应保证导叶的实际角度与指示一致，应测量进口可转导叶全开和全关时的角度。

15.3.19 燃气轮机燃烧室检查、燃烧器安装时应符合以下规定：

15.3.19.1 安装前应核对燃烧器的规格型号，安装图纸要求逐一编号，燃料喷嘴所使用的孔板应按图纸要求复核其型号、尺寸、方向。

15.3.19.2 燃烧室及燃烧器各部件应清洁、无损伤、无变形，过渡段内的涂层应完好，联焰管安装应正确。

15.3.19.3 燃烧器弹簧板应无损伤，各部件装配尺寸应符合制造厂技术要求。

15.3.19.4 燃烧室各部件的紧固应符合制造厂要求。

15.3.19.5 天然气软管不得与支架、基础及其他相邻部件接触，并应固定牢固。

15.3.19.6 火花塞组件外观检查应完好并应试验合格。火花塞组装时，中心电极与两侧电极之间间隙应符合制造厂要求。固定螺母的扭矩应符合制造厂要求。

15.3.20 燃气轮机负荷分配值符合制造厂的技术要求，负荷分配前应完成进气室、燃烧室、排气扩散器安装、支承装置锁紧等工作，并采取燃气轮机本体防倾覆的措施。

15.3.21 燃气轮机转子和中间轴的检查、安装及轴系找中心应符合制造厂技术文件要求和 GB 50973 的要求，轴系调整及连接的检查验收应包括转子扬度测量、最小轴向通流间隙测量、中心复查、联轴器连接前后圆周晃度测量、对称螺栓和螺母重量差测量、螺栓紧固、滑销系统间隙测量、推力间隙检查和轴向定位等项目。

15.3.22 自动同步装置（SSS 离合器）的安装位置、定位尺寸应符合制造厂的技术要求，其螺栓应对角紧固，力矩应符合制造厂要求。

15.3.23 对中完成后应等待 12h～24h，待燃气轮机、调整垫铁（若有）充分沉降后，再测一次对中数据，仍能符合要求时才能认为对中完成。对中结果测量为重要见证点，电厂、监理单位、总包单位、安装单位、制造厂应共同参与现场见证。

15.3.24 冷却空气管道安装前应仔细清洁、除锈。管道长度应留有裕量，一般应根据现场情况照配。焊口打磨后须再次对管道内部清洁。所有的管道焊口均应进行探伤检查，同时检查所有连接法兰的拧紧力矩，检验合格后方可进行下一步的管道保温工作。在首次点火之前的吹扫阶段，所有的连接法兰及接头应进行气密性检查。

15.3.25 燃气管道安装前须用压缩空气进行吹扫。不锈钢管连接法兰的螺栓应按设计图纸要求拧紧，并采取防松措施。燃料软管应注意外部防护，防止安装过程中的磕碰，同时软管与其他部位的接触区域须用绷带缠绕保护，防止机组运行期间振动带来的磕碰。

15.3.26 润滑油管道和液压油管道的安装应严格按图施工，管道上的测量孔、滤网接口等均应按设计图纸要求预留。首次运行润滑油系统和液压油系统，应注意检查法兰、接头处的密封，发现漏油应及时处理。

15.3.27 燃气轮机本体管道及其附件的安装，其接头连接力矩应符合制造厂技术文件的要求。

15.3.28　燃气轮机罩壳安装应保证密封良好，罩壳的接缝处应采用防火材料封堵，应按制造厂要求进行烟雾或透光等严密性试验，并合格。

15.3.29　进气系统（包括进气过滤室、进气道、消音器、膨胀节、进气弯头等）安装时应做好所有法兰面的密封，进气通道内的所有螺栓、定位销等可能松动的部件均应采取防松措施。

15.3.30　进气过滤反吹装置安装完成后应按制造厂技术文件要求进行反吹试验并做好试验记录。

15.3.31　进气通道封闭前，应组织进气系统封闭专项检查和验收，系统内部应清洁、无异物。应重点检查防腐涂层的完整性，并清理灰尘，保证进气通道表面的清洁度达到制造厂的技术要求。

15.3.32　进气通道封闭后，应开展透光试验和淋水试验并经检查验收合格。

15.3.33　排气框架的基础准备、扩散段的安装（尤其是法兰面间隙的检查测量）、排气系统管道的绝热施工均应符合制造厂的技术要求。

15.3.34　油系统严禁使用铸铁阀门，各阀门门芯应与地面水平安装。

15.3.35　润滑油系统管路安装完成后，应按制造厂技术文件要求进行循环清洗，循环清洗后油质和清洁度应符合制造厂技术文件的要求。

15.3.36　冷油器严密性试验应符合设计要求，如设计无要求时，油侧应进行工作压力1.25倍的水压试验，并保持5min无渗漏。

15.3.37　天然气（合成气）管道应按GB 50251的有关规定进行验收。天然气（合成气）管道的施工和焊接应符合GB 50973的技术要求。天然气（合成气）管道试压前应进行清管和吹扫，吹扫介质宜采用不助燃/惰性气体（如氮气），吹扫流速不宜低于20m/s，吹扫压力不应大于工作压力。管线应分段吹扫，吹扫应反复数次。

15.3.38　厂内燃料系统管道安装完成后，应进行强度试验和严密性试验。

15.3.38.1　强度试验应以洁净水为试验介质，特殊情况下经监理或建设单位批准，可采用空气作为试验介质。管道的强度试验，以水为介质的，试验压力应为设计压力的1.5倍，以空气为介质的，试验压力应为设计压力的1.15倍。升压次数和方法应符合GB 50973中的相关规定。

15.3.38.2　输送介质为液体的严密性试验，试验介质应采用洁净水。输送介质为气体的严密性试验，试验介质应采用空气。管道严密性试验压力应与设计压力相同。

15.3.38.3　燃料系统管道压力试验前，待试验管道应与无关系统隔离，与已运行的燃气、燃油系统之间应加装盲板且有明显标识。管道压力试验时，人员不得靠近管道堵头端方向。

15.3.39　燃油系统管道的检查和安装应符合GB 50973的技术要求。燃油管道冲洗时应采取防止燃油进入燃气轮机的措施。

15.3.40　燃气轮机安装记录应完整、详细。设备安装完毕后，安装单位和制造厂应及时提交相关技术文件，包括但不限于以下资料：

15.3.40.1　设计变更的有关资料。

15.3.40.2　开箱检查验收报告。

15.3.40.3　燃气轮机总装报告和记录。

15.3.40.4　进口设备试验（检验）报告。

15.3.40.5　基础中间交工验收证书。

15.3.40.6　安装施工记录：隐蔽工程签证、台板与支承装置安装记录、透平转子和压气机转子叶顶间隙记录、燃烧器安装记录、设备检测及装配记录、机组找正对中记录、基础沉降观测记录、辅助设备安装施工记录、燃气轮机配套系统安全阀调整试验报告、安装中经过修改部分的说明及缺陷的修复记录。

15.4　调试验收阶段

15.4.1　调试一般规定：

15.4.1.1　燃气轮机设备及系统的调试工作应由具有相应调试能力资格的单位承担。启动调试工作分为分部试运和整套启动试运调试两个阶段，其中分部试运又包括单机试运和分系统试运。一般来说，单机试运由安装单位承担，分系统和整套启动试运由调试单位承担。燃气轮机启动调试的专业负责人应具备同类型燃气轮机组的调试经验。

15.4.1.2　在燃气轮机设备及系统调试阶段，建设单位技术监督人员应积极参与单机试运、分系统试运、整套试运过程，对施工单位、调试单位、制造厂的工作进行监督和督促，并组织专业技术问题的讨论。应成立燃气轮机专业试运小组，包括建设单位、生产单位、施工安装单位、监理单位、总包单位、设计单位、调试单位、燃气轮机制造厂等单位的燃气轮机专业人员。施工单位编制的单机试运技术方案或措施、调试单位编制的分系统和整套启动调试措施应经专业试运小组审核，经试运指挥部批准后执行。

15.4.1.3　调试单位应根据设计单位、设备制造厂的图纸和技术资料以及电厂相关管理制度、标准编制调试大纲、调试计划、调试措施等调试文件，并由监理单位审核，提交电厂批准。燃气轮机专业应编制燃气轮机燃料系统、通风系统、天然气调压系统、冷却及密封系统、水冲洗系统、二氧化碳灭火系统等分系统调试措施、反事故措施及燃气轮机整套启动试运措施，调试措施的编写应符合 DL/T 5294 的基本要求。

15.4.1.4　调试单位应根据设计单位、设备制造厂的图纸和技术资料以及电厂相关管理制度、标准编制调试大纲、调试计划、调试措施等调试文件，并由总包单位、监理单位审核，提交建设单位批准。燃气轮机专业应编制燃气轮机燃料系统、通风系统、天然气调压系统、冷却及密封系统、水冲洗系统、二氧化碳灭火系统等分系统调试措施、反事故措施及燃气轮机整套启动试运措施，调试措施的编写应符合 DL/T 5294 的基本要求。

15.4.1.5　燃气轮机设备制造厂应及时提供设备安装调试手册、运行维护手册及图纸等技术资料，制造厂负责调试的部分应按合同执行，并由建设单位组织建设、生产单位、监理、总包、调试、验收签证。燃气轮机设备制造厂应根据电厂要求派专业技术人员到厂进行试运监督和技术指导。

15.4.2　辅助设备试运：

15.4.2.1　在燃气轮机试运前，其辅助设备如盘车装置、启动系统、泵、加热器、油滤、冷油器等应经过调试和试验。

15.4.2.2 燃气轮机辅助设备的调试和试验应符合 GB 50973、JB/T 6224、SY/T 0440 的相关规定：

a）辅助设备试运时间宜为 4h～8h。

b）泵的出口压力应稳定并应达到额定数值。

c）电动机在空载及满载工况下的电流均不应超过额定值。

d）轴承振动值应符合制造厂技术文件要求及 GB 50973 的规定。

e）轴承温度不应高于制造厂规定值，一般滚动轴承的温升不应超过 40℃，滑动轴承的温升不应超过 35℃。

f）轴承进油压力正常，进油和回油应无泄漏。

g）各转动部分应无异音和发热现象。

h）各轴封泄漏量应适宜，轴封温升不应超过 35℃。

i）辅助设备各联锁装置应结合试运行进行试验和调整，并应符合设备技术文件的要求。

15.4.3 润滑油系统试运：

15.4.3.1 润滑油的选用应符合制造厂技术文件的要求。

15.4.3.2 润滑油系统试运和油循环应具备以下条件：

a）油系统管道应清洗干净。

b）应对油箱和冷油器的清洁度进行检查，确认合格。

c）加油及油循环的临时设施应准备完毕，加入油箱的润滑油应经过滤油机，不得直接加入。

d）各油泵电动机空载试运应正常。

e）油系统设备、管道的表面及周围环境应已清理干净。

f）应备好沙箱、灭火器等消防用具。

15.4.3.3 油箱和油系统充油时应检查油箱、油系统设备无渗漏现象，高油位和低油位信号应调整正确。

15.4.3.4 润滑油压低报警、联启油泵、跳闸保护、停止盘车定值及测点安装位置应按照制造厂要求整定和安装，整定值应满足直流油泵联启的同时应跳闸停机。对各压力开关应采用现场试验系统进行校验，润滑油压低时应能正确、可靠地联动交流、直流润滑油泵。润滑油系统试运中应完成：

a）排油烟风机启动及油箱负压调整。

b）交流润滑油泵启动及系统油压调整。

c）直流润滑油泵启动及系统油压调整。

d）启动油泵启动及系统油压调整。

e）润滑油压低，交、直流润滑油泵自动联启试验，主、辅油泵切换试验。

f）润滑油压低保护开关校验。

g）润滑油加热器及冷油器试运。

h）油箱油位整定及油位保护联锁等。

15.4.4 液压油系统试运：

15.4.4.1 液压油的选用应符合制造厂技术文件的要求。

15.4.4.2 液压油系统在试运前应进行系统油循环与冲洗工作。在冲洗时，应将所有使用液压油驱动控制的执行机构的液压油进、回油管在驱动机构进油前进行短接或将驱动机构滤网、节流孔板、电磁阀、电液转换器拆除，安装冲洗板构成内部冲洗回路。

15.4.4.3 液压油冲洗过程应按照制造厂要求进行，宜采用变油温冲洗。

15.4.4.4 液压油系统试运应进行油泵试运、蓄能器充氮及投入、系统耐压试验、系统压力调整、油泵出口溢流阀调整、系统母管安全阀整定、联锁保护试验、液压执行机构的调试等项目。

15.4.4.5 应完成进口IGV，燃料关断阀、燃料调节阀等油动机行程调整。

15.4.4.6 燃料关断阀、燃料调节阀等带快速关闭功能的液压阀门，应测取阀门的关闭时间，并应满足制造厂的要求。

15.4.5 冷却水系统试运：

15.4.5.1 燃气轮机的循环冷却水系统的水质应符合制造厂技术文件的规定。

15.4.5.2 冷却水管路应充满水，且整个回路应排净空气。

15.4.5.3 当环境温度低于0℃时，应采取防冻措施。

15.4.6 燃料供应系统试运：

15.4.6.1 燃气轮机液体及气体燃料的各项物理、化学性质均应符合制造厂技术文件的规定。

15.4.6.2 燃料供应系统的管道应进行冲洗和吹扫。各隔离阀、泄油阀、放气阀、高压滤网应按制造厂技术文件规定进行调整。启动燃料油泵（或压缩机）时，管路应无泄漏现象。输送燃料时，应排净管路内空气。

15.4.6.3 燃油系统可采用清水或蒸汽吹扫，具体应符合GB 50973的相关要求。

15.4.6.4 天然气管道吹扫及系统气体置换应符合GB 50973的相关要求。

15.4.6.5 燃气轮机燃料系统的调试应完成以下项目：

a）燃料前置模块、过滤分离系统测点校验及联锁保护传动试验。

b）燃料系统管道吹扫，燃料系统管道、容器严密性试验。

c）在天然气置换之前完成燃气加热器调试。

d）燃料系统管道、容器的空气-氮气-天然气（合成气）置换，气体置换时应使用检测氧气、氮气、天然气的专用仪器进行检验并符合防火、防爆、防毒规程相关要求。

e）燃料前置模块投入试运行。

f）燃料模块及燃料吹扫模块各控制阀门的调试，燃料关断阀调试且关闭时间符合要求。

15.4.6.6 燃料输送系统、燃料模块、燃气轮机间、燃气轮机辅机间的燃料泄漏测试及报警设施安装完毕后，应调试合格，并符合制造厂的规定。

15.4.7 燃气轮机天然气调压系统的调试应完成以下项目：

15.4.7.1 调压系统管道与容器严密性试验。

15.4.7.2 天然气调压系统阀门、联锁、保护传动试验。

15.4.7.3 燃气增压机密封装置试运（增压机应使用合格的氮气密封）。

15.4.7.4 天然气增压机试运。

15.4.7.5 天然气调压系统气体置换。

15.4.8 燃气轮机水洗系统调试应完成以下项目：

15.4.8.1 冲洗水箱和系统管路清理及验收。

15.4.8.2 水洗系统阀门、联锁、保护传动试验。

15.4.8.3 冲洗水泵试运，轴承振动和温度在合格范围内。

15.4.8.4 喷嘴喷射角调整及雾化效果试验。

15.4.9 二氧化碳灭火保护系统试运

15.4.9.1 二氧化碳灭火保护系统在使用前应进行检查，燃气轮机在备用和运行期间，二氧化碳灭火保护系统应投入工作。

15.4.9.2 燃气轮机二氧化碳灭火系统调试应完成以下项目：

a） 检查系统实物布置与设计图纸相符。

b） 灭火系统管道冲洗、严密性试验。

c） 灭火系统阀门、测点、联锁传动试验。

d） 二氧化碳灭火保护系统的声光报警装置调试。

e） 二氧化碳实际喷出试验。

f） 二氧化碳冷却装置调试。

15.4.10 进、排气及防喘放气系统调试应完成以下项目：

15.4.10.1 系统清洁度检查、进气滤网吹扫系统调试及吹扫。

15.4.10.2 进气滤网吹扫系统程控调试。

15.4.10.3 进气挡板门、防爆门调试。

15.4.10.4 防喘放气阀调试。

15.4.10.5 防冰系统调试。

15.4.10.6 系统联锁保护传动试验。

15.4.11 罩壳和通风系统调试应完成以下项目：

15.4.11.1 罩壳安装与密封检查。

15.4.11.2 系统阀门、联锁、保护传动试验。

15.4.11.3 风机单机试运及联锁试验。

15.4.11.4 罩壳温度跳机保护试验。

15.4.12 启动系统调试应完成以下项目：

15.4.12.1 电动机或柴油机拖动的，应完成电动机单体试运、电动机带减速器试运。

15.4.12.2 变频启动装置拖动的，应完成变频启动装置的单体调试、分系统调试工作（主要包括变压器调试、整流器调试、电抗器调试、逆变器调试等）。

15.4.13 燃气轮机注水系统调试应完成以下项目：

15.4.13.1 水箱及系统管路清理及验收。

15.4.13.2 注水供水泵（除盐水泵）试运行。

15.4.13.3 注水供水泵（除盐水泵）联锁试验。

15.4.13.4 注水泵试运行。

15.4.15 燃气轮机组整套启动试运：

15.4.15.1 燃气轮机组整套启动试运应分空负荷试运、带负荷试运和满负荷试运三个阶段进行。

15.4.15.2 燃气轮机整套启动前应完成以下工作：

a）确认完成燃气轮机分系统调试、试验，并经验收合格，包括润滑油系统、液压油系统、冷却与密封空气系统、冷却水系统、燃料输送系统、启动系统、罩壳和通风系统、灭火系统、空气进气系统、水洗和干洗系统、反吹系统等，分系统试验中主要控制项目应遵循制造厂技术文件及 GB 50973、JB/T 6224、SY/T 0440 的要求。

b）燃气轮机本体设备安装调整完毕，轴系找中、找正参数符合制造厂规定，靠背轮连接螺栓安装完成，已经验收、签证完毕。

c）燃气轮机冷拖试验符合制造厂规定，已经验收、签证完毕。

d）根据制造厂技术文件完成控制系统静态整定与试验。

15.4.15.3 燃气轮机组整套启动应具备以下条件：

a）润滑油系统投运且油压、油温正常。

b）各辅助风机启动运行正常。

c）发电机充氢，氢纯度合格，密封油系统运行正常。

d）确认加热通风、密封冷却、灭火保护系统各阀门开关状态正常。

e）天然气调压系统投入运行，压力正常。

f）天然气经过燃料前置模块送到燃气轮机调节阀前。

15.4.15.4 燃气轮机启动应符合以下要求：

a）燃气轮机启动控制应采用一键式操作，包括盘车、冷拖、清吹、点火、升速、定速，均由控制系统自动完成。

b）启动指令发出后，燃气轮机在启动装置作用下自动升速到清吹转速，吹扫系统应对燃气及余热锅炉通道进行吹扫。

c）吹扫完成后，燃气轮机应降速到点火转速，开始点火。

d）点火成功后，在燃气轮机启动装置与燃气轮机的共同作用下，燃气轮机升速到自持转速，启动装置应退出。

e）燃气轮机继续升速到全速空载转速。

f）在全速空载转速下应对各项技术指标进行检查并记录。

15.4.15.5 启动过程及定速后，重要监视项目包括：

a）机组轴承及轴振动。

b）轴承金属温度。

c）燃气轮机轮间温度、排气温度及分散度。

d）燃气轮机各辅助系统运行正常，如润滑油压力及温度在合格范围。

e）燃烧模式切换平稳，不产生大扰动，火焰探测器工作正常。

f）IGV 调节灵活可靠，压气机运行平稳，无喘振现象。

g）增压机所有工况运行平稳，振动合格，调节灵活，无喘振现象。

15.4.15.6 空负荷试运应完成的试验包括：

a）机组启动装置投运试验。

b）燃气轮机首次点火和空负荷燃烧调整试验。

c）并网前的电气试验。

d）机组打闸试验。

e）机组超速试验。

15.4.15.7 燃气轮机带负荷调试应具备以下条件：

a）空负荷运行正常，各项参数符合要求。

b）空负荷燃烧调整完成，燃烧状况稳定。

c）机组超速试验合格。

d）燃气轮发电机空载电气试验完成。

e）燃气轮发电机冷却系统运行正常，冷却介质温度、定子线圈温度符合要求。

15.4.15.8 带负荷试运调试程序应符合以下要求：

a）发电机并网带初负荷，应检查机组运行参数。

b）投入天然气性能加热器，将燃气轮机入口天然气加热至规定值。

c）燃气轮机带负荷至额定值，升负荷期间按规定完成各负荷点下燃烧调整试验及燃烧模式切换。

d）燃烧调整完成后机组带满负荷运行。

e）各项条件具备后进行燃气轮发电机组甩负荷试验。

f）再次启动带负荷，重新进行带负荷燃烧调整。

15.4.15.9 带负荷试运过程中，应重点监控的项目有：

a）轴承与轴振动。

b）润滑油压力与温度。

c）支持轴承、推力轴承及发电机轴承金属温度、各负荷段的燃烧稳定性与燃烧模式切换过程中机组的稳定性。

d）燃气轮机轮间温度、排气温度及分散度。

e）天然气性能加热器功率。

f）IGV 调节灵活可靠，压气机运行平稳，无喘振现象。

g）增压机所有工况运行平稳，振动合格，调节灵活，无喘振现象。

15.4.15.10 带负荷试运应完成的试验包括：

a）燃气轮机燃烧调整试验。

b）发电机假同期试验、发电机并网试验。

c） 机组超速保护试验。

d） 在条件许可的情况下，宜完成燃气轮机最低负荷稳燃试验、自动快减负荷试验。

15.4.15.11 机组满负荷试运须保持连续运行，对300MW以下机组可分72h和24h两个阶段进行。对300MW及以上机组，机组满负荷试运应进行168h考核，连续满负荷运行时间不小于96h，平均负荷率不低于90%。

15.4.15.12 燃气轮机正常停机应符合以下要求：

a） 执行燃气轮机自动停机程序，燃气轮机自动降负荷至燃气轮机解列。

b） 解列后压气机防喘阀自动打开，主气阀关闭，燃气轮机灭火。

c） 转速降到规定值时，项轴油泵及盘车装置应自动投入运行。

d） 应测取转子惰走时间及曲线。

15.4.15.13 燃气轮机设备及系统的试运记录应包括：

a） 机组试运前系统确认记录。

b） 分系统、整套试运签证。

c） 分系统、整套质量验收及评价表。

d） 冲洗和吹扫合格校验证书。

e） 油系统试运行记录和油质化验报告。

f） 调节保护系统的整定与试验记录。

g） 联锁装置的整定与试验记录。

h） 整套启、停运行记录（包括油温、油压、升速点火转速、带负荷情况、机组热膨胀、轴承振动、气缸温度、进气温度、轴瓦巴氏合金温度等有关运行参数）。

i） 燃气轮机惰走曲线。

j） 燃料分析报告、注水系统水取样化验报告、水清洗系统水取样化验报告。

k） 调试报告，试运中的异常情况及处理经过和结果。

16 资料档案管理

16.1 绝缘专业

16.1.1 设计与设备资料：

16.1.1.1 订货相关文件（技术规范书等）。

16.1.1.2 设计联络文件。

16.1.1.3 设计图纸资料。

16.1.1.4 变压器抗短路能力计算报告。

16.1.1.5 设备监造报告。

16.1.1.6 设备出厂试验报告和型式试验报告、发电机和变压器制造原材料的质量保证书、性能试验报告、组附件的质量保证书、出厂试验报告和型式试验报告。

16.1.1.7 设备（含组附件）使用说明书、安装说明书和图纸。

16.1.1.8 三维冲撞记录仪记录。

16.1.1.9 开箱验收记录。

16.1.2 安装与调试资料：

16.1.2.1 电气设备一次系统图纸、防雷保护与接地网图纸、施工设计图和施工变更资料、竣工图等。

16.1.2.2 安装过程记录。

16.1.2.3 监理报告。

16.1.2.4 设备交接试验报告。

16.1.2.5 安装调试报告。

16.1.2.6 竣工验收报告。

16.1.2.7 电气设备台账。

16.1.2.8 电力电缆清册。

16.1.2.9 缺陷处理报告。

16.2 化学专业

16.2.1 设计资料。

设计资料：锅炉补给水处理系统设计资料、凝结水处理系统设计资料、循环水系统设计资料、冷却水系统设计资料、加药系统设计资料、化学仪表设计资料、制氢系统设计资料、化学实验室设计资料、燃料采制样设备设计资料等与化学监督相关的设计资料、设计变更资料及审批记录。

16.2.2 设备制造资料。

设备制造资料：重要设备监造阶段主要记录、验收报告；制造过程存在问题的处理记录；化学设备技术规范；化学设备和有关重要监督设备、系统的设计和制造图纸、说明书、出厂验收报告等。

16.2.3 设备安装资料。

设备安装资料：设备到厂验收资料（包括说明书、检验报告、配件明细等）；到厂后的检验报告；重要事件的处理报告；设备保管记录；设备领用记录；设备安装前的检查报告；设备安装施工图；设备安装方案；设备安装过程验收记录；设备安装后的验收报告等。

16.2.4 设备调试资料。

设备调试资料：设备调试方案；设备调试前的检验报告；设备调试人员培训记录；设备调试过程记录；调试过程中存在问题的解决方案；设备调试合格验收报告；锅炉水压试验方案和报告；化学清洗方案；化学清洗过程记录；化学清洗质量验收报告；锅炉冲洗记录；启动试运报告；整体运行报告等。

16.3 金属专业

16.3.1 设备安装资料。

16.3.1.1 受监金属部件的制造资料包括部件的质量保证书或产品质保书，内容通常应包括：

a） 部件材料牌号、化学成分。

b） 热加工工艺。

c） 力学性能、检验试验情况。

d） 结构几何尺寸。

e） 强度计算书等。

16.3.1.2 受监金属部件的监造报告。

16.3.1.3 锅炉、压力容器的制造质量监检证书。

16.3.1.4 锅炉和压力容器等受监部件的设计图、设计变更资料。

16.3.1.5 锅炉和压力容器等受监部件的安装技术资料，内容应包括：

a） 安装焊缝坡口形式、焊接及热处理工艺和各项检验结果。

b） 筒体的外观、壁厚检验结果。

c） 硬度和金相组织检验结果。

d） 光谱检验结果。

e） 安装过程中异常情况及处理记录或报告。

16.3.1.6 四大管道设计图、设计变更资料。

16.3.1.7 四大管道安装技术资料等，内容应包括：

a） 安装焊缝坡口形式、焊缝位置、焊接及热处理工艺及各项检验结果。

b） 直管的外观、几何尺寸和硬度检查结果；合金钢直管还应有金相检查结果。

c） 弯管/弯头的外观、椭圆度、壁厚等检验结果。

d） 合金钢制弯头/弯管的硬度和金相组织检验结果。

e） 管道系统合金钢部件的光谱检验记录。

f） 代用材料记录（如有）。

g） 安装过程中异常情况及处理记录。

h）标注有焊缝位置定位尺寸的管道立体布置图，图中应注明管道的材质、规格、支吊架的位置、类型。

16.3.1.8 机炉外汽水管道、中温中压管道及特殊管道的设计图、安装技术资料等。

16.3.1.9 受监金属部件的安全性能检验报告。

16.3.1.10 受监金属部件的安装前检验技术报告和资料（安装单位）。

16.3.1.11 锅炉的安装监检报告。

16.3.1.12 监理单位移交的有关技术报告和资料，至少包括原材料检验、焊接工艺执行监督以及安装质量检验监督等内容。

16.3.1.13 锅炉冲管临时管路、支吊架及消音器等部件的安装技术资料及检验技术报告。

16.3.2 调试验收资料。

16.3.2.1 原材料及备件监督档案：

a）承压部件用原材料、焊接材料和零部件原始检验资料，材质单、合格证和质保书。

b）承压部件用原材料、焊接材料和承压部件验收单、检验报告，入库、验收和领用台账。

16.3.2.2 受监部件清册和技术台账：

a）按照设备类别分类建立受监设备清册和技术台账，包括：锅炉受监部件、压力容器（含气瓶）、压力管道（含四大管道、机炉外汽水管道、中温中压管道及特殊管道）、安全阀、压力容器用压力表、“四大管道”支吊架、高速转动部件、高温紧固件、锅炉膨胀指示器及压力容器液位计、温度测量装置等其他附件。

b）台账应包括部件的设计参数和型号规格，安装调试过程发现的问题和处理情况。

16.4 电测专业

16.4.1 设计与设备资料。

16.4.1.1 电能计量装置计量方式原理图。

16.4.1.2 电能表及电压、电流互感器安装使用说明书、出厂检验报告、授权计量检定机构的检定证书。

16.4.1.3 电能信息采集终端的使用说明书、出厂检验报告、合格证，电能计量技术机构的检验报告。

16.4.1.4 电能计量柜（箱、屏）安装使用说明书、出厂检验报告。

16.4.1.5 计量设备二次回路导线或电缆的型号、规格及长度资料。

16.4.1.6 电压互感器二次回路中的快速自动空气开关、接线端子的说明书和合格证等。

16.4.1.7 高压电器设备的接地及绝缘试验报告。

16.4.1.8 电能表和电能信息采集终端的参数设置记录。

16.4.1.9 电能计量装置设备清单。

16.4.1.10 关口电能表辅助电源原理图。

16.4.2 安装与调试资料。

16.4.2.1　电能计量装置一次接线图、二次接线图、施工设计图和施工变更资料、竣工图等。

16.4.2.2　计量用电流、电压互感器的实际二次负荷及电压互感器二次回路压降的检测报告。

16.4.2.3　计量用电流、电压互感器使用变比确认记录。

16.4.2.4　电测设备二次接线图、施工设计图和施工变更资料、竣工图等。

16.4.2.5　电测设备安装使用说明书、出厂检验报告、检定证书。

16.4.2.6　测量用电流、电压互感器使用变比确认记录。

16.4.2.7　关口电能表辅助电源安装图。

16.4.2.8　实际施工过程中需要说明的其他资料。

16.5　热工专业

16.5.1　设计与设备资料。

设计与设备资料如下：

a）DCS、现场总线系统功能说明和硬件配置清册，分散控制系统 I/O 清单。

b）热工仪表及电源系统图。按树形结构要求绘制本企业热控系统电源系统图，从电源的源头开始，至最后一级负载电源结束，其中应明确各级电源开关（空气开关、保险丝、熔断器）的设备编号、型号及容量。

c）汽轮机控制系统（DEH、ETS、TSI）硬控制回路的原理图及实际安装接线图。

d）锅炉炉膛安全保护系统（FSSS）硬跳闸继电器柜的原理图及实际安装接线图。

e）润滑油泵硬联锁控制回路的实际安装接线图。

f）热工参数检测测点系统图（PID 图）。

g）热工仪表常用部件的加工图。

h）流量测量装置（如孔板、喷嘴等）的设计计算原始资料。

i）热工检测仪表及控制系统技术资料（包含说明书、出厂试验报告等）。

j）主要热控系统或装置（FSSS、火焰检测装置、ETS、DEH、TSI、PLC、现场总线、智能化系统等）台账。

16.5.2　安装与调试资料。

安装与调试资料如下：

a）标准计量器具设备台账（其中至少包括名称、型号、技术参数、检定周期、上次检定日期、下次待检日期）、出厂说明书以及历次检定记录、证书。

b）本厂压力容器中在装的强检仪表技术档案，至少应包括表计型号、测量量程、表计检定记录。

c）主辅机报警、联锁、保护定值清单。

d）设计变更、修改文件。

e）设备安装验收记录、缺陷处理报告、调试报告、竣工验收报告。

f）安装竣工图纸（包含系统图、实际安装接线图等）。

g）调试记录：整套试运模拟量控制系统投入率统计表、整套试运保护投入率统计表、整套试运顺序控制系统投入率统计表、整套试运数据采集系统测点完好率/投入率统计表、整套试运热工保护系统投退记录、整套试运 DCS 逻辑组态强制/修改记录、整套试运热控系统软件和应用软件备份记录、整套试运与热工设备非计划停运/障碍/事故统计记录及事故分析报告、整套试运热工缺陷记录等。

h）调试报告：DCS 受电及复原报告、FSSS 试验报告、ETS 试验报告、一次调频试验报告、AGC 系统试验报告、RB 试验报告、重要辅机保护试验报告、重要辅机联锁试验报告、TSI 调整试验报告、热工自动调节系统扰动试验报告、控制系统性能测试报告等。

16.6 环保专业

16.6.1 设计与设备资料。

16.6.1.1 当地气象资料、厂址、灰场附近地表水、地下水的水文、水质资料。

16.6.1.2 环境影响评价报告书及其批复文件、变更环境影响报告及其批复文件、可行性研究报告。

16.6.1.3 环保设施设计资料，包括除尘器、脱硫设施、脱硝设施、工业废水处理设施、生活废水处理设施、含油废水处理设施、含煤废水处理设施、脱硫废水处理设施。设计资料应有技术协议、设计说明书、设计修改单、工艺流程图、总平面布置图、设备布置图、施工图等。

16.6.1.4 煤场防风抑尘设计及技术说明书。

16.6.1.5 灰渣石膏处理处置方式及灰渣等堆场防渗、排水设计及技术说明书。

16.6.1.6 厂界及设备降噪设计及技术说明书。

16.6.1.7 燃料及脱硫剂、脱硝剂的来源及参数。

16.6.2 安装与调试资料

16.6.2.1 环保设施开工准备阶段资料：开工报告、设计交底和图纸会审资料、施工方案、技术安全交底记录。

16.6.2.2 工程施工技术记录、工程质量保证资料。

16.6.2.3 环保设施隐蔽工程检查验收记录、单位工程竣工验收记录。

16.6.2.4 环保设施工程分部（项）质量检验评定表、单位工程竣工验收证书、单位工程竣工评定表。

16.6.2.5 重大环保设施安装方案和审核报告。

16.6.2.6 环保设备说明书、合格证、脱硝催化剂检测证明。

16.6.2.7 环保监测、环保试验表计的计量检定合格证书及检定报告。

16.6.2.8 排放源、排放口监测点分布图。

16.6.2.9 环保设施的调试大纲、调试方案或措施、调试报告。

16.6.2.10 环保设施调试签证表、评定表。

16.6.2.11 环保设施性能试验方案、报告。

16.6.2.12　环境监测方案和报告、环保竣工验收报告。

16.6.2.13　灰渣场防渗膜铺设记录和报告。

16.6.2.14　调试期间环保设备运行参数、烟气参数等记录。

16.6.2.15　调试期间环保设施异常情况、污染物指标异常分析和报告。

16.7　继电保护专业

16.7.1　设计与设备资料。

16.7.1.1　继电保护技术监督有关文件、现行国家和行业标准及反事故措施。

16.7.1.2　继电保护设备资料：

a）一次设备主接线图及主设备参数。

b）继电保护装置的原理说明书、原理逻辑图、程序框图、分板图、装焊图及元件参数。

c）保护柜（屏）原理图、合格证明和出厂试验报告。

d）保护装置调试大纲等技术资料。

e）继电保护装置的最新定值单及执行情况。

f）继电保护装置定值整定计算书。

g）继电保护仪器仪表使用说明书。

h）继电保护设备主要元部件清单。

16.7.1.3　设计院初步设计、可行性研究报告。

16.7.1.4　设计院相关继电保护二次回路（包括控制及信号回路）竣工图纸、二次原理图、设计说明、电缆清册等资料。

16.7.2　安装与调试资料

16.7.2.1　继电保护装置外形图、安装图。

16.7.2.2　继电保护设备开箱验收记录文件。

16.7.2.3　继电保护设备调试资料：

a）按单体、分系统、整套启动等阶段的试运条件检查确认表、调试交底记录、调试方案、调试验评、传动试验记录、通流通压试验记录、调试报告等资料。

b）继电保护装置调试原始记录文件。

c）继电保护装置动作情况记录。

d）继电保护仪器仪表的校验报告。

e）打印版的继电保护定值单。

16.7.2.4　继电保护设备台账资料：

a）继电保护装置清册及台账，包括线路（含电缆）保护、母线保护、变压器保护、发电机（发电机变压器组）保护、并联电抗器保护、断路器保护、短引线保护、过电压及远方跳闸保护、电动机保护、其他保护等。

b）安全自动装置清册及台账，包括同期装置、厂用电源快速切换装置、备用电源自动投入装置、安全稳定控制装置、继电保护及故障信息管理系统子站等。

c） 故障录波装置清册及台账。

16.8 汽轮机及旋转设备专业

16.8.1 设计与设备资料。

16.8.1.1 初步设计文件、初步设计审查意见、供货厂家设计方案、图纸、设计单位设计资料（包括软硬件、布置、选材等）和原理图纸。

16.8.1.2 工程施工图、设备厂家提供的设备技术参数及设计基础资料、材料厂家提供的材料技术参数、工程勘测、工程测量等设计基础资料。

16.8.1.3 专题设计优化方案、设计变更文件。

16.8.1.4 竣工图设计文件。

16.8.1.5 相关设备合同与技术协议。

16.8.1.6 主要设备原材料、外购配套件、毛坯铸锻件等质量证明文件及检验报告。

16.8.1.7 监造工作的有关资料、记录等文件，设备监造工作总结。

16.8.2 安装与调试资料。

16.8.2.1 主要施工方案、工程投入的主要物资、施工机械设备情况及主要施工机械进场计划、确保工程质量的技术组织措施、确保安全（文明）施工的技术组织措施、施工进度网络图表。

16.8.2.2 经会审签证的施工图纸和设计文件、批准签证的设计变更、设备制造厂家提供的图纸和技术文件、合同中有关质量条款。

16.8.2.3 汽轮机基座、台板和垫铁的建筑交付安装记录、沉降观测记录。

16.8.2.4 汽缸、轴承座与台板记录，汽缸喷嘴室、调阀汽室隐蔽签证记录。

16.8.2.5 各轴承座进行的检漏试验、签证记录，汽缸、轴承座水平、扬度记录。

16.8.2.6 滑销、猫爪间隙记录、汽缸法兰结合面间隙记录。

16.8.2.7 汽缸负荷分配记录、监督检查低压缸与凝汽器或直接空冷排汽装置的连接、验收签证记录。

16.8.2.8 轴瓦接触记录、推力瓦乌金接触及推力间隙记录、轴承座与轴瓦油挡间隙记录。

16.8.2.9 转子轴径椭圆度和不柱度记录、转子弯曲记录、全实缸状态下测量转子轴径扬度记录、转子推力盘端面瓢偏记录、转子联轴器晃度及端面瓢偏记录、转子对汽封（或油挡）洼窝中心记录、全实缸状态下测量转子联轴器找中心记录、转子就位后复测转子缸外轴向定位记录。

16.8.2.10 静叶持环或隔板安装记录、全实缸状态下测量轴封及通流间隙记录、全实缸状态下转子推拉试验记录。

16.8.2.11 调频叶片的固有频率测定记录。

16.8.2.12 各油箱封闭签证，冷油器严密性试验签证，润滑油和密封油冲洗前、后检查签证，抗燃油系统冲洗前、后检查签证，抗燃油、润滑油和密封油系统冲洗后油质化验报告。

16.8.2.13 各旋转设备基础及预埋件检查记录、台板安装记录、轴承各部间隙测量记录、推力轴承间隙、接触检查记录、轴瓦垫块及轴瓦与轴颈接触检查记录、各旋转设备联轴器找中心记录、空冷风机主轴晃度记录、空冷风机叶片安装记录。

16.8.2.14 旋转设备二次灌浆前检查签证、各旋转设备轴承座封闭签证、汽动给水泵驱动汽轮机扣盖签证。

16.8.2.15 凝汽器穿管前检查签证、凝汽器与汽缸连接前检查签证、凝汽器灌水试验签证、凝汽器汽侧和水侧封闭签证。

16.8.2.16 空冷系统严密性试验签证、空冷装置汽侧封闭签证、空冷装置风道检查签证、抽气设备封闭签证、除氧器封闭签证、热交换器水压试验签证。

16.8.2.17 汽轮机部分的调试大纲、调试措施安全技术交底、各阶段的各设备调试记录、调试总报告。

16.8.2.18 性能验收试验报告，包括汽轮机额定出力试验、汽轮机最大出力试验、汽轮机热耗率试验、汽轮发电机组轴系振动试验、噪声测试等报告。

16.9 锅炉专业

16.9.1 设计与设备资料。

16.9.1.1 初步设计文件、初步设计审查意见、供货厂家设计方案和设计图纸、设计单位设计资料（包括软硬件、布置、选材等）和原理图纸。

16.9.1.2 工程施工图、设备厂家提供的设备技术参数及设计基础资料；材料厂家提供的材料技术参数；工程勘测、工程测量等设计基础资料。

16.9.1.3 专题设计优化方案，设计变更文件。

16.9.1.4 竣工图设计文件及竣工图总说明。

16.9.1.5 相关设备合同与技术协议。

16.9.1.6 主要设备原材料、外购配套件、毛坯铸锻件等质量证明文件及检验报告。

16.9.1.7 监造工作的有关资料、记录等文件，设备监造工作总结。

16.9.1.8 新材料、新设备的使用鉴定报告、使用报告、查新报告或允许使用文件。

16.9.1.9 构件、配件、高强度螺栓连接副、淋水填料等制成品的出厂合格证及试验文件。

16.9.1.10 设备、材料的检验、保管、发放管理制度。

16.9.1.11 本工程执行强制性条文的实施计划、实施细则。

16.9.1.12 本工程勘测、设计强制性条文清单。

16.9.1.13 设计单位编制的工程质量检查报告、工程总结。

16.9.2 安装与调试资料。

16.9.2.1 主要施工方案；工程投入的主要物资、施工机械设备情况及主要施工机械进场计划；确保工程质量的技术组织措施；确保安全（文明）施工的技术组织措施；施工进度网络图表；施工单位编制的工程总结。

16.9.2.2 经会审签证的施工图纸和设计文件；批准签证的设计变更；设备制造厂家提供的图纸和技术文件；合同中有关质量条款。

16.9.2.3 锅炉钢架安装记录、锅炉受热面安装记录图、锅炉膨胀间隙冷态安装记录、锅炉整体水压试验签证。

16.9.2.4 锅炉辅助机械（空气预热器、送风机、引风机、一次风机、磨煤机、脱硫增压风机等）安装记录、锅炉辅助机械试运签证。

16.9.2.5 锅炉整体风压试验、锅炉热膨胀记录、输煤系统设备安装记录。

16.9.2.6 除灰、渣系统安装冲洗、吹扫、严密性试验签证。

16.9.2.7 燃油油罐灌水试验签证、燃油管道水压试验、吹扫签证。

16.9.2.8 锅炉炉墙砌筑、全厂保温材料复检抽样记录及复试报告；保温混凝土试块检验报告，耐火、耐磨混凝土试块检验报告；锅炉炉墙隐蔽工程、关键工序验收签证。

16.9.2.9 循环流化床锅炉整体烘炉记录、实际温度升降曲线；循环流化床锅炉烘炉检查签证。

16.9.2.10 炉侧热力设备外保温、四大管道等表面温度检测记录。

16.9.2.11 锅炉房起吊设施负荷实验记录、钢制焊接常压容器灌水试验签证、储罐基础沉降观测记录。

16.9.2.12 炉侧各旋转设备基础及预埋件检查记录、台板安装记录；轴承各部间隙测量记录、推力轴承间隙检查记录、接触检查记录；轴瓦垫块及轴瓦与轴颈接触检查记录、各旋转设备联轴器找中心记录、炉侧风机叶片安装记录。

16.9.2.13 炉侧各旋转设备二次灌浆前检查签证、各旋转设备轴承座封闭签证。

16.9.2.14 锅炉专业的监理规划、监理实施细则、执行标准清单、监理达标投产计划、监理强制性条文实施计划、关键工序和隐蔽工程旁站方案、监理实施细则、监理月报、监理总结、工程总体质量评估报告。

16.9.2.15 锅炉专业的生产准备大纲、管理制度、运行规程、检修规程、系统图。

16.9.2.16 锅炉专业生产期间成品保护管理制度、劳动安全和职业病防护措施。

16.9.2.17 锅炉专业的调试大纲；调试用仪器、仪表台账及校验报告；分系统试运条件检查表；分系统调试方案、措施；分系统调试记录、报告；经审批的整套启动调试措施；整套启动试运条件检查表；整体启动调试措施；整体启动调试报告；调试总报告；机组整套启动试运调试质量验收签证。

16.9.2.18 锅炉专业的性能试验措施、性能验收试验报告，包括：锅炉热效率试验、锅炉最大出力试验、锅炉额定出力试验、锅炉切除稳燃措施最低出力试验、制粉系统出力试验、磨煤机单耗试验、空气预热器漏风率试验、炉侧散热测试、炉侧噪声测试等。

16.9.3 锅炉技术监督负责人应按照集团公司规定的技术监督资料目录和格式要求，建立健全技术监督各项台账、档案、规程、制度和技术资料，确保锅炉技术监督原始档案和技术资料的完整性和连续性。

16.10 电能质量专业

16.10.1 设计与设备资料：

16.10.1.1 订货相关文件（技术规范书等）。

16.10.1.2 设计联络文件。

16.10.1.3 设计图纸资料。

16.10.1.4 AGC、AVC 装置的产品使用说明书、安装说明书、合格证等。

16.10.2 安装与调试资料：

16.10.2.1 安装过程记录。

16.10.2.2 安装调试报告。

16.10.2.3 发电机进相试验报告。

16.10.2.4 AGC、AVC 性能测试报告。

16.11 励磁专业

16.11.1 设计与设备资料：

16.11.1.1 励磁监督有关文件、现行国家和行业标准及反事故措施。

16.11.1.2 励磁设备资料：

a） 励磁调节装置的原理说明书。

b） 励磁系统控制逻辑图、程序框图、分柜图及元件参数表。

c） 励磁系统传递函数总框图及参数说明。

d） 发电机、励磁机、励磁变、碳刷、互感器、励磁装置等使用维护说明书和用户手册等。

e） 励磁系统主要元器件选型说明、计算书。

f） 励磁调节器定值单。

g） 主设备厂家提供的设备运行限制曲线。

h） 发电机、励磁变压器的设备参数。

i） 励磁调节器出厂试验报告、合格证书。

j） 励磁调节器使用说明书。

k） 励磁控制装置、励磁变压器、整流装置、磁场断路器、灭磁电阻型式试验报告。

16.11.1.3 设计院励磁系统竣工图纸、初步设计、可行性研究报告。

16.11.1.4 励磁系统主要元部件清单。

16.11.2 安装与调试资料：

16.11.2.1 励磁调节器装置外形图、安装图。

16.11.2.2 励磁系统调试资料：

a） 励磁调节器调试大纲。

b） 励磁装置试验报告。

c） 励磁变压器试验报告。

d） 按单体、分系统、整套启动等阶段的试运条件检查确认表、调试交底记录、调试方案、调试验评、传动试验记录、通流通压试验记录、调试报告等资料。

e） 励磁系统涉网试验报告，包括：励磁系统参数测试报告、PSS 试验报告、发电机进相试验报告。

16.11.2.3 励磁系统设备台账。

16.12 燃气轮机专业

16.12.1 设计与设备资料：

16.12.1.1 燃气轮机及其辅助设备技术规范、说明书（设计、安装调试、运行维护）。

16.12.1.2 工程施工图、设备厂家提供的设备技术参数及设计基础资料、材料厂家提供的材料技术参数。

16.12.1.3 燃气轮机整套设计和制造图纸、出厂试验报告。

16.12.1.4 燃气轮机设备及系统设计文件及其变更文件。

16.12.1.5 相关设备合同与技术协议。

16.12.1.6 主要设备原材料、外购配套件、毛坯铸锻件等质量证明文件及检验报告。

16.12.1.7 监造工作的有关资料、记录等文件，设备监造工作总结。

16.12.2 安装与调试资料：

16.12.2.1 燃气轮机设备及系统安装竣工图纸、安装验收记录。

16.12.2.2 燃气轮机设备及系统调试报告、燃气轮机惰走曲线、整套启停运行记录、调节保护系统的整定与试验记录。

16.12.2.3 燃气轮机投产验收报告，包括燃气轮机额定出力试验、燃气轮机能耗验收试验、燃气轮机组甩负荷试验报告、RB 试验报告。

16.12.2.4 燃气轮机及其辅助设备性能考核试验报告。

附 录 A
（资料性附录）
绝缘技术监督规范性引用文件

下列文件对于本文件的应用是必不可少的。凡是注日期的引用文件，仅注日期的版本适用于本文件。凡是不注日期的引用文件，其最新版本（包括所有的修改单）适用于本文件。

GB/T 311.1　绝缘配合　第 1 部分：定义、原则和规则

GB/T 755　旋转电机 定额和性能

GB/T 1094.1　电力变压器　第 1 部分：总则

GB/T 1094.2　电力变压器　第 2 部分：液浸式变压器的温升

GB/T 1094.3　电力变压器　第 3 部分：绝缘水平、绝缘试验和外绝缘空气间隙

GB/T 1094.5　电力变压器　第 5 部分：承受短路的能力

GB/T 1094.6　电力变压器　第 6 部分：电抗器

GB/T 1094.11　电力变压器　第 11 部分：干式电力变压器

GB/T 1984　高压交流断路器

GB/T 3190　变形铝及铝合金化学成分

GB/T 4109　交流电压高于 1000V 的绝缘套管

GB/T 4208　外壳防护等级（IP 代码）

GB/T 5231　加工铜及铜合金牌号和化学成分

GB/T 6451　油浸式电力变压器技术参数和要求

GB/T 7064　隐极同步发电机技术要求

GB/T 7595　运行中变压器油质量标准

GB 7674　额定电压 72.5kV 及以上气体绝缘金属封闭开关设备

GB/T 8349　金属封闭母线

GB/T 10228　干式变压器技术参数和要求

GB/T 11017.1　额定电压 110kV（U_m＝126kV）交联聚乙烯绝缘电力电缆及其附件　第 1 部分：试验方法和要求

GB/T 11017.2　额定电压 110kV（U_m＝126kV）交联聚乙烯绝缘电力电缆及其附件　第 2 部分：电缆

GB/T 11017.3　额定电压 110kV（U_m＝126kV）交联聚乙烯绝缘电力电缆及其附件　第 3 部分：电缆附件

GB/T 11022　高压开关设备和控制设备标准的共用技术要求

GB 11032　交流无间隙金属氧化物避雷器

GB/T 11348.1　旋转机械转轴径向振动的测量和评定　第 1 部分：总则

GB/T 12706.2　额定电压 1kV（U_m＝1.2kV）到 35kV（U_m＝40.5kV）挤包绝缘电力

电缆及附件　第 2 部分：额定电压 6kV（U_m=7.2kV）到 30kV（U_m=36kV）电缆

GB/T 12706.3　额定电压 1kV（U_m=1.2kV）到 35kV（U_m=40.5kV）挤包绝缘电力电缆及附件　第 3 部分：额定电压 35kV（U_m=40.5kV）电缆

GB/T 13499　电力变压器应用导则

GB/T 17468　电力变压器选用导则

GB/T 20140　隐极同步发电机定子绕组端部动态特性和振动测量方法及评定

GB/T 20835　发电机定子铁心磁化试验导则

GB/T 20840.1　互感器　第 1 部分：通用技术要求

GB/T 20840.2　互感器　第 2 部分：电流互感器的补充技术要求

GB/T 20840.3　互感器　第 3 部分：电磁式电压互感器的补充技术要求

GB/T 20840.5　互感器　第 5 部分：电容式电压互感器的补充技术要求

GB/T 21209　变频器供电笼型感应电动机设计和性能导则

GB/T 22072　干式非晶合金铁心配电变压器技术参数和要求

GB/T 26218.1　污秽条件下使用的高压绝缘子的选择和尺寸确定　第 1 部分：定义、信息和一般准则

GB/T 26218.2　污秽条件下使用的高压绝缘子的选择和尺寸确定　第 2 部分：交流系统用瓷和玻璃绝缘子

GB/T 26218.3　污秽条件下使用的高压绝缘子的选择和尺寸确定　第 3 部分：交流系统用复合绝缘子

GB/T 50065　交流电气装置的接地设计规范

GB 50147　电气装置安装工程　高压电器施工及验收规范

GB 50148　电气装置安装工程　电力变压器、油浸电抗器、互感器施工及验收规范

GB 50149　电气装置安装工程　母线装置施工及验收规范

GB 50150　电气装置安装工程　电气设备交接试验标准

GB 50168　电气装置安装工程　电缆线路施工及验收标准

GB 50169　电气装置安装工程　接地装置施工及验收规范

GB 50170　电气装置安装工程　旋转电机施工及验收标准

GB 50171　电气装置安装工程　盘、柜及二次回路接线施工及验收规范

GB 50172　电气装置安装工程　蓄电池施工及验收规范

GB 50217　电力工程电缆设计规范

GB 50835　1000kV 电力变压器、油浸电抗器、互感器施工及验收规范

DL/T 266　接地装置冲击特性参数测试导则

DL/T 342　额定电压 66kV～220kV 交联聚乙烯绝缘电力电缆接头安装规程

DL/T 343　额定电压 66kV～220kV 交联聚乙烯绝缘电力电缆 GIS 终端安装规程

DL/T 344　额定电压 66kV～220kV 交联聚乙烯绝缘电力电缆户外终端安装规程

DL/T 401　高压电缆选用导则

DL/T 402　高压交流断路器

DL/T 475　接地装置特性参数测量导则
DL/T 486　高压交流隔离开关和接地开关
DL/T 586　电力设备监造技术导则
DL/T 596　电力设备预防性试验规程
DL/T 604　高压并联电容器装置使用技术条件
DL/T 615　高压交流断路器参数选用导则
DL/T 617　气体绝缘金属封闭开关设备技术条件
DL/T 618　气体绝缘金属封闭开关设备现场交接试验规程
DL/T 637　阀控式密封铅酸蓄电池订货技术条件
DL/T 725　电力用电流互感器使用技术规范
DL/T 726　电力用电磁式电压互感器使用技术规范
DL/T 728　气体绝缘金属封闭开关设备选用导则
DL/T 729　户内绝缘子运行条件　电气部分
DL/T 804　交流电力系统金属氧化物避雷器使用导则
DL/T 840　高压并联电容器使用技术条件
DL/T 865　126kV～550kV 电容式瓷套管技术规范
DL/T 866　电流互感器和电压互感器选择及计算规程
DL/T 970　大型汽轮发电机非正常和特殊运行及维护导则
DL/T 1001　复合绝缘高压穿墙套管技术条件
DL/T 1040　电网运行准则
DL/T 1054　高压电气设备绝缘技术监督规程
DL/T 1111　火力发电厂厂用高压电动机调速节能导则
DL/T 1163　隐极发电机在线监测装置配置导则
DL/T 1164　汽轮发电机运行导则
DL/T 5044　电力工程直流电源系统设计技术规程
DL/T 5092　（110～500）kV 架空送电线路设计技术规程
DL/T 5153　火力发电厂厂用电设计技术规程
DL/T 5394　电力工程地下金属构筑物防腐技术导则
NB/T 25035　发电厂共箱封闭母线技术要求
NB/T 25036　发电厂离相封闭母线技术要求
JB/T 6204　高压交流电机定子线圈及绕组绝缘耐电压试验规范
JB/T 6227　氢冷电机气密封性检验方法及评定
JB/T 6228　汽轮发电机绕组内部水系统检验方法及评定
JB/T 8446　隐极式同步发电机转子匝间短路测定方法

附 录 B
（资料性附录）
化学技术监督规范性引用文件

下列文件对于本文件的应用是必不可少的。凡是注日期的引用文件，仅注日期的版本适用于本文件。凡是不注日期的引用文件，其最新版本（包括所有的修改单）适用于本文件。

GB/T 7252 变压器油中溶解气体分析和判断导则
GB/T 7595 运行中变压器油质量标准
GB/T 7596 电厂运行中汽轮机油质量
GB/T 7735 无缝和焊接钢管缺欠的自动涡流检测
GB/T 12145 火力发电机组及蒸汽动力设备水汽质量
GB/T 13296 锅炉、热交换器用不锈钢无缝钢管
GB/T 14541 电厂运行中汽轮机用矿物油维护管理导则
GB/T 14542 运行中变压器油维护管理导则
GB/T 20878 不锈钢和耐热钢牌号及化学成分
GB 50050 工业循环冷却水处理设计规范
GB/T 50619 火力发电厂海水淡化工程设计规范
DL/T 246 化学监督导则
DL/T 333.1 火电厂凝结水精处理系统技术要求 第1部分：湿冷机组
DL/T 333.2 火电厂凝结水精处理系统技术要求 第2部分：空冷机组
DL/T 336 石英砂滤料的检测与评价
DL/T 519 火力发电厂水处理用离子交换树脂验收标准
DL/T 543 电厂用水处理设备验收导则
DL/T 569 汽车、船舶运输煤样的人工采取方法
DL/T 571 电厂用磷酸酯抗燃油运行与维护导则
DL/T 582 发电厂水处理用活性炭使用导则
DL/T 665 水汽集中取样分析装置验收导则
DL/T 677 发电厂在线化学仪表检验规程
DL/T 712 发电厂凝汽器及辅机冷却器管选材导则
DL/T 794 火力发电厂锅炉化学清洗导则
DL/T 889 电力基本建设热力设备化学监督导则
DL/T 913 火电厂水质分析仪器质量验收导则
DL/T 951 火力发电厂反渗透水处理装置验收导则
DL/T 952 火力发电厂超滤水处理装置验收导则
DL/T 956 火力发电厂停（备）用热力设备防锈蚀导则

DL/T 957　火力发电厂凝汽器化学清洗及成膜导则
DL/T 1029　火电厂水质分析仪器实验室质量管理导则
DL/T 1076　火力发电厂化学调试导则
DL/T 1138　火力发电厂水处理用粉末离子交换树脂
DL/T 1260　火力发电厂电除盐水处理装置验收导则
DL/T 5004　火力发电厂试验、修配设备及建筑面积配置导则
DL 5068　发电厂化学设计技术规范

附　录　C
（资料性附录）
金属技术监督规范性引用文件

下列文件对于本文件的应用是必不可少的。凡是注日期的引用文件，仅注日期的版本适用于本文件。凡是不注日期的引用文件，其最新版本（包括所有的修改单）适用于本文件。

GB 150　压力容器
GB/T 151　热交换器
GB 713　锅炉和压力容器用钢板
GB/T 983　不锈钢焊条
GB/T 984　堆焊焊条
GB/T 5117　碳钢焊条
GB/T 5118　低合金钢焊条
GB/T 5310　高压锅炉用无缝钢管
GB/T 7233.2　铸钢件超声检测　第2部分：高承压铸钢件
GB/T 8732　汽轮机叶片用钢
GB/T 12459　钢制对焊无缝管件
GB 13296　锅炉、热交换器用不锈钢无缝钢管
GB/T 16507　水管锅炉
GB/T 20409　高压锅炉用内螺纹无缝钢管
GB/T 20410　涡轮机高温螺栓用钢
GB/T 22395　锅炉钢结构设计规范
GB 50017　钢结构设计标准
GB 50205　钢结构工程施工质量验收规范
GB 50661　钢结构焊接规范
GB 50764　电厂动力管道设计规范
DL/T 438　火力发电厂金属技术监督规程
DL/T 439　火力发电厂高温紧固件技术导则
DL/T 473　大直径三通锻件技术条件
DL/T 515　电站弯管
DL/T 531　电站高温高压截止阀闸阀技术条件
DL/T 586　电力设备用户监造技术导则
DL/T 612　电力行业锅炉压力容器安全监督规程
DL/T 647　电站锅炉压力容器检验规程
DL/T 678　电站结构钢焊接通用技术条件

DL/T 695　电站钢制对焊管件
DL/T 715　火力发电厂金属材料选用导则
DL/T 752　火力发电厂异种钢焊接技术规程
DL/T 753　汽轮机铸钢件补焊技术导则
DL/T 785　火力发电厂中温中压蒸汽管道（件）安全技术导则
DL/T 819　火力发电厂焊接热处理技术规程
DL/T 820　管道焊接接头超声波检验技术规程
DL/T 821　钢制承压管道对接焊接接头射线检验技术规范
DL/T 850　电站配管
DL/T 868　焊接工艺评定规程
DL/T 869　火力发电厂焊接技术规程
DL/T 892　电站汽轮机技术条件
DL/T 922　火力发电用钢制通用阀门订货、验收导则
DL/T 939　火力发电厂锅炉受热面管监督检验技术导则
DL/T 991　电力设备金属光谱分析技术导则
DL/T 1055　发电厂汽轮机、水轮机技术监督导则
DL/T 1105　电站锅炉集箱小口径接管座角焊缝无损检测
DL/T 1113　火力发电厂管道支吊架验收规程
DL/T 1161　超（超）临界机组金属材料及结构部件检验技术导则
DL/T 1603　奥氏体不锈钢锅炉管内壁喷丸层质量检验及验收技术条件
DL/T 5054　火力发电厂汽水管道设计规范
DL/T 5204　火力发电厂油气管道设计规程
DL/T 5210.5　电力建设施工质量验收规程　第 5 部分：焊接
JB/T 1268　汽轮发电机 Mn18Cr5 系无磁性护环锻件技术条件
JB/T 1269　汽轮发电机磁性环锻件技术条件
JB/T 1581　汽轮机、汽轮发电机转子和主轴锻件超声检测方法
JB/T 3073.5　汽轮机用铸造静叶片　技术条件
JB/T 3223　焊接材料质量管理规程
JB/T 3375　锅炉用材料入厂验收规则
JB/T 5263　电站阀门铸钢件技术条件
JB/T 6315　汽轮机焊接工艺评定
JB/T 7024　300MW 及以上汽轮机缸体铸钢件技术条件
JB/T 7027　300MW 以上汽轮机转子体锻件技术条件
JB/T 7030　汽轮发电机 Mn18Cr18N 无磁性护环锻件技术条件
JB/T 8707　300MW 以上汽轮机无中心孔转子锻件技术条件
JB/T 8708　300MW～600MW 汽轮发电机无中心孔转子锻件技术条件
JB/T 10087　汽轮机承压铸钢件技术条件

JB/T 11017　1000MW 及以上火电机组发电机转子锻件技术条件

JB/T 11018　超临界及超超临界机组汽轮机用 Cr10 型不锈钢铸件技术条件

JB/T 11030　汽轮机高低压复合转子锻件技术条件

NB/T 47008　承压设备用碳素钢和合金钢锻件

NB/T 47009　低温承压设备用低合金钢锻件

NB/T 47010　承压设备用不锈钢和耐热钢锻件

NB/T 47013　承压设备无损检测

NB/T 47015　压力容器焊接规程

NB/T 47018　承压设备用焊接材料订货技术条件

NB/T 47019　锅炉、热交换器用管材订货技术条件

NB/T 47043　锅炉钢结构制造技术规范

NB/T 47044　电站阀门 TSG 21 固定式压力容器安全技术监察规程

TSG G0001　锅炉安全技术监察规程

TSG ZF001　安全阀安全技术监察规程

ASME SA-182（M）　高温用锻制或轧制合金钢和不锈钢法兰、锻制管件、阀门和部件

ASME SA-193（M）　高温用合金钢和不锈钢螺栓材料

ASME SA-194（M）　高温高压螺栓用碳钢和合金钢螺母

ASME SA-209（M）　锅炉和过热器用无缝碳钼合金钢管子

ASME SA-213（M）　锅炉、过热器和换热器用无缝铁素体和奥氏体合金钢管子

ASME SA-234（M）　中温与高温下使用的锻制碳素钢及合金钢管配件

ASME SA-335（M）　高温用无缝铁素体合金钢公称管

ASME SA-450（M）　碳钢、铁素体合金钢和奥氏体合金钢管子通用技术条件

ASME SA-691（M）　高温、高压用碳素钢和合金钢电熔化焊钢管

ASME SA-960（M）　锻制钢管管件通用技术条件

ASME SA-999（M）　合金钢和不锈钢公称管通用技术条件

BS EN 10095　耐热钢和镍合金

BS EN 10222　承压用钢制锻件

BS EN 10246　钢管无损检测

BS EN 10295　耐热钢铸件

BS EN 10246-14　钢管的无损检测　第 14 部分：无缝和焊接（埋弧焊除外）钢管分层缺欠的超声检测

DIN EN 10216　承压用无缝钢管交货技术条件

EN ISO10893-8　钢管无损检测　第 8 部分：无缝钢管和焊接钢管层状缺陷的超声波检测

附　录　D
（资料性附录）
电测技术监督规范性引用文件

下列文件对于本文件的应用是必不可少的。凡是注日期的引用文件，仅注日期的版本适用于本文件。凡是不注日期的引用文件，其最新版本（包括所有的修改单）适用于本文件。

GB/T 7676　直接作用模拟指示电测量仪表及其附件
GB/T 13729　远动终端设备
GB/T 13850　交流电量转换为模拟量或数字信号的电量变送器
GB/T 13978　数字多用表国家标准
GB 17167　用能单位能源计量器具配备和管理通则
GB/T 17215　交流电测量设备
GB/T 20840　互感器
GB 50150　电气装置安装工程电气设备交接试验标准
GB/T 22264　安装时数字显示电测量仪表
GB/T 50063　电力装置的电测量仪表装置设计规范
GB/Z 21192　电能表外形和安装尺寸
DL/T 448　电能计量装置技术管理规程
DL/T 566　电压失压计时器技术条件
DL/T 614　多功能电能表
DL/T 630　交流采样远动终端技术条件
DL/T 645　多功能电能表通信协议
DL/T 698　电能信息采集与管理系统
DL/T 825　电能计量装置安装接线规则
DL/T 1075　数字式保护侧控装置通用技术条件
DL/T 1199　电测技术监督规程
DL/T 5137　电测量及电能计量装置设计技术规程
DL/T 5202　电能计量系统设计技术规程
DL/T 5226　火力发电厂电力网络计算机监控系统设计技术规程
中华人民共和国主席令〔2018〕第 16 号　中华人民共和国计量法
中华人民共和国国务院令〔2018〕第 698 号　中华人民共和国计量法实施细则

附　录　E
（资料性附录）
热工技术监督规范性引用文件

下列文件对于本文件的应用是必不可少的。凡是注日期的引用文件，仅注日期的版本适用于本文件。凡是不注日期的引用文件，其最新版本（包括所有的修改单）适用于本文件。

GB/T 13399　汽轮机安全监视装置技术条件
GB/T 36285　火力发电厂汽轮机电液控制系统技术条件
GB 50174　电子计算机机房设计规范
GB 50217　电力工程电缆设计规范
GB 50660　大中型火力发电厂设计规范
DL/T 261　火力发电厂热工自动化系统可靠性评估技术导则
DL/T 435　电站锅炉炉膛防爆规程
DL/T 655　火力发电厂炉膛安全监控系统验收测试规程
DL/T 656　火力发电厂汽轮机控制及保护系统验收测试规程
DL/T 657　火力发电厂模拟量控制系统验收测试规程
DL/T 658　火力发电厂开关量控制系统验收测试规程
DL/T 659　火力发电厂分散控制系统验收测试规程
DL/T 701　火力发电厂热工自动化术语
DL/T 774　火力发电厂热工自动化系统检修运行维护规程
DL/T 775　火力发电厂除灰除渣控制系统技术规程
DL/T 824　汽轮机电液调节系统性能验收导则
DL/T 855　电力基本建设火电设备维护保管规程
DL/T 924　火力发电厂厂级监控信息系统技术条件
DL/T 996　火力发电厂汽轮机电液控制系统技术条件
DL/T 1056　发电厂热工仪表及控制系统技术监督导则
DL/T 1083　火力发电厂分散控制系统技术条件
DL/T 1091　火力发电厂锅炉炉膛安全监控系统技术规程
DL/T 1210　火力发电厂自动发电控制性能测试验收规程
DL/T 1212　火力发电厂现场总线设备安装技术导则
DL/T 1213　火力发电机组辅机故障减负荷技术规程
DL/T 1556　火力发电厂 PROFIBUS 现场总线技术规程
DL/T 5175　火力发电厂热工控制系统设计技术规定
DL/T 5182　火力发电厂热工自动化就地设备安装、管路及电缆设计技术规定
DL 5190.4　电力建设施工技术规范　第 4 部分：热工仪表及控制装置

DL/T 5210.4　电力建设施工质量验收规程　第 4 部分：热工仪表及控制装置
DL/T 5227　火力发电厂辅助系统（车间）热工自动化设计技术规定
DL/T 5428　火力发电厂热工保护系统设计规定
DL/T 5455　火力发电厂热工电源及气源系统设计技术规程
DL/T 5456　火力发电厂信息系统设计技术规定
DL/T 5512　火力发电厂热工检测及仪表设计规程
HJ 75　固定污染源烟气排放连续监测技术规范
JJF 1033　计量标准考核规范
JJG 52　弹性元件式一般压力表、压力真空表和真空表
JJG 882　压力变送器检定规程
JJG 640　差压式流量计检定规程
JJG 351　工作用廉金属热电偶检定规程
JJG 229　工业铂、铜热电阻检定规程
T/CEC 164　火力发电厂智能化技术导则

附 录 F
（资料性附录）
环保技术监督规范性引用文件

下列文件对于本文件的应用是必不可少的。凡是注日期的引用文件，仅注日期的版本适用于本文件。凡是不注日期的引用文件，其最新版本（包括所有的修改单）适用于本文件。

GB 150 压力容器
GB/T 212 煤的工业分析方法
GB/T 215 煤中各种形态硫的测定方法
GB/T 2440 尿素
GB/T 536 液体无水氨
GB/T 6719 袋式除尘器技术要求
GB 8978 污水综合排放标准
GB 12348 工业企业厂界环境噪声排放标准
GB 13223 火电厂大气污染物排放标准
GB 14554 恶臭污染物排放标准
GB/T 14848 地下水质量标准
GB/T 16157 固定污染源排气中颗粒物测定与气态污染物采样方法
GB 16297 大气污染物综合排放标准
GB 18597 危险废物贮存污染控制标准
GB 18599 一般工业固体废物储存、处置场污染控制标准
GB/T 20801.1 压力管道规范工业管道 第1部分：总则
GB/T 21509 燃煤烟气脱硝技术装备
GB/T 27869 电袋复合除尘器
GB/T 31584 平板式烟气脱硝催化剂
GB/T 31587 蜂窝式烟气脱硝催化剂
GB 50235 工业金属管道工程施工规范
DL/T 334 输变电工程电磁环境监测技术规范
DL/T 387 火力发电厂烟气袋式除尘器选型导则
DL/T 414 火电厂环境监测技术规范
DL/T 461 燃煤电厂电除尘器运行维护管理导则
DL/T 586 电力设备监造技术导则
DL/T 678 电力钢结构焊接通用技术条件
DL/T 855 电力基本建设火电设备维护保管规程
DL/T 895 除灰除渣系统运行导则

DL/T 938　火电厂排水水质分析方法
DL/T 986　湿法烟气脱硫工艺性能检测技术规范
DL/T 988　高压交流架空送电线路、变电站工频电场和磁场测量方法
DL/T 997　火电厂石灰石-石膏法脱硫废水水质控制指标
DL/T 1050　电力环境保护技术监督导则
DL/T 1121　燃煤电厂锅炉烟气袋式除尘工程技术规范
DL/T 1175　火力发电厂锅炉烟气袋式除尘器滤料滤袋技术条件
DL/T 1281　燃煤电厂固体废物储存处置场污染控制技术规范
DL/T 1286　火电厂烟气脱硝催化剂检测技术规范
DL/T 1655　火电厂烟气脱硝装置技术监督导则
DL/T 5046　火力发电厂废水治理设计技术规程
DL/T 5047　电力建设施工及验收技术规范锅炉机组篇
DL/T 5190　电力建设施工技术规范
DL/T 5257　火电厂烟气脱硝工程施工验收技术规程
DL 5277　火电工程达标投产验收规程
DL/T 5294　火力发电建设工程机组调试技术规
DL/T 5295　火电工程调整试运质量检验及评定标准
DL/T 5403　火电厂烟气脱硫工程调整试运及质量验收评定规程
DL/T 5417　火电厂烟气脱硫工程施工质量验收及评定规程
DL/T 5418　火电厂烟气脱硫吸收塔施工及验收规程
DL/T 5437　火力发电建设工程启动试运及验收规程
DL/T 5480　火力发电厂烟气脱硝设计技术规程
DL/Z 1262　火电厂在役湿烟囱防腐技术导则
HJ 75　固定污染源烟气排放连续监测技术规范
HJ 76　固定污染源烟气排放连续监测系统技术要求及检测方法
HJ/T 178　烟气循环流化床法烟气脱硫工程通用技术规范
HJ/T 179　石灰石/石灰-石膏湿法烟气脱硫工程通用技术规范
HJ/T 212　污染源在线自动监控系统数据传输标准
HJ/T 353　水污染源在线监测系统安装技术规范（试行）
HJ/T 354　水污染源在线监测系统验收技术规范（试行）
HJ/T 255　建设项目竣工环境保护验收技术规范 火力发电厂
HJ 562　火电厂烟气脱硝工程技术规范-选择性催化还原法
HJ 563　火电厂烟气脱硝工程技术规范-选择性非催化还原法
HJ 580　含油污水处理工程技术规范
HJ 820　排污单位自行监测技术指南 火力发电及锅炉
HJ 2015　水污染治理工程技术导则
HJ 2020　袋式除尘工程通用技术规范

HJ 2025　危险废弃物收集、储存、运输技术规范

HJ 2028　电除尘器工程通用技术规范

HJ 2039　火电厂除尘工程技术规范

JB/T 5910　电除尘器

国家危险废物名录（2016 年版）

国务院令第 253 号　建设项目环境保护管理条例

发改价格第 536 号　燃煤发电机组环保电价及环保设施运行监管办法

国能安全〔2014〕328 号　燃煤发电厂液氨罐区安全管理规定

SPIC-ZD-YW02-02—2018　国家电力投资集团有限公司火电工程设计管理办法

SPIC-ZD-YW02-03—2018　国家电力投资集团有限公司火电工程总承包与委托建设管理办法

SPIC-ZD-YW02-04—2018　国家电力投资集团有限公司火电工程建设管理办法

SPIC-ZD-YW02-05—2018　国家电力投资集团有限公司火电工程设备监造与催交管理办法

附 录 G
（资料性附录）
继电保护技术监督规范性引用文件

下列文件对于本文件的应用是必不可少的。凡是注日期的引用文件，仅注日期的版本适用于本文件。凡是不注日期的引用文件，其最新版本（包括所有的修改单）适用于本文件。

GB/T 2887　计算机场地通用规范
GB 5017　电气装置安装工程盘、柜及二次回路结线施工及验收规范
GB/T 7261　继电保护和安全自动装置基本试验方法
GB/T 9361　计算机场地安全要求
GB/T 14285　继电保护和安全自动装置技术规程
GB/T 15145　输电线路保护装置通用技术条件
GB/T 50062　电力装置的继电保护和自动装置设计规范
GB 50150　电气装置安装工程电气设备交接试验标准
GB/T 50976　继电保护及二次回路安装及验收规范
DL/T 559　220kV～750kV 电网继电保护装置运行整定规程
DL/T 584　3kV～110kV 电网继电保护装置运行整定规程
DL/T 586　电力设备监造技术导则
DL/T 667　远动设备及系统
DL/T 671　发电机变压器组保护装置通用技术条件
DL/T 684　大型发电机变压器继电保护整定计算导则
DL/T 866　电流互感器和电压互感器选择及计算规程
DL/T 995　继电保护和电网安全自动装置检验规程
DL/T 1309　大型发电机组涉网保护技术规范
DL/T 1502　厂用电继电保护整定计算导则
DL/T 5044　电力工程直流电源系统设计技术规程
DL/T 5136　火力发电厂、变电站二次接线设计技术规程
DL 5277　火电工程达标投产验收规程
DL/T 5294　火力发电建设工程机组调试技术规范
DL/T 5295　火力发电建设工程机组调试质量验收与评价规程
DL/T 5437　火力发电建设工程启动试运及验收规程
DL/T 5506　电力系统继电保护设计技术规范

附　录　H
（资料性附录）
汽轮机及旋转设备技术监督规范性引用文件

下列文件对于本文件的应用是必不可少的。凡是注日期的引用文件，仅注日期的版本适用于本文件。凡是不注日期的引用文件，其最新版本（包括所有的修改单）适用于本文件。

GB/T 3216　回转动力泵水力性能验收试验 1 级和 2 级

GB/T 4272　设备及管道绝热技术通则

GB/T 5578　固定式发电用汽轮机规范

GB/T 6075.1　机械振动在非旋转部件上测量评价机器的振动　第 1 部分：总则

GB/T 6075.2　机械振动在非旋转部件上测量评价机器的振动　第 2 部分：50MW 以上，额定转速 1500r/min、1800r/min、3000r/min、3600r/min 陆地安装的汽轮机和发电机

GB/T 6075.3　机械振动在非旋转部件上测量评价机器的振动　第 3 部分：额定功率大于 15kW 额定转速在 120r/min 至 15000r/min 之间的在现场测量的工业机器

GB/T 8117.1　汽轮机热力性能验收试验规程　第 1 部分：方法 A 大型凝汽式汽轮机高准确度试验

GB/T 8117.2　汽轮机热力性能验收试验规程　第 2 部分：方法 B 各种类型和容量的汽轮机宽准确度试验

GB 11120　涡轮机油

GB/T 11348.2　机械振动在旋转轴上测量评价机器的振动　第 2 部分：功率大于 50MW、额定工作转速 1500r/min、1800r/min、3000r/min、3600r/min 陆地安装的汽轮机和发电机

GB/T 11348.3　机械振动在旋转轴上测量评价机器的振动　第 3 部分：耦合的工业机器

GB/T 13399　汽轮机安全监视装置技术条件

GB/T 17116.1　管道支吊架　第 1 部分：技术规范

GB/T 17116.2　管道支吊架　第 2 部分：管道连接部件

GB/T 17116.3　管道支吊架　第 3 部分：中间连接件和建筑结构连接件

GB 26164.1　电业安全工作规程　第 1 部分：热力和机械

GB/T 27698.1　热交换器及传热元件性能测试方法　第 1 部分：通用要求

GB/T 27698.2　热交换器及传热元件性能测试方法　第 2 部分：管壳式热交换器

GB/T 27698.3　热交换器及传热元件性能测试方法　第 3 部分：板式热交换器

GB/T 27698.4　热交换器及传热元件性能测试方法　第 4 部分：螺旋板式热交换器

GB/T 27698.5　热交换器及传热元件性能测试方法　第 5 部分：管壳式热交换器用换热管

GB/T 28558　超临界及超超临界机组参数系列
GB/T 28559　超临界及超超临界汽轮机叶片
GB/T 28566　发电机组并网安全条件及评价
GB/T 28785　机械振动大中型转子现场平衡的准则和防护
GB/T 50102　工业循环水冷却设计规范
GB 50108　地下工程防水技术规范
GB 50208　地下防水工程质量验收规范
GB 50573　双曲线冷却塔施工与质量验收规范
DL/T 244　直接空冷系统性能试验规程
DL/T 290　电厂辅机用油运行及维护管理导则
DL/T 292　火力发电厂汽水管道振动控制导则
DL/T 300　火电厂凝汽器管防腐防垢导则
DL/T 302.1　火力发电厂设备维修分析技术导则　第1部分：可靠性维修分析
DL/T 302.2　火力发电厂设备维修分析技术导则　第2部分：风险维修分析
DL/T 338　并网运行汽轮机调节系统技术监督导则
DL/T 552　火力发电厂空冷塔及空冷凝汽器试验方法
DL/T 571　电厂用磷酸酯抗燃油运行维护导则
DL/T 581　凝汽器胶球清洗装置和循环水二次过滤装置
DL/T 586　电力设备监造技术导则
DL/T 590　火力发电厂凝汽式汽轮机的检测与控制技术条件
DL/T 592　火力发电厂锅炉给水泵的检测与控制技术条件
DL/T 607　汽轮发电机漏水、漏氢的检验
DL/T 656　火力发电厂汽轮机控制及保护系统验收测试规程
DL/T 711　汽轮机调节控制系统试验导则
DL/T 712　发电厂凝汽器及辅机冷却器管选材导则
DL/T 776　火力发电厂绝热材料
DL/T 793　发电设备可靠性评价规程
DL/T 834　火力发电厂汽轮机防进水和冷蒸汽导则
DL/T 838　发电企业设备检修导则
DL/T 839　大型锅炉给水泵性能现场试验方法
DL/T 863　汽轮机启动调试导则
DL/T 892　电站汽轮机技术条件
DL/T 932　凝汽器与真空系统运行维护导则
DL/T 933　冷却塔淋水填料、除水器、喷溅装置性能试验方法
DL/T 934　火力发电厂保温工程热态考核测试与评价规程
DL/T 956　火力发电厂停（备）用热力设备防锈蚀导则
DL/T 1052　电力节能技术监督导则

DL/T 1055　发电厂汽轮机、水轮机技术监督导则
DL/T 1078　表面式凝汽器运行性能试验规程
DL/T 1141　火电厂除氧器运行性能试验规程
DL/T 1164　汽轮发电机运行导则
DL/T 1270　火力发电建设工程机组甩负荷试验导则
DL/T 1290　直接空冷机组真空严密性试验方法
DL/T 1616　火力发电机组性能试验导则
DL/T 1752　热电联产机组设计能效指标计算方法
DL/T 1755　燃煤电厂节能量计算方法
DL 5009.1　电力建设安全工作规程　第 1 部分：火力发电
DL/T 5054　火力发电厂汽水管道设计规范
DL/T 5072　火力发电厂保温油漆设计规程
DL 5190.3　电力建设施工技术规范　第 3 部分：汽轮发电机组
DL 5190.5　电力建设施工技术规范　第 5 部分：管道及系统
DL/T 5210.3　电力建设施工质量验收规程　第 3 部分：汽轮发电机组
DL 5277　火电工程达标投产验收规程
DL/T 5704　火力发电厂热力设备及管道保温防腐施工质量验收规程
JB/T 5862　汽轮机表面式给水加热器性能试验规程
ANSI/ASME PTC6　汽轮机热力性能试验规程

附　录 I
（资料性附录）
锅炉技术监督规范性引用文件

下列文件对于本文件的应用是必不可少的。凡是注日期的引用文件，仅注日期的版本适用于本文件。凡是不注明日期的引用文件，其最新版本（包括所有的修改单）适用于本文件。

GB/T 4272　设备及管道绝热技术通则
GB 5310　高压锅炉用无缝钢管
GB/T 8174　设备及管道保温效果的测试与评价
GB/T 10184　电站锅炉性能试验规程
GB/T 12145　火力发电机组及蒸汽动力设备水汽质量
GB/T 17116.1～GB/T 17116.3　管道支吊架
GB 17167　用能单位能源计量器具配备和管理通则
GB/T 21369　火力发电企业能源计量器具配备和管理要求
GB 25960　动力配煤规范
GB/T 28558　超临界及超超临界机组参数系列
GB/T 30577　燃气-蒸汽联合循环余热锅炉技术条件
GB 50275　风机、压缩机、泵安装工程施工及验收规范
GB 50972　循环流化床锅炉施工及质量验收规范
DL/T 241　火电建设项目文件收集及档案整理规范
DL/T 290　电厂辅机用油运行及维护管理导则
DL/T 292　火力发电厂汽水管道振动控制导则
DL/T 332.1　塔式炉超临界机组运行导则　第 1 部分：锅炉运行导则
DL/T 367　火力发电厂大型风机的检测与控制技术条件
DL/T 340　循环流化床锅炉启动调试导则
DL/T 435　电站煤粉锅炉炉膛防爆规程
DL/T 455　锅炉暖风器
DL/T 466　电站磨煤机及制粉系统选型导则
DL/T 467　电站磨煤机及制粉系统性能试验
DL/T 468　电站锅炉风机选型和使用导则
DL/T 469　电站锅炉风机现场性能试验
DL/T 561　火力发电厂水汽化学监督导则
DL/T 586　电力设备用户监造技术导则
DL/T 610　200MW 级锅炉运行导则
DL/T 611　300MW～600MW 级机组煤粉锅炉运行导则

DL 612 电力工业锅炉压力容器监察规程
DL/T 616 火力发电机组性能试验导则
DL/T 750 回转式空气预热器运行维护规程
DL/T 776 火力发电厂绝热材料
DL/T 794 火力发电厂锅炉化学清洗导则
DL/T 831 大容量煤粉燃烧锅炉炉膛选型导则
DL/T 852 锅炉启动调试导则
DL/T 855 电力基本建设火电设备维护保管规程
DL/T 889 电力基本建设热力设备化学监督导则
DL/T 894 除灰除渣系统调试导则
DL/T 895 除灰除渣系统运行导则
DL/T 904 火力发电厂技术经济指标计算方法
DL/T 909 正压气力除灰系统性能验收试验规程
DL/T 910 灰渣脱水仓
DL/T 934 火力发电厂保温工程热态考核测试与评价规程
DL/T 936 火力发电厂热力设备耐火及保温检修导则
DL/T 939 火力发电厂锅炉受热面管监督技术导则
DL/T 956 火力发电厂停（备）用热力设备防锈蚀导则
DL/T 959 电站锅炉安全阀技术规程
DL/T 964 循环流化床锅炉性能试验规程
DL/T 1034 135MW 级循环流化床锅炉运行导则
DL/T 1127 等离子体点火系统设计与运行导则
DL/T 1269 火力发电建设工程机组蒸汽吹管导则
DL/T 1316 火力发电厂煤粉锅炉少油点火系统设计与运行导则
DL/T 1322 循环流化床锅炉冷态与燃烧调整试验技术导则
DL/T 1326 300MW 循环流化床锅炉运行导则
DL/T 1427 联合循环余热锅炉性能试验规程
DL/T 1429 燃煤电站锅炉技术条件
DL/T 1594 循环流化床锅炉滚筒冷渣机运行及技术条件
DL/T 1595 循环流化床锅炉受热面防磨喷涂技术规范
DL/T 1596 循环流化床锅炉风机技术条件
DL/T 1600 循环流化床锅炉燃烧系统技术条件
DL/T 1698 燃气-蒸汽联合循环机组余热锅炉启动试验规程
DL/T 1744 循环流化床锅炉煤制备系统选型导则
DL/T 1749 燃气-蒸汽联合循环机组余热锅炉监造导则
DL/T 1751 燃气-蒸汽联合循环机组余热锅炉运行规程
DL/T 5054 火力发电厂汽水管道设计规范

DL/T 5072　火力发电厂保温油漆设计规程
DL/T 5121　火力发电厂烟风煤粉管道设计技术规程
DL/T 5142　火力发电厂除灰设计规程
DL/T 5145　火力发电厂制粉系统设计计算设计规范
DL/T 5174　燃气蒸汽联合循环电厂设计规定
DL/T 5187　火力发电厂运煤设计技术规程（全部）
DL/T 5203　火力发电厂煤和制粉系统防爆设计技术规程
DL/T 5210　电力建设施工质量验收及评价规程（全部）
DL/T 5240　火力发电厂燃烧系统设计计算技术规程
JB/T 1386　钢球磨煤机
JB/T 3375　锅炉用材料入厂验收规则
JB/T 4358　电站锅炉离心式通风机
JB/T 7890　风扇磨煤机
NB/T 10127　大型煤粉锅炉炉膛及燃烧器性能设计规范
TSG G0001　锅炉安全技术监察规程
TSG G7001　锅炉监督检验规则
TSG G7002　锅炉定期检验规则
TSG ZF001　安全阀安全技术监察规程
SD 250　锅炉运行规程（试行）（全国地方小型火力发电厂）
ASME PTC4　燃烧式蒸汽发生器性能测试规程

附　录　J
（资料性附录）
电能质量技术监督规范性引用文件

下列文件对于本文件的应用是必不可少的。凡是注日期的引用文件，仅注日期的版本适用于本文件。凡是不注日期的引用文件，其最新版本（包括所有的修改单）适用于本文件。

GB/T 755　旋转电机　定额和性能
GB/T 12325　电能质量　供电电压偏差
GB/T 12326　电能质量　电压波动和闪变
GB/T 14549　电能质量　公用电网谐波
GB/T 15543　电能质量　三相电压不平衡
GB/T 15945　电能质量　电力系统频率偏差
GB/T 24337　电能质量　公用电网间谐波
GB/T 30137　电能质量　电压暂降与短时中断
GB/Z 24847　1000kV 交流系统电压和无功电力技术导则
DL/T 1040　电网运行准则
DL/T 1053　电能质量　技术监督规程
DL/T 1194　电能质量　术语
DL/T 1309　大型发电机组涉网保护技术规范

附 录 K
（资料性附录）
励磁技术监督规范性引用文件

下列文件对于本文件的应用是必不可少的。凡是注日期的引用文件，仅注日期的版本适用于本文件。凡是不注日期的引用文件，其最新版本（包括所有的修改单）适用于本文件。

GB/T 7409.1　同步电机励磁系统定义

GB/T 7409.2　同步电机励磁系统电力系统研究用模型

GB/T 7409.3　同步电机励磁系统大、中型同步发电机励磁系统技术要求

GB 50148　电气装置安装工程　电力变压器、油浸电抗器、互感器施工及验收规范

GB 50150　电气装置安装工程电气设备交接试验标准

GB 50171　电气装置安装工程　盘、柜及二次回路接线施工及验收规范

DL/T 294.1　发电机灭磁及转子过电压保护装置技术条件　第 1 部分：磁场断路器

DL/T 294.2　发电机灭磁及转子过电压保护装置技术条件　第 2 部分：非线性电阻

DL/T 294.3　发电机灭磁及转子过电压保护装置技术条件　第 3 部分：转子过电压保护

DL/T 490　发电机励磁系统及装置安装、验收规程

DL/T 843　大型汽轮发电机励磁系统技术条件

DL/T 1049　发电机励磁系统技术监督规程

DL/T 1051　电力技术监督导则

DL/T 1166　大型发电机励磁系统现场试验导则

DL/T 1167　同步发电机励磁系统建模导则

DL/T 5136　火力发电厂、变电站二次接线设计技术规程

DL/T 1391　数字式自动电压调节器涉网性能检测导则

JB/T 7784　透平同步发电机用交流励磁机技术条件

附　录　L
（资料性附录）
燃气轮机技术监督规范性引用文件

下列文件对于本文件的应用是必不可少的。凡是注日期的引用文件，仅注日期的版本适用于本文件。凡是不注日期的引用文件，其最新版本（包括所有的修改单）适用于本文件。

GB/T 6075.1　机械振动在非旋转部件上测量评价机器的振动　第 1 部分
GB/T 6075.2　机械振动在非旋转部件上测量评价机器的振动　第 2 部分
GB/T 6075.3　机械振动在非旋转部件上测量评价机器的振动　第 3 部分
GB/T 6075.4　机械振动在非旋转部件上测量和评价机器的机械振动　第 4 部分
GB/T 6075.6　机械振动在非旋转部件上测量和评价机器的机械振动　第 6 部分
GB/T 7596　电厂运行中汽轮机油质量
GB/T 11348.1　旋转机械转轴径向振动的测量和评定　第 1 部分：总则
GB/T 11348.4　旋转机械转轴径向振动的测量和评定　第 4 部分：燃气轮机
GB/T 11118.1　液压油
GB/T 13609　天然气取样导则
GB/T 13610　天然气的组成分析气相色谱法
GB/T 15099　燃气轮机采购
GB/T 15100　燃气轮机验收试验
GB/T 15541　电厂运行中汽轮机用矿物油维护管理导则
GB/T 15736　燃气轮机辅助设备通用技术条件
GB/T 15793　燃气轮机总装技术条件
GB 17820　天然气
GB/T 18345.1　燃气轮机烟气排放　第 1 部分：测量与评估
GB/T 18345.2　燃气轮机烟气排放　第 2 部分：排放的自动监测
GB/T 18929　联合循环发电装置　验收试验
GB/T 28686　燃气轮机热力性能试验
GB 50183　石油天然气工程设计防火规范
GB 50251　输气管道工程设计规范
GB 50275　风机、压缩机、泵安装工程施工及验收规范
GB 50973　联合循环机组燃气轮机施工及质量验收规范
DL/T 384　9FA 燃气-蒸汽联合循环机组运行规程
DL/T 571—2015　电厂用抗燃油验收、运行监督及维护管理导则
DL/T 851　联合循环发电机组验收试验
DL/T 1215　9FA 燃气-蒸汽联合循环机组维修规程

DL/T 1223　整体煤气化联合循环发电机组性能验收试验
DL/T 1224　单轴燃气蒸汽联合循环机组性能验收试验规程
DL/T 5174　燃气-蒸汽联合循环电厂设计规定
DL/T 5482　整体煤气化联合循环技术及设备名词术语
HB 7766　燃气轮机成套设备安装通用技术要求
JB/T 5886　燃气轮机气体燃料的使用导则
JB/T 6224　燃气轮机质量控制规范
JB/T 6689　燃气轮机压气机叶片燕尾根槽公差及技术要求
JB/T 6690　燃气轮机透平叶片枞树型叶根、槽公差及技术要求
JB/T 9589　燃气轮机基本部件
JB 9590　燃气轮机维护和安全
SY/T 0440　工业燃气轮机安装技术规范